Nachrichtentechnik
Herausgegeben von H. Marko
Band 4

Hermann Kremer

# Numerische Berechnung linearer Netzwerke und Systeme

Springer-Verlag
Berlin Heidelberg New York 1978

Dr.-Ing. HERMANN KREMER

Dozent im Fachbereich Elektrische Nachrichtentechnik
der Technischen Hochschule Darmstadt

Dr.-Ing. HANS MARKO

o. Professor, Lehrstuhl für Nachrichtentechnik
Technische Universität München

Mit 29 Abbildungen

ISBN-13:978-3-540-08402-0     e-ISBN-13:978-3-642-81172-2
DOI: 10.1007/978-3-642-81172-2

Library of Congress Cataloging in Publication Data
Kremer, Hermann, 1940– Numerische Berechnung linearer Netzwerke und Systeme. (Nachrichtentechnik ; Bd. 4) Bibliography: p. Includes index. 1. System analysis. 2. Numerical analysis. 3. Electric networks. I. Title. II. Series. QA402.K72   003   77-21715

# Geleitwort

Die Nachrichten- oder Informationstechnik befindet sich seit vielen Jahrzehnten in einer stetigen, oft sogar stürmisch verlaufenden Entwicklung, deren Ende nicht abzusehen ist. Durch die Fortschritte der Technologie wurden ebenso wie durch die Verbesserung der theoretischen Methoden nicht nur die vorhandenen Anwendungsgebiete ausgeweitet und den sich ändernden Erfordernissen angepaßt, sondern auch neue Anwendungsgebiete erschlossen.

Zu den klassischen Aufgaben der Nachrichtenübertragung und Nachrichtenvermittlung ist die Nachrichtenverarbeitung hinzugekommen, die viele Gebiete des beruflichen, neuerdings auch des privaten Lebens in zunehmendem Maße verändert. Die Bedürfnisse und Möglichkeiten der Raumfahrt haben gleichermaßen neue Perspektiven eröffnet wie die verschiedenen Alternativen zur Realisierung breitbandiger Kommunikationsnetze. Neben die analoge ist die digitale Übertragungstechnik, neben die klassische Text-, Sprach- und Bildübertragung ist die Datenübertragung getreten. Die Nachrichtenvermittlung im Raumvielfach wurde durch die elektronische zeitmultiplexe Vermittlungstechnik ergänzt. Satelliten- und Glasfasertechnik haben zu neuen Übertragungsmedien geführt. Die Realisierung nachrichtentechnischer Schaltungen und Systeme ist durch den Einsatz des Elektronenrechners und die digitale Schaltungstechnik erheblich verbessert und erweitert worden.

Die Buchreihe „Nachrichtentechnik" soll dieser Entwicklung Rechnung tragen und eine zeitgemäße Darstellung der wichtigsten Themen der Nachrichtentechnik anbieten. Die einzelnen Bände werden von Fachleuten geschrieben, die auf dem jeweiligen Gebiet kompetent sind. Jedes Buch soll in ein bestimmtes Teilgebiet einführen, die wesentlichen heute bekannten Ergebnisse darstellen und eine Brücke zur weiterführenden Spezialliteratur bilden. Dadurch soll es sowohl dem Studierenden bei der Einarbeitung in die jeweilige Thematik als auch dem im Beruf stehenden Ingenieur oder Physiker als Grundlagen- oder Nachschlagewerk dienen. Die einzelnen Bände sind in sich abgeschlossen, ergänzen einander jedoch innerhalb der Reihe. Damit ist eine gewisse Überschneidung unvermeidlich, ja sogar erforderlich.

Die derzeitige Planung für die Reihe reicht von den Methodenlehren wie Netzwerktheorie, Systemtheorie, Modulation, Codierung, Informationstheorie, logische Schaltungen, rechnergestützte Entwurfsmethoden, Simulation usw. bis zu den verschiedenen Anwendungsgebieten wie Fernwirktechnik, Sprachübertragung, Bildübertragung, Datenübertragung, Nachrichtenvermittlung, optische Nachrichtenübertragung, Datenverarbeitung, Prozeßrechentechnik usw. Ihre Realisierung wird allerdings einige Zeit in Anspruch nehmen.

Ich hoffe, daß die Konzeption dieser Buchreihe, nämlich eine dem Wissensstand entsprechende Darstellung des Gesamtgebietes der Nachrichtentechnik in Form von Einzeldarstellungen aus der Feder kompetenter Fachleute zu bringen, viele Freunde an Universitäten und Hochschulen sowie in der Industrie finden wird. Anregungen aus dem Interessentenkreis sind jederzeit willkommen.

Dem Springer–Verlag sei an dieser Stelle für die Mithilfe bei der Gestaltung dieser Reihe und die ansprechende Ausstattung der ersten Bände gedankt.

München, im Frühjahr 1977                                          H. Marko

# Vorwort

Dieses Buch entstand aus einer vom Verfasser seit mehreren Jahren an der Technischen Hochschule Darmstadt gehaltenen Vorlesung, die die numerische Behandlung von Problemen der Netzwerk- und Systemtheorie zum Inhalt hat und sich an Studenten der Nachrichtentechnik, Regelungstechnik, Datentechnik und Theoretischen Elektrotechnik mittlerer und höherer Semester richtet. Es hat zum Ziel, die bei der Analyse linearer Netzwerke und Systeme im Frequenzbereich unter Verwendung eines Digitalrechners typischen Probleme in einer auf den Ingenieur bezogenen Form darzustellen, wobei an Vorkenntnissen etwa der Inhalt der üblichen Grundvorlesungen in Ingenieurmathematik und in elektrischer Netzwerktheorie vorausgesetzt wird.

Im ersten Teil werden die für die Knotenanalyse linearer Netzwerke wesentlichen rechnerspezifischen Gesichtspunkte vorgestellt. Dabei wird auf die Behandlung solcher Bauelemente besonderer Wert gelegt, die selbst keine Leitwertdarstellung besitzen, wie etwa ideale Übertrager oder gewisse ideale gesteuerte Quellen, und deren Behandlung üblicherweise große Schwierigkeiten verursacht. Damit zusammenhängend wird erstmalig in einem Lehrbuch ein systematisches Verfahren beschrieben und an zahlreichen Beispielen erläutert, welches durch Einführen bestimmter Zusatzparameter auch für Netzwerke mit solchen Elementen die Aufstellung einer Knotenleitwertmatrix auf einfache Weise gestattet.

Nach einem Abschnitt über die Berechnung beliebiger Tormatrizen aus einer Knotenleitwertmatrix wird dann im zweiten Teil die Lösung linearer Gleichungssysteme sehr ausführlich behandelt. Dabei ist im Gegensatz zu allen bekannten Lehrbüchern der numerischen Mathematik das Schwergewicht auf die komplexen Gleichungssysteme gelegt. Dieser Teil beginnt mit einer Diskussion der durch die komplexe Rechnung bedingten besonderen programmtechnischen Probleme, wonach ein recht ausführlicher Abschnitt über Normen und Konditionszahlen folgt, der dem Leser vor allem das Studium der mathematischen Originalliteratur erleichtern soll.

Dem schließt sich eine Darstellung verschiedener Varianten der LR-Zerlegung an, wobei auch eine Verallgemeinerung der üblicherweise nur für reell-symmetrische und positiv definite Gleichungssysteme betrachteten Cholesky-Elimination für allgemeine komplexe Gleichungssysteme beschrieben wird. Im Zusammenhang mit der iterativen Lösungsverbesserung wird dann auch auf die Wilkinsonsche Rundungsfehleranalyse eingegangen. Um den Leser, der Zielsetzung des Buches entsprechend, dabei aber nicht durch einen umfangreichen mathematischen Formalismus zu ermüden, ist dieser Abschnitt bewußt summarisch gehalten; er sollte ohne Anspruch auf Vollständigkeit nur als Einführung in die wesentlichsten Gedankengänge betrachtet werden.

Der folgende Abschnitt befaßt sich mit der in den meisten Lehrbüchern nur sehr stiefmütterlich behandelten Skalierung und Äquilibrierung linearer Gleichungssysteme, wobei die einheitliche Darstellung der numerisch günstigeren impliziten Skalierung im Mittelpunkt steht. Nach einem kurzen Blick auf Verträglichkeitskriterien folgt dann eine ausführliche Diskussion der sich aus der meist nach Woodbury benannten Formel ergebenden Folgerungen für die Analyse von Systemen mit einstellbaren Parametern. Daran anschließend wird die Berechnung von differentiellen Netzwerkgrößen wie Gruppenlaufzeit und Parameterempfindlichkeiten behandelt. Ein kurzer Ausblick auf sonstige numerische Verfahren schließt das Buch ab.

Bei der Darstellung der einzelnen Verfahren werden strenge Beweise, die der Leser auch in der angegebenen Literatur finden kann, weitgehend vermieden und stattdessen die bei der Programmierung wesentlichen Gesichtspunkte in den Vordergrund gerückt. Zur Einübung der bei der Verwendung von Rechenanlagen unerläßlichen algorithmischen Denkweise werden die wichtigsten Verfahren auch in Form detaillierter Algorithmen vorgestellt und dabei zu deren formaler Beschreibung die Formelsprache ALGOL 60 verwendet. Da es hierbei nur um die präzise Beschreibung von Rechenvorschriften und nicht primär um die Erstellung lauffähiger Programme geht, werden stillschweigend auch komplexe Variable verwendet, die in der Definition von ALGOL 60 nicht vorgesehen sind. Es dürfte dem Anwender aber ohne Schwierigkeiten möglich sein, die Algorithmen in lauffähige ALGOL–Programme oder Programme einer anderen Sprache, etwa PASCAL, PL/I oder FORTRAN, zu übersetzen. Zusätzlich zu den Algorithmen wird in einem Anhang eine Auswahl der wichtigsten Verfahren nochmals in Form gründlich getesteter FORTRAN–Unterprogramme angegeben.

Der Verfasser möchte all denen danken, die ihn beim Abfassen des Buchs mit Rat und Tat unterstützt haben, vor allem Herrn Prof. Dr.–Ing. Wilhelm Klein für viele wertvolle Anregungen zum ersten Teil, Herrn Dipl.–Phys. Heinz von Seggern und Herrn Dipl.–Ing. Heinz–Dieter Ferling für viele wertvolle Hinweise zum zweiten Teil und den Programmen, Frau Edith Mönch für die Reinzeichnung der Bilder, Frau Gretel Scheuermann für ihre Hilfe beim Schreiben des Manuskripts und nicht zuletzt dem Herausgeber dieser Reihe und dem Verlag.


Darmstadt, im Mai 1977

Hermann Kremer

# Inhaltsverzeichnis

# 1 Berechnung linearer zeitinvarianter Netzwerke im Frequenzbereich

## 1.1 Knotenanalyse linearer Netzwerke aus konzentrierten Schaltelementen

### 1.1.1 Einführung

Ein lineares zeitinvariantes Netzwerk, das ausschließlich aus konzentrierten Elementen aufgebaut ist, läßt sich im Frequenzbereich entweder durch eine Maschenwiderstandsmatrix, eine Schnittmengenmatrix oder eine Knotenleitwertmatrix vollständig beschreiben [2]. Diese Beschreibungsweisen sind mathematisch gleichwertig; bei der praktischen Berechnung von Netzwerken mittels eines Digitalrechners wird man in der Regel aber die *Knotenanalyse* vorziehen, da die Bestimmung der Knotenleitwertmatrix aus der gegebenen Schaltung besonders einfach ist und insbesondere die für die Maschen- bzw. Schnittmengenanalyse notwendige Baumsuche entfällt. Enthält das Netzwerk außer Zweipolzweigen auch noch gesteuerte Quellen oder Übersetzermehrpole, wie z.B. Übertrager, so lassen sich diese Elemente, gegebenenfalls unter Einführen gewisser Zusatzknoten, ebenfalls recht einfach in eine Knotenleitwertmatrix einbauen, während dies bei der Maschen- oder Schnittmengenanalyse meist recht schwierig ist. Die für die Handrechnung wesentliche Tatsache, daß bei schwach vermaschten Netzwerken eine Maschenwiderstands- bzw. Schnittmengenmatrix häufig von niedrigerer Ordnung ist als die Knotenleitwertmatrix, ist demgegenüber für die Maschinenrechnung nur von zweitrangiger Bedeutung.

Die Theorie der Netzwerkmatrizen ist in einer ganzen Reihe von Lehrbüchern und Aufsätzen sehr ausführlich dargestellt [1–10], so daß an dieser Stelle auf eine Wiederholung verzichtet und nur das für die rechnergestützte Analyse von Netzwerken Wesentliche behandelt werden soll.

### 1.1.2 Zweipolzweige

Als erster Schritt im Verlauf jeder Netzwerkanalyse müssen die Knoten des Netzwerks numeriert und die Zweige des Netzwerks mit Zählpfeilen versehen werden. Die Knotennumerierung ist im Prinzip beliebig; für die schematisierte Aufstellung von Netzwerkmatrizen erweist es sich aber als vorteilhaft, die Knoten von Null beginnend in fortlaufender Reihenfolge zu numerieren und als Bezugspunkt für die Knotenpotentiale den Knoten mit der Nummer Null zu wählen. Jeder Netzwerkzweig ist durch seinen Anfangs- und seinen Endknoten definiert; vereinbart man nun z.B., daß bei Bezugnahme auf einen bestimmten Zweig immer zuerst dessen Anfangs- und dann dessen Endknoten genannt wird, so ist damit auch seine Zählrichtung festgelegt. Bei der späteren Berechnung der Zweigströme können hierbei jedoch immer dann Schwierigkeiten auftreten, wenn Zweipolzweige aus mehreren parallel geschalteten Einzelzweipolen bestehen, wie es Bild 1.1.1 z.B. für den zwischen den Knoten 1 und 2 liegenden Zweig zeigt.

Eine einfache Möglichkeit, um ohne eine aufwendige Zweignumerierung auch in solchen Fällen Eindeutigkeit zu erzielen, besteht darin, als topologische Netzwerkzweige grundsätzlich auch zusammengesetzte Zweipole zuzulassen und diese bei der Dateneingabe in den Rechner durch eine geeignete Sprache zu beschreiben.

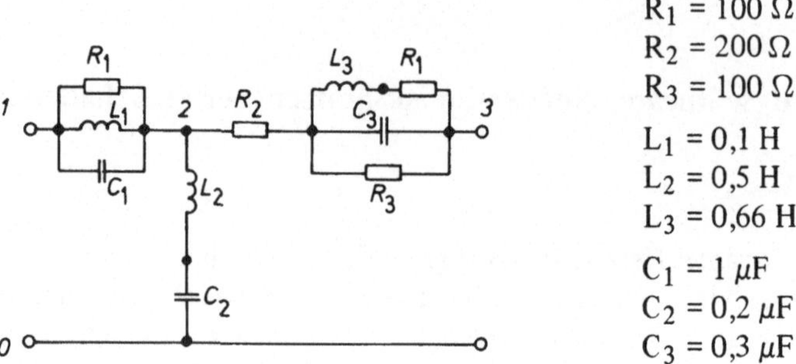


$R_1 = 100\ \Omega$
$R_2 = 200\ \Omega$
$R_3 = 100\ \Omega$

$L_1 = 0{,}1\ \text{H}$
$L_2 = 0{,}5\ \text{H}$
$L_3 = 0{,}66\ \text{H}$

$C_1 = 1\ \mu\text{F}$
$C_2 = 0{,}2\ \mu\text{F}$
$C_3 = 0{,}3\ \mu\text{F}$

Bild 1.1.1. Zweipolnetzwerk aus linearen konzentrierten Bauelementen

Eine solche Zweigbeschreibungssprache muß folgende Sprachelemente enthalten:

| | |
|---|---|
| Alphabet der erlaubten Schaltelemente, z.B.: | R   G   L   C |
| Symbol für die Reihenschaltung, z.B.: | − |
| Symbol für die Parallelschaltung, z.B.: | / |
| Gruppierungssymbol, z.B.: | ( ) |
| Trennsymbole, z.B.: | , : ; |
| Symbol zur Zweigdefinition, z.B.: | Z(i,k) := |
| Symbole für starre Quellen: | s. Abschnitt 1.1.3 |
| Wertzuweisung für die Schaltelemente, z.B.: | R1 = 100 . |

Unter Verwendung einer solchen Sprache würde etwa die Schaltung in Bild 1.1.1 folgendermaßen beschrieben:

$$
\begin{aligned}
&Z(1,2) := R1/L1/C1; \\
&Z(2,0) := L2{-}C2; \\
&Z(2,3) := R2{-}((L3{-}R1)/C3/R3); \\
&R1 = 100;\ R2 = 200;\ R3 = 100; \\
&L1 = 0.1;\ L2 = 0.5;\ L3 = 0.66; \\
&C1 = 1E{-}6;\ C2 = 0.2E{-}6;\ C3 = 0.3E{-}6;.
\end{aligned}
\tag{1.1.1}
$$

Durch die Angabe  $Z(i,k) := \langle \dots \rangle$  soll dabei der betreffende Zweig als vom Knoten i zum Knoten k  orientiert festgelegt sein; die umgekehrte Orientierung erhält man dann einfach durch die Zweigdefinition  $Z(k,i) := \langle \dots \rangle$. Einschließlich des Bezugsknotens Null enthält das Netzwerk bei dieser Beschreibung also nur vier Knoten, während bei einer Beschreibung durch nicht zusammengesetzte Zweige insgesamt sieben Knoten erforderlich wären.

Eine solche Zweigbeschreibungssprache läßt sich relativ leicht auf einem Digitalrechner verarbeiten. Dazu kann man entweder die einzelnen Zweiganweisungen in internen

Listen ablegen und diese dann zur Objektzeit durch einen speziellen Interpreter abarbeiten oder aber einen Precompiler implementieren, der die Zweiganweisungen in einer gesonderten Übersetzungsphase in Maschinenbefehle übersetzt und diese an denjenigen Programmteil übergibt, der die eigentliche Zahlenrechnung durchführt, wie es z.B. in dem in [11] beschriebenen Analyseprogramm geschieht.

Zusätzlich zu der oben skizzierten Zweigbeschreibung sind für die Aufstellung der Analysegleichungen eines Netzwerks in einem Frequenzpunkt noch folgende Angaben notwendig:

— Topologie des nur aus Zweipolzweigen bestehenden Teils des Netzwerks (Zweipolteilnetz),
— Topologie der nicht in Zweipolnetze zerlegbaren Mehrpole des Netzwerks (Mehrpolteilnetze),
— Zahlenwerte der Schaltelemente für den gerade betrachteten Frequenzpunkt.

Der Gewinnung und Verarbeitung dieser Angaben auf einem Digitalrechner sind die folgenden Abschnitte gewidmet.

### 1.1.3 Starre Quellen

In der Regel wird ein Netzwerk durch eine oder mehrere starre, d.h. nichtgesteuerte Spannungs- bzw. Stromquellen angeregt. Solche Quellen sind Zweipolquellen; sie können daher als Teile des Zweipolnetzes betrachtet werden. Verbieten muß man dabei jedoch offensichtlich unsinnige Anordnungen, wie etwa die Reihenschaltung zweier Stromquellen oder die Parallelschaltung zweier Spannungsquellen. Zur Dateneingabe in den Rechner sind dann in das Netzwerk Knoten in der Weise einzuführen, daß für jeden Zweig mit starren Quellen eine der in Bild 1.1.2 gezeigten äquivalenten Zweigstrukturen entsteht. Für den Fall, daß dabei ein Zweig nur eine einzige Spannungsquelle (Stromquelle) enthält, ist der Wert von $I_E(U_E)$ in Bild 1.1.2 zu Null zu setzen. Im Fall, daß ein Netzwerkzweig nur aus einer innenwiderstandsfreien Spannungsquelle gebildet wird, ist allerdings keine der angegebenen Zweigstrukturen zu erzielen; es müssen dann besondere Maßnahmen getroffen werden, die in Abschnitt 1.1.10 näher erläutert werden sollen.

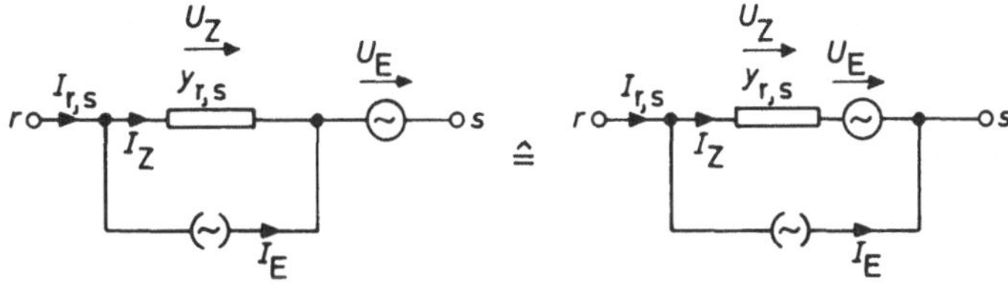

Bild 1.1.2. Äquivalente Ersatzbilder von Zweipolzweigen mit starren Quellen

In Bild 1.1.2 ist $y_{r,s}$ der Leitwert des Zweiges zwischen den Knoten r und s; $I_E$ bedeutet den Kurzschlußstrom einer idealen starren Stromquelle mit Innenwiderstand $R_i = \infty$ und $U_E$ die Leerlaufspannung einer idealen starren Spannungsquelle mit Innenwiderstand $R_i = 0$. Die Äquivalenz der beiden Schaltungen erkennt man sofort aus den Beziehungen

$$U_{r,s} = U_Z + U_E$$

$$I_{r,s} = I_Z + I_E \; . \tag{1.1.2}$$

Zur Beschreibung von starren Quellen bei der Dateneingabe in einen Rechner kann man die oben skizzierte Zweigbeschreibungssprache um geeignete Elemente erweitern. Man kann z.B. die Symbole $+UE$, $-UE$, $+IE$, $-IE$ noch in das Alphabet der Schaltelemente aufnehmen; dabei soll das positive Vorzeichen angeben, daß der Quellenzählpfeil mit dem Zweigzählpfeil übereinstimmt, und das negative Vorzeichen, daß Quellen- und Zweigzählrichtung entgegengesetzt sind. Mit diesen Vereinbarungen kann z.B. der in Bild 1.1.3 gezeigte Zweig folgendermaßen beschrieben werden:

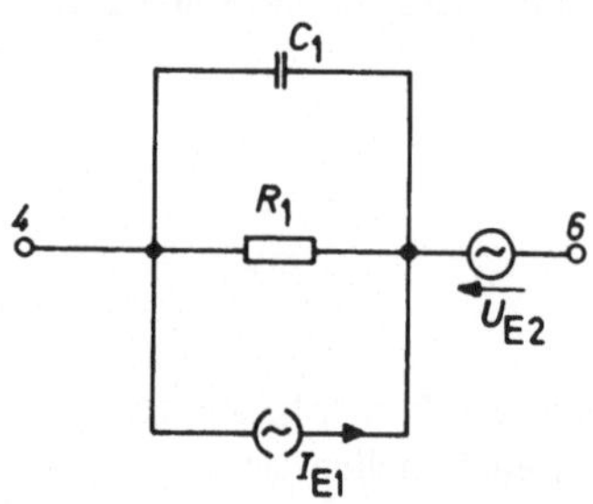


$Z(4,6) := R1/C1, IE1, - UE2;$

oder gleichbedeutend:

$Z(6,4) := R1/C1, - IE1, UE2; \; .$

In einer Wertzuweisung müssen dann noch die Zahlenwerte für $U_{E2}$ bzw. $I_{E1}$ angegeben werden.

Bild 1.1.3. Zweipolzweig mit starren Quellen

### 1.1.4 Analysegleichungen des Zweipolteilnetzwerks

Die Topologie eines reinen Zweipolnetzes läßt sich für die Knotenanalyse durch die sog. Knoten–Zweig–Inzidenzmatrix $K$ beschreiben [2]. Enthält das Netzwerk einschließlich des Bezugsknotens $n+1$ Knoten und $z$ Zweige, und hat der Bezugsknoten die Nummer Null, so ist diese Inzidenzmatrix eine rechteckige Matrix mit $n$ Zeilen und $z$ Spalten, die nach folgender Vorschrift gebildet wird:

*Vorschrift V1:*     Liegt der $j$–te Zweig zwischen dem Anfangsknoten $r$ und dem Endknoten $s$ und ist weder $r$ noch $s$ gleich Null, so erhält $K$ die Einträge

$$
\begin{aligned}
K(r,j) &= +1 \\
K(s,j) &= -1 \\
K(l,j) &= 0; \; l = 1, \dots n, \; l \neq r,s \; .
\end{aligned}
\tag{1.1.3}
$$

Ist $r$ oder $s$ gleich Null, so erfolgt dafür kein Eintrag.

Die Inzidenmatrix $K$ enthält also nur die Elemente $+1$, $-1$, und $0$, wobei in jeder Spalte höchstens zwei von Null verschiedene Elemente stehen. Betrachten wir als Beispiel den Graphen in Bild 1.1.4, wobei der besseren Übersicht wegen die Zweige ebenfalls numeriert sind, so wird dieser durch die folgende $(6 \times 12)$–reihige Inzidenzmatrix beschrieben:

$$
\text{Zweig:} \quad
\begin{array}{cccccccccccc}
1 & 2 & 3 & 4 & 5 & 6 & 7 & 8 & 9 & 10 & 11 & 12
\end{array}
\qquad \text{Knoten:}
$$

$$
\mathbf{K} =
\begin{bmatrix}
1 & 0 & 1 & 0 & 0 & 0 & 0 & 0 & 0 & 0 & 0 & 0 \\
-1 & 1 & 0 & 1 & 0 & 0 & 0 & 0 & 0 & 0 & 0 & 0 \\
0 & 0 & 0 & -1 & 1 & 0 & 1 & 1 & 1 & 0 & 0 & 0 \\
0 & 0 & 0 & 0 & 0 & 0 & 0 & -1 & 0 & 1 & 0 & 1 \\
0 & -1 & -1 & 0 & -1 & 1 & 0 & 0 & 0 & 0 & 0 & 0 \\
0 & 0 & 0 & 0 & 0 & 0 & 0 & 0 & -1 & 0 & 1 & -1
\end{bmatrix}
\quad
\begin{array}{c}
1 \\ 2 \\ 3 \\ 4 \\ 5 \\ 6
\end{array}
$$

$$(1.1.4)$$

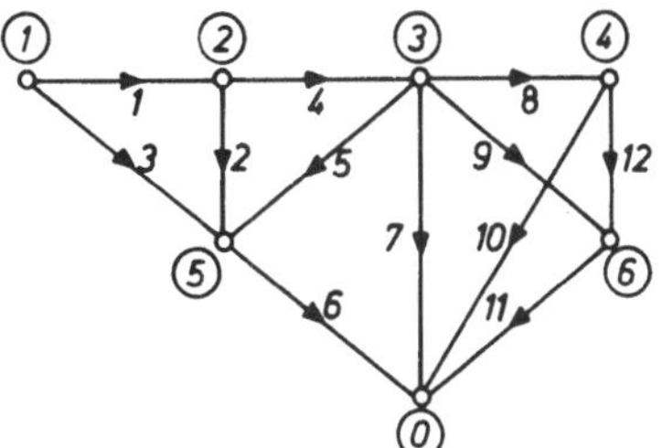


**Bild 1.1.4.** Allgemeiner Netzwerkgraph mit 7 Knoten und 12 Zweigen

Allgemein gibt die p–te Zeile der Knoten–Zweig–Inzidenzmatrix eines Netzwerks an, welche Zweige am p–ten Knoten angreifen, und die q–te Spalte, zwischen welchen Knoten der q–te Zweig liegt, wobei die zum Knoten hin weisende Zählrichtung durch −1 und die vom Knoten weg weisende Zählrichtung durch +1 gekennzeichnet ist. Enthält eine Spalte nur einen von Null verschiedenen Eintrag, so liegt der betreffende Zweig mit dem anderen Ende am Bezugsknoten. Faßt man nun sämtliche Zweigströme in einem Vektor $\mathbf{I}_K$ und sämtliche Zweigspannungen in einem Vektor $\mathbf{U}_K$ zusammen und führt man zusätzlich den Vektor $\mathbf{U}$ der Knotenpotentiale bezüglich des Bezugsknotens ein, in unserem Beispiel:

$$
\mathbf{I}_K =
\begin{bmatrix}
I_{1,2} \\ I_{2,5} \\ \vdots \\ I_{4,6}
\end{bmatrix}
\quad ; \quad
\mathbf{U}_K =
\begin{bmatrix}
U_{1,2} \\ U_{2,5} \\ \vdots \\ U_{4,6}
\end{bmatrix}
\quad ; \quad
\mathbf{U} =
\begin{bmatrix}
U_{1,0} \\ U_{2,0} \\ U_{3,0} \\ U_{4,0} \\ U_{5,0} \\ U_{6,0}
\end{bmatrix} ,
$$

so lassen sich die Kirchhoffschen Gleichungen für das Netzwerk folgendermaßen anschreiben:

$$
\mathbf{K} \cdot \mathbf{I}_K = 0 \ , \tag{1.1.5}
$$

$$
\mathbf{K}' \cdot \mathbf{U} = \mathbf{U}_K \ , \tag{1.1.6}
$$

wobei $\mathbf{K}'$ die zu $\mathbf{K}$ transponierte (gespiegelte) Matrix bedeutet. Legt man den allgemeinen Zweig nach Bild 1.1.2 zugrunde und faßt man sämtliche starren Spannungsquellen in einem Vektor $\mathbf{U}_E$ und sämtliche starren Stromquellen in einem Vektor $\mathbf{I}_E$ zusammen, so folgt aus Gl. (1.1.2):

$$U_K = U_Z + U_E \; , \qquad\qquad\qquad (1.1.7)$$

$$I_K = I_Z + I_E \; . \qquad\qquad\qquad (1.1.8)$$

Führt man schließlich noch eine Diagonalmatrix $D = \mathrm{diag}(y_{r,s})$ für die Zweigleitwerte ein, in unserem Beispiel die Matrix

$$D = \begin{bmatrix} y_1 \\ & y_2 \\ && y_3 \\ &&& y_4 \\ &&&& y_5 \\ &&&&& y_6 \\ &&&&&& y_7 \\ &&&&&&& y_8 \\ &&&&&&&& y_9 \\ &&&&&&&&& y_{10} \\ &&&&&&&&&& y_{11} \\ &&&&&&&&&&& y_{12} \end{bmatrix}$$

so läßt sich das Ohmsche Gesetz für das Netzwerk folgendermaßen schreiben:

$$I_Z = D \; U_Z \; . \qquad\qquad\qquad (1.1.9)$$

Multipliziert man nun Gl. (1.1.6) von links mit $K\,D$ und setzt Gl. (1.1.7) ein, so folgt mit Gl. (1.1.9):

$$K\,D\,K' \cdot U = K\,D\,U_K = K\,D\,U_Z + K\,D\,U_E = K\,I_Z + K\,D\,U_E \; ,$$

und unter Beachtung von Gln. (1.1.8) und (1.1.5) erhält man daraus

$$K\,D\,K' \cdot U = K(D\,U_E - I_E) \; . \qquad\qquad\qquad (1.1.10)$$

Die Matrix

$$K\,D\,K' \equiv Y_K \qquad\qquad\qquad (1.1.11)$$

ist die *Knotenleitwertmatrix* des Zweipolnetzes. Im allgemeinen Fall ist $Y_K$ komplex und symmetrisch. Der ebenfalls durch Gl. (1.1.10) definierte Stromvektor

$$K(D\,U_E - I_E) \equiv I_0 \qquad\qquad\qquad (1.1.12)$$

beschreibt die Anregung des Netzwerks durch die starren Quellen. Dabei treten die Kurzschlußströme der starren Stromquellen direkt in Erscheinung, während die starren Spannungsquellen in äquivalente Stromquellen umgewandelt sind. Durch Lösung des linearen Gleichungssystems

$$Y_K \cdot U = I_0 \qquad\qquad\qquad (1.1.13)$$

erhält man den Vektor $\mathbf{U}$ der Knotenpotentiale, und daraus lassen sich mit Gln. (1.1.6), (1.1.7) und (1.1.9) die Spannungen und Ströme an den Zweigzweipolen

$$\mathbf{U_Z} = \mathbf{K'U} - \mathbf{U_E} \, ,$$
$$\mathbf{I_Z} = \mathbf{D} \cdot \mathbf{U_Z} \tag{1.1.14}$$

berechnen.

Bei der Implementierung dieser Beziehungen auf einem Digitalrechner wird man aus Gründen der Programmeffizienz die Inzidenzmatrix $\mathbf{K}$ und die Zweigleitwertmatrix $\mathbf{D}$ normalerweise nicht als vollständige Matrizen, sondern in Form spezieller Listen speichern und auch die Knotenleitwertmatrix nicht explizit nach der Vorschrift Gl. (1.1.11) berechnen, sondern mittels einer daraus folgenden Strukturregel. Die entsprechenden Algorithmen sollen in Abschnitt 1.1.8 näher beschrieben werden.

### 1.1.5 Analysegleichungen für Mehrpolteilnetze

Besteht das zu analysierende Netzwerk ausschließlich aus Zweipolzweigen, so sind durch Gln. (1.1.11) bis (1.1.14) bereits sämtliche Analysegleichungen bekannt. Sehr oft enthält ein Netzwerk aber noch Schaltelemente, wie etwa Transistoren, Operationsverstärker, Gyratoren oder ähnliches, die sich nur durch Mehrpolgleichungen beschreiben lassen [10]. Läßt sich für ein solches Mehrpolnetz eine Leitwertmatrix angeben, so kann man es wegen der Gültigkeit des Überlagerungssatzes für lineare Systeme sehr einfach durch geeignete Addition dieser Leitwertmatrix zur Knotenleitwertmatrix $\mathbf{Y_K}$ des Zweipolnetzes berücksichtigen [3]. Enthält das Mehrpolnetz dabei auch solche Klemmen oder Knoten, die mit keinem Knoten des Zweipolnetzes verbunden sind, so wird die Knotenleitwertmatrix für das Gesamtnetzwerk um die entsprechende Anzahl von Zeilen und Spalten vergrößert; die entsprechend hinzuzufügenden Elemente des Anregungsvektors $\mathbf{I_0}$ erhalten dabei den Wert Null. Dieses Vorgehen sei an Hand von Bild 1.1.5 erläutert. Das dort dargestellte Netzwerk bestehe aus dem Zweipolnetz mit drei Zweigen sowie einem Vierpolnetz VP mit den auf den gemeinsamen Bezugsknoten Null bezogenen Leitwertgleichungen[1]

$$\begin{bmatrix} I_a \\ I_b \\ I_c \\ I_d \end{bmatrix} = \begin{bmatrix} y_{aa} & y_{ab} & y_{ac} & y_{ad} \\ y_{ba} & y_{bb} & y_{bc} & y_{bd} \\ y_{ca} & y_{cb} & y_{cc} & y_{cd} \\ y_{da} & y_{db} & y_{dc} & y_{dd} \end{bmatrix} \cdot \begin{bmatrix} U_{a,0} \\ U_{b,0} \\ U_{c,0} \\ U_{d,0} \end{bmatrix} .$$

---

[1] Wir setzen hier und im folgenden voraus, daß die Klemmenspannungen eines Mehrpols auf einen nicht mit dem Mehrpol verbundenen äußeren Punkt bezogen sind. Ist stattdessen die auf eine Mehrpolklemme bezogene Leitwertmatrix gegeben, so erhält man die "freigeschnittene" Leitwertmatrix sehr einfach durch Rändern; die Leitwertmatrix wird dazu um eine Zeile mit den negativ genommenen Spaltensummen und um eine Spalte mit den negativ genommenen Zeilensummen als Elementen erweitert und diese neue Zeile bzw. Spalte der ursprünglichen Bezugsklemme zugeordnet, siehe das Beispiel in Bild 1.1.6.

Für das Zweipolnetz erhält man aus Gln. (1.1.11) bzw. (1.1.12):

$$Y_K = \begin{bmatrix} y_{1,0} & 0 & 0 \\ 0 & y_{2,0} & 0 \\ 0 & 0 & y_{3,0} \end{bmatrix} ; \qquad I_0 = \begin{bmatrix} -I_E \\ 0 \\ y_{3,0}\,U_E \end{bmatrix}.$$

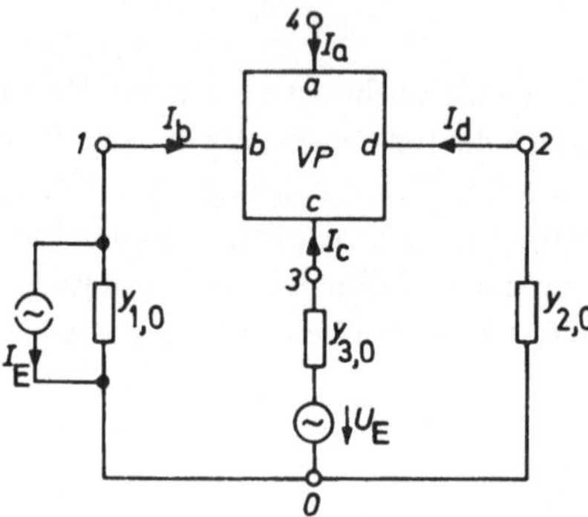


Bild 1.1.5. Zweipolnetz mit überlagertem Vierpolteilnetz

Die Überlagerung des Vierpolnetzes erweitert die Knotenleitwertmatrix um den Knoten $4 \equiv a$; mit $U_{1,0} \equiv U_{b,0}, U_{2,0} \equiv U_{d,0}, U_{3,0} \equiv U_{c,0}, U_{4,0} \equiv U_{a,0}$ erhält man schließlich folgende Leitwertgleichungen für das Gesamtnetzwerk:

$$\begin{bmatrix} y_{1,0}+y_{bb} & y_{bd} & y_{bc} & y_{ba} \\ y_{db} & y_{2,0}+y_{dd} & y_{dc} & y_{da} \\ y_{cb} & y_{cd} & y_{3,0}+y_{cc} & y_{ca} \\ y_{ab} & y_{ad} & y_{ac} & y_{aa} \end{bmatrix} \begin{bmatrix} U_{1,0} \\ U_{2,0} \\ U_{3,0} \\ U_{4,0} \end{bmatrix} = \begin{bmatrix} -I_E \\ 0 \\ y_{3,0}\,U_E \\ 0 \end{bmatrix}.$$

Bei dieser Art der Netzüberlagerung ist zu beachten, daß man die auf den gemeinsamen Bezugsknoten Null bezogene geränderte [3] Mehrpolleitwertmatrix des zu überlagernden Mehrpolnetzes verwenden muß. Ist dabei irgend ein Knoten dieses Netzes, etwa der Knoten p, mit dem Bezugsknoten verbunden, so sind bei der Matrixaddition sämtliche Elemente $y_{p,\nu}$ und $y_{\mu,p}$ der geränderten Mehrpolleitwertmatrix zu streichen [3]. In der Schaltung von Bild 1.1.6 sei z.B. der Transistor durch die auf die Emitterklemme e bezogene Leitwertmatrix

$$Y = \begin{bmatrix} G_1 & S_r \\ S & G_2 \end{bmatrix}, \quad \text{d.h.} \quad \begin{bmatrix} I_b \\ I_c \end{bmatrix} = Y \cdot \begin{bmatrix} U_{b,e} \\ U_{c,e} \end{bmatrix}$$

beschrieben.

Die geränderte Transistorleitwertmatrix lautet dann nach [10]:

$$Y_M = \begin{bmatrix} G_1 & S_r & -(G_1+S_r) \\ S & G_2 & -(S+G_2) \\ -(G_1+S) & -(S_r+G_2) & -(S+S_r+G_1+G_2) \end{bmatrix}, \text{d.h.} \begin{bmatrix} I_b \\ I_c \\ I_e \end{bmatrix} = Y_M \begin{bmatrix} U_{b,0} \\ U_{c,0} \\ U_{e,0} \end{bmatrix}.$$

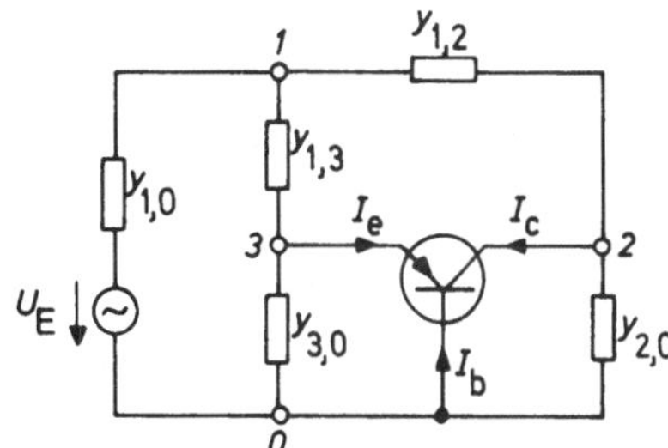



Bild 1.1.6. Netzwerk mit Transistor in Basisgrund-
schaltung

Da die Basisklemme des Transistors mit dem Bezugsknoten Null verbunden ist, sind jetzt die erste Zeile und die erste Spalte der Matrix $\mathbf{Y_M}$ zu streichen, und zusammen mit Gln. (1.1.11) und (1.1.12) erhält man folgende Analysegleichungen für das Gesamtnetzwerk:

$$\begin{bmatrix} y_{1,0}+y_{1,3}+y_{1,2} & -y_{1,2} & -y_{1,3} \\ -y_{1,2} & y_{1,2}+y_{2,0}+G_2 & -(S+G_2) \\ -y_{1,3} & -(S_r+G_2) & y_{1,3}+y_{3,0}-(S+S_r+G_1+G_2) \end{bmatrix} \begin{bmatrix} U_{1,0} \\ U_{2,0} \\ U_{3,0} \end{bmatrix} =$$

$$= \begin{bmatrix} y_{1,0}\,U_E \\ 0 \\ 0 \end{bmatrix} .$$

Allgemein läßt sich der Einbau von Mehrpolleitwertgleichungen in eine Knotenleitwertmatrix folgendermaßen formulieren:

*Vorschrift V2:*    Gegeben seien die n−reihige Knotenleitwertmatrix $\mathbf{Y_K}$ mit den Elementen $y_{i,j}^{(K)}$, $i,j = 1,\dots,n$ sowie die m−reihige geränderte Leitwertmatrix $\mathbf{Y_M}$ eines Mehrpolnetzes mit den Elementen $y_{\mu,\nu}^{(M)}$, $\mu,\nu = 1,\dots,m$. Sind irgendwelche Klemmen des Mehrpolnetzes mit dem gemeinsamen Bezugsknoten 0 verbunden, so streicht man die entsprechenden Zeilen und Spalten von $\mathbf{Y_M}$. Die verbleibenden $r \leqslant m$ Klemmen des Mehrpols werden so numeriert, daß die v Klemmen $1,2,\dots,v$ mit den Knoten $k_1,k_2,\dots,k_v$ des Zweipolnetzes verbunden sind; die restlichen $r-v$ Klemmen $v+1,\dots,r$ des Mehrpols seien von Zweipolnetz isoliert.

Man erhält dann die überlagerte Knotenleitwertmatrix $\mathbf{Y_{KG}}$ in der Weise, daß man für jede isolierte Klemme des Mehrpolnetzes eine Nullzeile und eine Nullspalte zur ursprünglichen Knotenleitwertmatrix $\mathbf{Y_K}$ hinzufügt, insgesamt also $r-v$ Nullzeilen bzw. Nullspalten, dann der $\lambda$−ten Nullzeile bzw. Nullspalte, d.h. der $(n+\lambda)$−ten Zeile bzw. Spalte der vergrößerten Leitwertmatrix die isolierte Mehrpolklemme $v+\lambda$, $\lambda = 1,\dots,r-v$ zuordnet und schließlich für $\mu,\nu = 1,\dots,r$ jeweils das Element

$$y_{\mu,\nu}^{(M)}$$

des Mehrpols zu dem Element

$$y^{(K)}_{k_\mu, k_\nu}$$

der vergrößerten Leitwertmatrix hinzuaddiert.

Gleichzeitig wird der Anregungsvektor $\mathbf{I}_0$ um die $r - v$ Elemente $I^{(0)}_{n+1}, ...., I^{(0)}_{n+r-v}$ vergrößert; diese Elemente erhalten sämtlich den Wert Null.

Dieses Verfahren liefert einen völlig schematisierten und damit leicht zu programmierenden Algorithmus zur Behandlung von Mehrpolnetzen, für die eine Leitwertmatrix existiert. Zur Beschreibung solcher Mehrpolnetze bei der Dateneingabe in einen Rechner kann man die bereits früher skizzierte Netzwerksprache um geeignete Sprachelemente erweitern, z.B.

```
MEHRPOL:  KLEMMENZAHL = 4;
YM(1,1) := ... ;  ... ;  YM(4,4) := ... ;
KLEMME a = ISOLIERT;        KLEMME b = NETZKNOTEN 1;
KLEMME c = NETZKNOTEN 3; KLEMME d = NETZKNOTEN 2;
END MEHRPOL;
```

zur Beschreibung des Vierpols aus Bild 1.1.5.

Neben den Mehrpolnetzen mit existierender Leitwertmatrix gibt es jedoch auch Mehrpole, für die unmittelbar keine solche Matrix existiert. Ein Beispiel dafür ist der ideale Übertrager nach Bild 1.1.7, für den folgende Beziehungen gelten:

*Spannungsübersetzung:*

$$U_{r,s} = \frac{1}{\ddot{u}}\ U_{p,q}$$

*Stromübersetzung:*

$$I_r = -\,\ddot{u}\,I_p$$

*Torbedingungen:*

$$I_p + I_q = 0;\quad I_r + I_s = 0$$
$$U_{p,q} = U_{p,0} - U_{p,0}$$
$$U_{r,s} = U_{r,0} - U_{s,0}$$

$$(1.1.15)$$

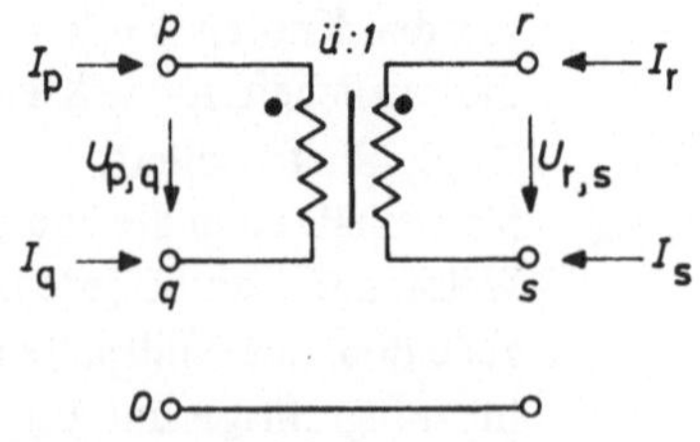


Bild 1.1.7. Idealer Übertrager

Wie man sich leicht überzeugt, ist hier unmittelbar eine Leitwertbeschreibung nicht möglich. Es ist aber bekannt [10], daß man auch in solchen Fällen zu einer Leitwertmatrix gelangen kann, wenn man in geeigneter Weise in die Mehrpole *Zusatzknoten* einführt. Solche Zusatzknoten sind dadurch gekennzeichnet, daß ihre äußeren Einströmungen identisch gleich Null sein müssen; aus diesem Grunde dürfen sie niemals mit einem anderen Knoten der Schaltung in irgend einer Weise verbunden werden. Das Einführen dieser Zusatzknoten bedeutet mathematisch die Einführung bestimmter Hilfsgrößen, nämlich der Potentiale dieser Knoten, wodurch es möglich wird, sämtliche Klemmenströme des Mehrpols als Linearkombinationen der Klemmenpotentiale und der Zusatzknotenpotentiale auszudrücken und damit doch zu einer Leitwertbeschreibung des Mehrpols zu kommen. Die Zusatzknoten sind in der realen Schaltung selbstverständlich nicht vorhanden, sie tauchen aber im *Ersatzschaltbild* des Mehrpols auf. Infolge dieser Zusatzknoten enthalten das Ersatzschaltbild und die entsprechende Leitwertmatrix immer eine gewisse Zahl von *Zusatzparametern*, die bei einer formelmäßigen Rechnung im Endergebnis wieder herausfallen, denen man bei der numerischen Rechnung aber einen im Prinzip beliebigen, jedoch von Null und Unendlich verschiedenen Wert zuweisen muß. Das mag auf den ersten Blick unbequem erscheinen, liefert aber die Möglichkeit, bei geeigneter Wahl dieser Zahlenwerte die numerische Genauigkeit des Ergebnisses zu steigern, wie in Abschnitt 1.1.8 noch genauer darzustellen ist.

Der Einbau von Zusatzknoten sei am Beispiel des idealen Übertragers, Bild 1.1.7, erläutert. Durch Einsetzen der Torbedingungen in die Übersetzungsgleichungen erhält man

$$I_r = -\ddot{u}I_p$$
$$I_s = -\ddot{u}I_q$$
$$0 = U_{r,0} - U_{s,0} - \frac{1}{\ddot{u}}\,(U_{p,0} - U_{q,0}).$$

Führt man jetzt durch die Beziehung

$$I_p = gU_{x,0}\,, \quad I_x \equiv 0$$

einen fiktiven Zusatzknoten x ein, so lassen sich die Definitionsgleichungen des Übertragers auch folgendermaßen schreiben:

$$I_p = gU_{x,0}$$
$$I_q = -I_p: \quad I_q = -gU_{x,0}$$
$$I_r = -\ddot{u}I_p: \quad I_r = -\ddot{u}gU_{x,0}$$
$$I_s = -I_r: \quad I_s = \ddot{u}gU_{x,0}$$
$$I_x \equiv 0: \quad I_x = gU_{p,0} - gU_{q,0} - \ddot{u}gU_{r,0} + \ddot{u}gU_{s,0}\,,$$

oder in Matrixform:

$$
\begin{bmatrix} I_p \\ I_q \\ I_r \\ I_s \\ \hline I_x \equiv 0 \end{bmatrix}
=
\left[\begin{array}{cccc|c} & & & & g \\ & & \mathbf{0} & & -g \\ & & & & -\ddot{u}g \\ & & & & \ddot{u}g \\ \hline g & -g & -\ddot{u}g & \ddot{u}g & 0 \end{array}\right]
\begin{bmatrix} U_{p,0} \\ U_{q,0} \\ U_{r,0} \\ U_{s,0} \\ \hline U_{x,0} \end{bmatrix}.
$$

Die Bedingung $I_p = gU_{x,0}$ bedeutet dabei, daß das sich bei der Analyse ergebende Zusatzknotenpotential $U_{x,0}$ ausschließlich von dem beliebigen Leitwert $g$ und dem tatsächlich fließenden Strom $I_p$ abhängt, und die Bedingung $I_x \equiv 0$, daß die äußere Einströmung in den Zusatzknoten identisch Null ist. Da der Strom $I_p$ aber seinerseits nur von der äußeren Beschaltung des Übertragers abhängt, ist $U_{x,0}$ letztlich auch nur abhängig von dieser Beschaltung.

Wie man aus dem Beispiel sehen kann, ist die Konstruktion einer solchen Leitwertmatrix nicht eindeutig, denn anstelle von $I_p = gU_{x,0}$ hätte man z.B. auch $I_q = gU_{x,0}$ oder $I_r = gU_{x,0}$ oder $I_s = gU_{x,0}$ setzen können und damit jeweils eine andere Leitwertmatrix erhalten. Sämtliche so gebildeten Leitwertmatrizen sind aber äquivalent.

Ein systematisches Verfahren zur Gewinnung solcher Leitwertmatrizen für beliebige Mehrpole wurde von Roedler und Engelhardt angegeben [13]. Es geht aus von der für jeden Mehrpol existierenden *Belevitch–Darstellung* [13, 15] eines Mehrpols nach Bild 1.1.8:

$$\left[ A \;\vdots\; B \right] \cdot \left[ \frac{I}{U} \right] = 0 \, , \qquad (1.1.16)$$

wobei $I$ den Vektor des Klemmenströme und $U$ den Vektor der Klemmenpotentiale bedeutet:

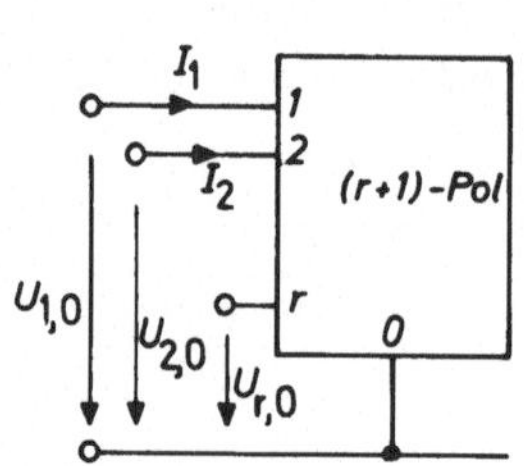

Bild 1.1.8. Allgemeines Mehrpolnetz

$$I = \begin{bmatrix} I_1 \\ I_2 \\ \vdots \\ I_r \end{bmatrix} , \qquad U = \begin{bmatrix} U_{1,0} \\ U_{2,0} \\ \vdots \\ U_{r,0} \end{bmatrix} ,$$

und die Teilmatrizen $A, B$ jeweils r–reihige quadratische Matrizen sind.[1] Besitzt der betrachtete Mehrpol unmittelbar eine Leitwertmatrix, so ist diese gegeben durch

$$Y_M = -A^{-1} B \, . \qquad (1.1.17)$$

Ist dies nicht der Fall, so wird jedem Klemmenstrom $I_i$ durch die Beziehung

$$I_i = g_i \, U_{x_i,0} \, , \qquad I_{x_i} = 0 \, , \qquad i = 1, \dots, r$$

ein Zusatzknoten $x_i$ zugeordnet. Für einen $(r + 1)$–Pol erhält man damit die 2r–reihige Leitwertmatrix:

$$\left[ \frac{I}{I_x \equiv 0} \right] = \left[ \begin{array}{c|c} 0 & G \\ \hline HB & HAG \end{array} \right] \cdot \left[ \frac{U}{U_x} \right] \qquad \begin{array}{l} G = \mathrm{diag}(g_{ii}) \\ H = \mathrm{diag}(h_{ii}) \end{array} , \qquad (1.1.18)$$

wobei $I_x$ und $U_x$ die Ströme bzw. Potentiale der Zusatzknoten bedeuten und die Matrizen $G$ und $H$ r–reihige quadratische Diagonalmatrizen sind, deren Diagonalelemente

---

[1] Man beachte, daß die Teilmatrix $A$ der Belevitch–Matrix nichts zu tun hat mit der Kettenmatrix, die in der Literatur ebenfalls mit $A$ bezeichnet wird.

die oben erwähnten Zusatzparameter bilden und somit beliebige endliche und von Null verschiedene Werte annehmen können.

Betrachtet man wieder den erdfreien idealen Übertrager aus Bild 1.1.7, so lauten dessen Definitionsgleichungen (1.1.15) in der Belevitch–Darstellung:

$$
\left[\begin{array}{cccc:cccc}
1 & 1 & 0 & 0 & 0 & 0 & 0 & 0 \\
0 & 0 & 1 & 1 & 0 & 0 & 0 & 0 \\
ü & 0 & 1 & 0 & 0 & 0 & 0 & 0 \\
0 & 0 & 0 & 0 & 1 & -1 & -ü & ü
\end{array}\right]
\left[\begin{array}{c}
I_p \\ I_q \\ I_r \\ I_s \\ \hline U_{p,0} \\ U_{q,0} \\ U_{r,0} \\ U_{s,0}
\end{array}\right] = \mathbf{0} \; ,
$$

und mit Gl. (1.1.18) folgt daraus die achtreihige Leitwertmatrix für diesen Übertrager:

$$
\mathbf{Y}_M = \left[\begin{array}{cccc:cccc}
0 & 0 & 0 & 0 & g_{11} & 0 & 0 & 0 \\
0 & 0 & 0 & 0 & 0 & g_{22} & 0 & 0 \\
0 & 0 & 0 & 0 & 0 & 0 & g_{33} & 0 \\
0 & 0 & 0 & 0 & 0 & 0 & 0 & g_{44} \\ \hline
0 & 0 & 0 & 0 & h_{11}g_{11} & h_{11}g_{22} & 0 & 0 \\
0 & 0 & 0 & 0 & 0 & 0 & h_{22}g_{33} & h_{22}g_{44} \\
0 & 0 & 0 & 0 & h_{33}üg_{11} & 0 & h_{33}g_{33} & 0 \\
h_{44} & -h_{44} & -h_{44}ü & h_{44}ü & 0 & 0 & 0 & 0
\end{array}\right] \; .
$$

$$\tag{1.1.19}$$

Diese Matrix enthält jetzt die Zusatzparameter $g_{11}, \dots, g_{44}, h_{11}, \dots, h_{44}$. Das Roedler–Engelhardt–Verfahren liefert für jedes Mehrpolnetz sofort eine Leitwertmatrix. Da es ausschließlich Multiplikationen und keinerlei Additionen oder Subtraktionen verlangt, können bei seiner Durchführung auf einem Digitalrechner auch keine numerischen Probleme durch Stellenauslöschung auftreten. Das gilt insbesondere wegen der bemerkenswerten Tatsache, daß bei der Überlagerung einer Knotenleitwertmatrix durch eine Leitwertmatrix nach Gl. (1.1.18) die Elemente der Knotenleitwertmatrix selbst nicht verändert werden, da die obere linke Teilmatrix $\mathbf{Y}_{M11}$ von $\mathbf{Y}_M$ nur Nullen enthält, die Überlagerung also lediglich aus der Erweiterung der Knotenleitwertmatrix mit den durch die drei übrigen Teilmatrizen von $\mathbf{Y}_M$ gegebenen $r$ Zeilen bzw. Spalten besteht. Obwohl die Konstruktion einer Leitwertmatrix nach diesem Verfahren immer möglich ist, ist das Ergebnis für einige besonders wichtige Mehrpole nicht optimal. Man kann nämlich zeigen, daß man für bestimmte $(r+1)$–Pole eine Leitwertmatrix auch durch Einführen von weniger als $r$ Zusatzknoten erhalten kann, wobei sich diesen Leitwertmatrizen dann sogar Zweipolersatzschaltungen, allerdings mit teilweise negativen Leitwerten, zuordnen lassen. Für den idealen Übertrager findet man solche Ersatzbilder mit einem Zusatzknoten bei Klein [10, S. 82 ff] und für die vier gesteuerten Quellen bei Engelhard und Heinz [14]. Diese Ersatzbilder haben aber den Nachteil, daß auch in der Teilmatrix $\mathbf{Y}_{M11}$ ihrer Leitwertmatrix $\mathbf{Y_M}$ von Null verschiedene Elemente stehen, so daß man bei der Überlagerung einige Elemente der Knotenleitwertmatrix des Zweipolnetzes modifizieren muß. Speziell für die gesteuerten Quellen und den allgemeinen Proportionalübersetzer, der als Spezialfall auch den idealen Übertrager enthält, lassen sich jedoch auch Leitwertmatrizen mit minimaler Anzahl von Zusatzknoten angeben, bei der die Teilmatrix $\mathbf{Y_{M11}}$ nur Nullen enthält, bei denen der oben geschilderte Nachteil also nicht auftritt.

### 1.1.6 Leitwertmatrizen einiger wichtiger Mehrpolnetze

Im folgenden werden die durch direktes Einführen der minimalen Anzahl von Zusatzknoten gewonnenen Leitwertmatrizen einiger wichtiger Mehrpole angegeben. Die Grundbausteine der Ersatzschaltbilder sind dabei die spannungsgesteuerte Stromquelle und der Negativgyrator. Beide Schaltelemente besitzen unmittelbar eine Leitwertmatrix; der Negativgyrator besitzt darüber hinaus ein nur aus Leitwerten bestehendes Ersatzbild [10]. Bild 1.1.9 zeigt diese beiden Schaltelemente im einzelnen.

Zu den beiden gesteuerten Spannungsquellen UUQ und IUQ ist zu bemerken, daß die Zählpfeile für die Ausgangsspannung in Übereinstimmung mit [3, S. 89] so gewählt wurden, wie sie sich traditionell aus dem entsprechenden Quellenersatzbild für die Röhre bzw. den Transistor ergeben. Da sie hierbei umgekehrt gerichtet sind wie die Zählpfeile der Eingangsspannung bzw. des Eingangsstroms, handelt es sich bei diesen Quellen genau genommen um spannungsnegierende gesteuerte Spannungsquellen. Das gleiche gilt auch für die Spannungsübersetzung des allgemeinen Proportionalübersetzers GIC in Übereinstimmung mit den Definitionen in [10].

Die Klemmen der Mehrtore werden der Einfachheit halber mit 1,2,3,4,... bezeichnet; die Zusatzknoten erhalten die Bezeichnungen x,y,... . Der Knoten 0 ist der gemeinsame Bezugsknoten von Zweipol— und jeweiligem Mehrpolteilnetz. Für die Klemmenströme werden wie üblich symmetrische Zählpfeile verwendet. Die Zusatzparameter $g, g_1, g_2, ...$ sind unter Ausschluß der Werte Null und Unendlich beliebig wählbar; über die günstigste Wertzuweisung für die numerische Rechnung siehe Abschnitt 1.1.8.

| Spannungsgesteuerte Stromquelle: | Negativgyrator: |
|---|---|
| *Schaltsymbol:* s. Ersatzbild | *Schaltsymbol:* nicht festgelegt |
| *Definitionsgleichungen* | *Definitionsgleichungen* |
| $I_3 = S \cdot U_{1,2}$ | $I_1 = -\gamma \cdot U_{3,4}$ |
| $I_3 + I_4 = 0$ | $I_3 = -\gamma \cdot U_{1,2}$ |
| $I_1 = 0$ | $I_1 + I_2 = 0$ |
| $I_2 = 0$ | $I_3 + I_4 = 0$ |
| S: Steilheit | $\gamma$: Gyrationsleitwert |

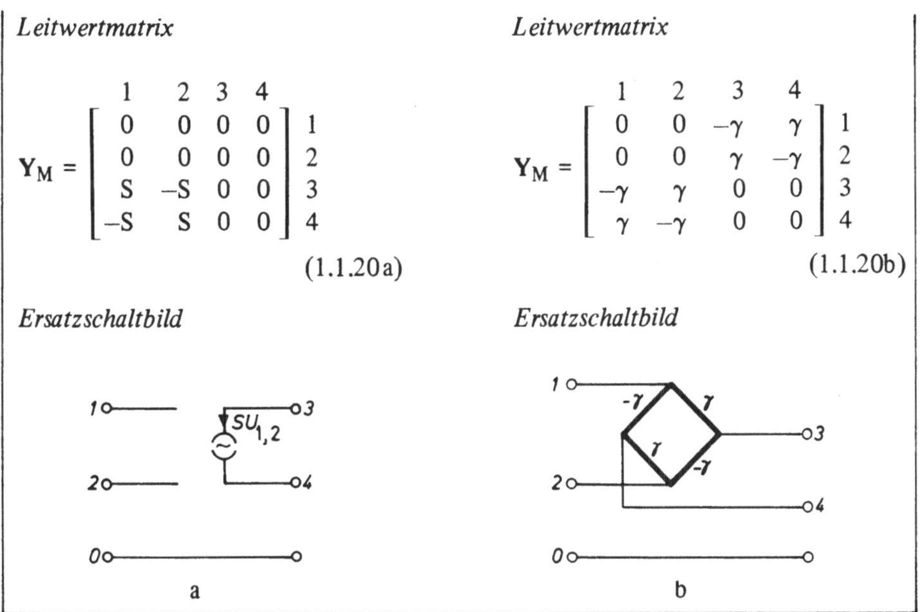

*Leitwertmatrix*

$$\mathbf{Y}_M = \begin{bmatrix} & 1 & 2 & 3 & 4 \\ & 0 & 0 & 0 & 0 \\ & 0 & 0 & 0 & 0 \\ & S & -S & 0 & 0 \\ & -S & S & 0 & 0 \end{bmatrix} \begin{matrix} 1 \\ 2 \\ 3 \\ 4 \end{matrix}$$

$$(1.1.20\,\mathrm{a})$$

*Ersatzschaltbild*



*Leitwertmatrix*

$$\mathbf{Y}_M = \begin{bmatrix} & 1 & 2 & 3 & 4 \\ & 0 & 0 & -\gamma & \gamma \\ & 0 & 0 & \gamma & -\gamma \\ & -\gamma & \gamma & 0 & 0 \\ & \gamma & -\gamma & 0 & 0 \end{bmatrix} \begin{matrix} 1 \\ 2 \\ 3 \\ 4 \end{matrix}$$

$$(1.1.20\mathrm{b})$$

*Ersatzschaltbild*



Bild 1.1.9. Definitionsgleichungen, Leitwertmatrix und Ersatzschaltbild der  a) spannungsgesteuerten Stromquelle UIQ und des b) Negativgyrators

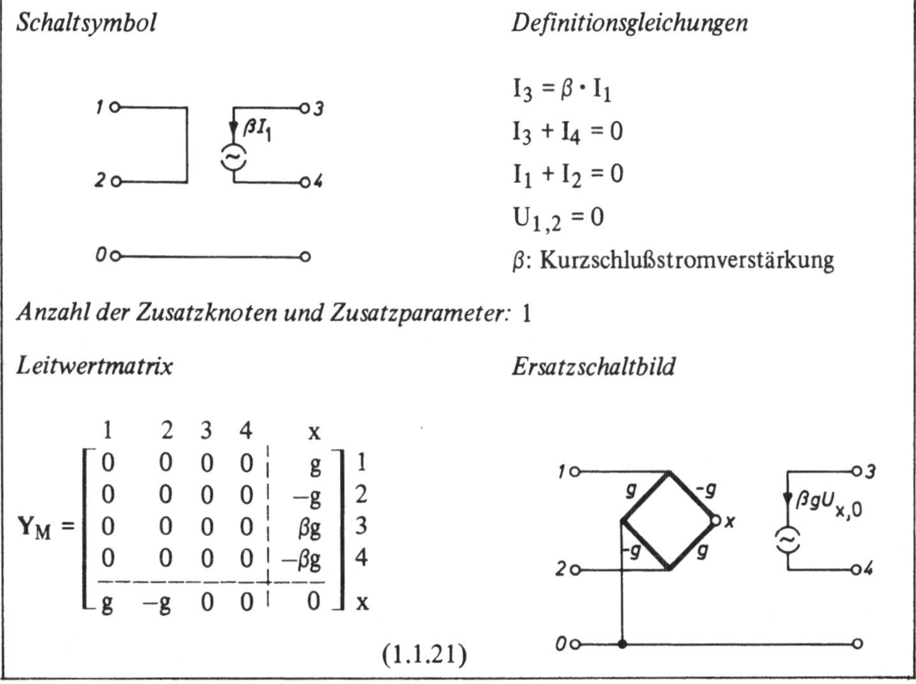

*Schaltsymbol*



*Definitionsgleichungen*

$$I_3 = \beta \cdot I_1$$
$$I_3 + I_4 = 0$$
$$I_1 + I_2 = 0$$
$$U_{1,2} = 0$$

$\beta$: Kurzschlußstromverstärkung

*Anzahl der Zusatzknoten und Zusatzparameter:* 1

*Leitwertmatrix*

$$\mathbf{Y}_M = \left[\begin{array}{cccc:c} & 1 & 2 & 3 & 4 & x \\ 0 & 0 & 0 & 0 & g \\ 0 & 0 & 0 & 0 & -g \\ 0 & 0 & 0 & 0 & \beta g \\ 0 & 0 & 0 & 0 & -\beta g \\ \hdashline g & -g & 0 & 0 & 0 \end{array}\right] \begin{matrix} 1 \\ 2 \\ 3 \\ 4 \\ x \end{matrix}$$

*Ersatzschaltbild*



$$(1.1.21)$$

Bild 1.1.10. Schaltsymbol, Definitionsgleichungen, Leitwertmatrix und Ersatzschaltbild der stromgesteuerten Stromquelle IIQ

Man beachte, daß in dem Ersatzschaltbild die ursprüngliche Stromsteuerung der Quelle in eine Spannungssteuerung umgewandelt wurde, wobei die Steuerspannung durch das Potential des Zusatzknotens x gebildet wird. Dieses Potential $U_{x,0}$ ist seinerseits unabhängig von $U_{1,0}$ bzw. $U_{2,0}$ und nur bestimmt durch den Eingangsstrom:

$$U_{x,0} = I_1/g \; .$$

so daß in der Tat der Ausgangsstrom $I_3 = \beta g U_{x,0}$ nur vom Eingangsstrom $I_1$ gesteuert wird.

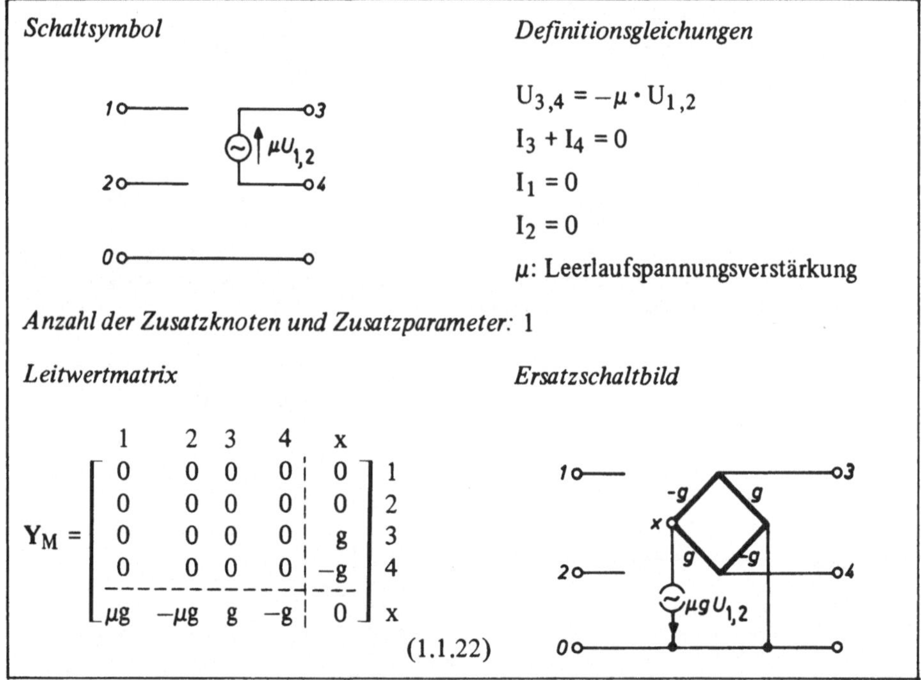


$$Y_M = \begin{bmatrix} & 1 & 2 & 3 & 4 & x & \\ & 0 & 0 & 0 & 0 & 0 & 1 \\ & 0 & 0 & 0 & 0 & 0 & 2 \\ & 0 & 0 & 0 & 0 & g & 3 \\ & 0 & 0 & 0 & 0 & -g & 4 \\ \hline & \mu g & -\mu g & g & -g & 0 & x \end{bmatrix}$$

$$(1.1.22)$$

Bild 1.1.11. Schaltsymbol, Definitionsgleichungen, Leitwertmatrix und Ersatzschaltbild der spannungsgesteuerten Spannungsquelle UUQ

Man beachte, daß in dem Ersatzschaltbild die ursprüngliche Spannungsquelle in eine Stromquelle umgewandelt wurde, die von der Eingangsspannung $U_{1,2}$ gesteuert wird und die Steilheit $S = \mu g$ besitzt. Wie man sich leicht überzeugt, ist der zwischen den Ausgangklemmen 3 und 4 gemessene ausgangsseitige Innenwiderstand der Ersatzschaltung gleich Null, während die von der Einströmung in den Zusatzknoten x verursachte Spannungsdifferenz zwischen diesen beiden Klemmen den Wert $-\mu U_{1,2}$ besitzt. Das Potential des Zusatzknotens selbst wird ausschließlich durch die Beschaltung der Klemmen 3 und 4 bestimmt; es berechnet sich zu

$$U_{x,0} = I_3/g \; .$$

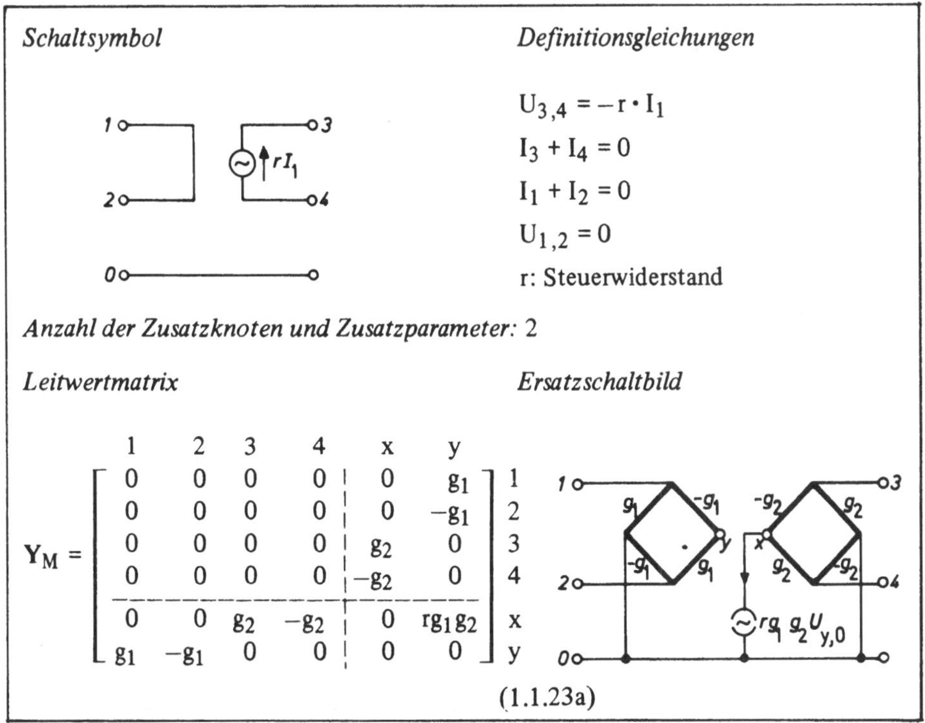



$$U_{3,4} = -r \cdot I_1$$
$$I_3 + I_4 = 0$$
$$I_1 + I_2 = 0$$
$$U_{1,2} = 0$$

$$\mathbf{Y_M} = \begin{array}{c} \\ \\ \\ \\ \\ \\ \end{array} \begin{bmatrix} \begin{array}{cccc|cc} 0 & 0 & 0 & 0 & 0 & g_1 \\ 0 & 0 & 0 & 0 & 0 & -g_1 \\ 0 & 0 & 0 & 0 & g_2 & 0 \\ 0 & 0 & 0 & 0 & -g_2 & 0 \\ \hline 0 & 0 & g_2 & -g_2 & 0 & rg_1g_2 \\ g_1 & -g_1 & 0 & 0 & 0 & 0 \end{array} \end{bmatrix} \begin{array}{c} 1 \\ 2 \\ 3 \\ 4 \\ x \\ y \end{array}$$

$$(1.1.23a)$$

Bild 1.1.12. Schaltsymbol, Definitionsgleichungen, Leitwertmatrix und Ersatzschaltbild der stromge-steuerten Spannungsquelle IUQ

Man beachte bei diesem Ersatzschaltbild, daß der Zusatzknoten y zur Umwandlung der Stromsteuerung in eine Spannungssteuerung und der Zusatzknoten x zur Umwandlung der Spannungsquelle in eine Stromquelle dient. Die Potentiale der beiden Zusatzknoten werden wiederum ausschließlich durch die äußere Beschaltung der Klemmenpaare (1,2) bzw. (3,4) bestimmt; sie ergeben sich zu

$$U_{y,0} = I_1/g_1 \quad \text{bzw.} \quad U_{x,0} = I_3/g_2 \; .$$

Läßt man in der linken oberen Teilmatrix von $\mathbf{Y_M}$ auch von Null verschiedene Elemente zu und setzt gleichzeitig $r \neq 0$ voraus, so kann man auch die folgende Leitwertmatrix mit nur einem Zusatzknoten verwenden:

$$\mathbf{Y_M} = \begin{bmatrix} \begin{array}{cccc|c} 0 & 0 & -1/r & 1/r & 0 \\ 0 & 0 & 1/r & -1/r & 0 \\ 0 & 0 & 0 & 0 & g \\ 0 & 0 & 0 & 0 & -g \\ \hline g & -g & 0 & 0 & 0 \end{array} \end{bmatrix} \begin{array}{c} 1 \\ 2 \\ 3 \\ 4 \\ x \end{array} \qquad (1.1.23b)$$

Das Zusatzknotenpotential hat hier den Wert

$$U_{x,0} = I_3/g \; .$$

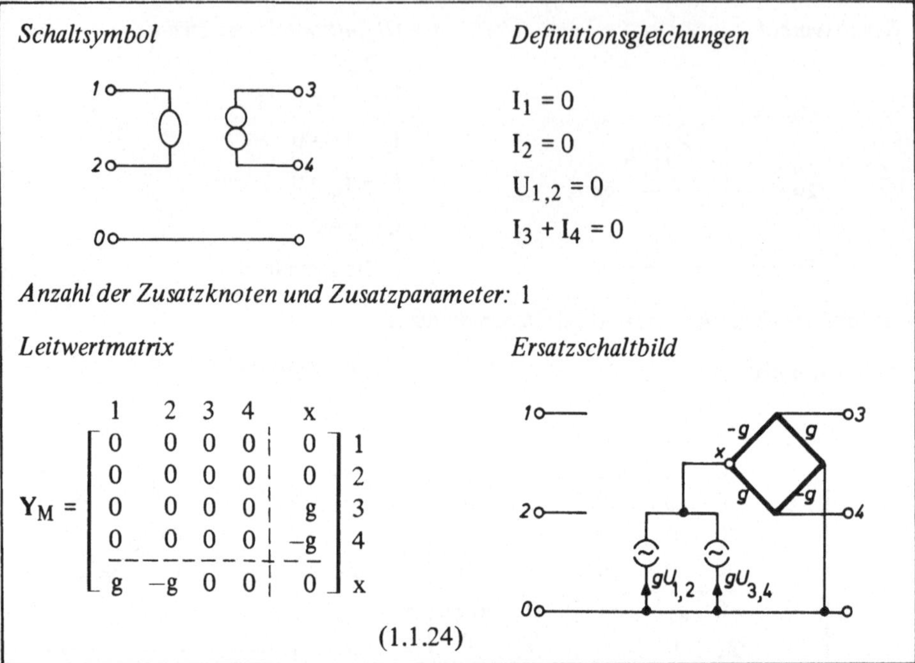



$$Y_M = \begin{bmatrix} & 1 & 2 & 3 & 4 & & x & \\ 0 & 0 & 0 & 0 & \vdots & 0 \\ 0 & 0 & 0 & 0 & \vdots & 0 \\ 0 & 0 & 0 & 0 & \vdots & g \\ 0 & 0 & 0 & 0 & \vdots & -g \\ \hline g & -g & 0 & 0 & \vdots & 0 \end{bmatrix} \begin{matrix} 1 \\ 2 \\ 3 \\ 4 \\ \\ x \end{matrix}$$

$$(1.1.24)$$

Bild 1.1.13. Schaltsymbol, Definitionsgleichungen, Leitwertmatrix und Ersatzschaltbild des Nullors

Der Nullor ergibt sich als Grenzfall aus jeder der vier gesteuerten Quellen, wenn der entsprechende Steuerparameter ($S, \beta, \mu$ bzw. r) gegen Unendlich geht. In diesem Fall werden die Potentiale der Eingangsklemmen und der Strom an den Ausgangsklemmen ausschließlich durch die äußere Beschaltung bestimmt und nicht mehr durch das Bauelement selbst. Für das Potential des Zusatzknotens  x  gilt wiederum

$$U_{x,0} = I_3/g \ .$$

In der Literatur wird das Eingangsklemmenpaar (1,2) meist als *Nullator* und das Ausgangsklemmenpaar (3,4) als *Norator* bzeichnet.

Der Nullor ist von großer Bedeutung für den Entwurf von Schaltungen mit Operationsverstärkern, sofern man diese als ideal ansehen kann [10].

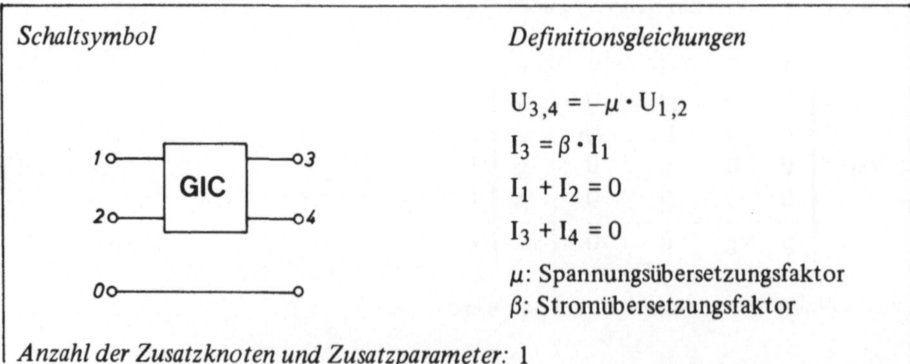

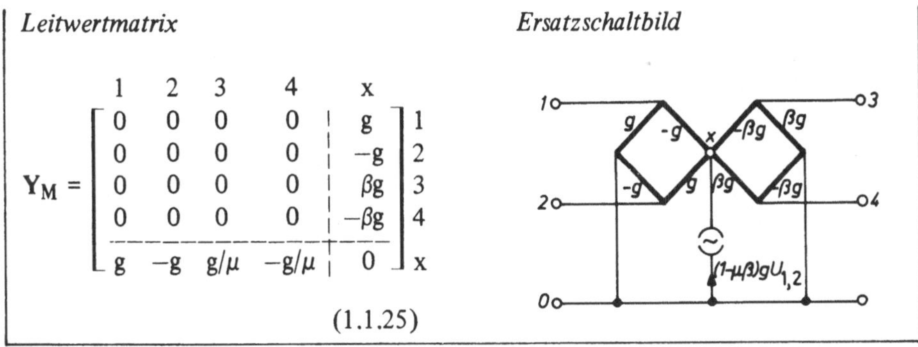



$$Y_M = \begin{bmatrix} & 1 & 2 & 3 & 4 & \vdots & x & \\ & 0 & 0 & 0 & 0 & \vdots & g & 1 \\ & 0 & 0 & 0 & 0 & \vdots & -g & 2 \\ & 0 & 0 & 0 & 0 & \vdots & \beta g & 3 \\ & 0 & 0 & 0 & 0 & \vdots & -\beta g & 4 \\ \hline & g & -g & g/\mu & -g/\mu & \vdots & 0 & x \end{bmatrix}$$

$$(1.1.25)$$

Bild 1.1.14. Schaltsymbol, Definitionsgleichungen, Leitwertmatrix und Ersatzschaltbild des allgemeinen Proportionalübersetzers (Generalized Impedance Converter GIC)

Der allgemeine Proportionalübersetzer enthält als praktisch besonders wichtige Spezialfälle den idealen Zweiwicklungsübertrager (s. Bild 1.1.15) sowie die vier Arten von Impedanzkonvertern. Bezeichnet man bei diesen den Konversionsfaktor mit $K^2$, so gilt für den

spannungstreuen Positivimpedanzkonverter (UPIC):    $\mu = -1; \beta = -K^2$
stromtreuen Positivimpedanzkonverter (IPIC):    $\mu = -1/K^2; \beta = -1$
spannungsnegierenden Negativimpedanzkonverter (UNIC):  $\mu = 1; \beta = -K^2$
stromnegierenden Negativimpedanzkonverter (INIC):    $\mu = -1/K^2; \beta = 1.$

Das Zusatzknotenpotential des Ersatzschaltbildes hat den Wert $U_{x,0} = I_1/g = I_3/(\beta g)$ und ist unabhängig von $\mu$.

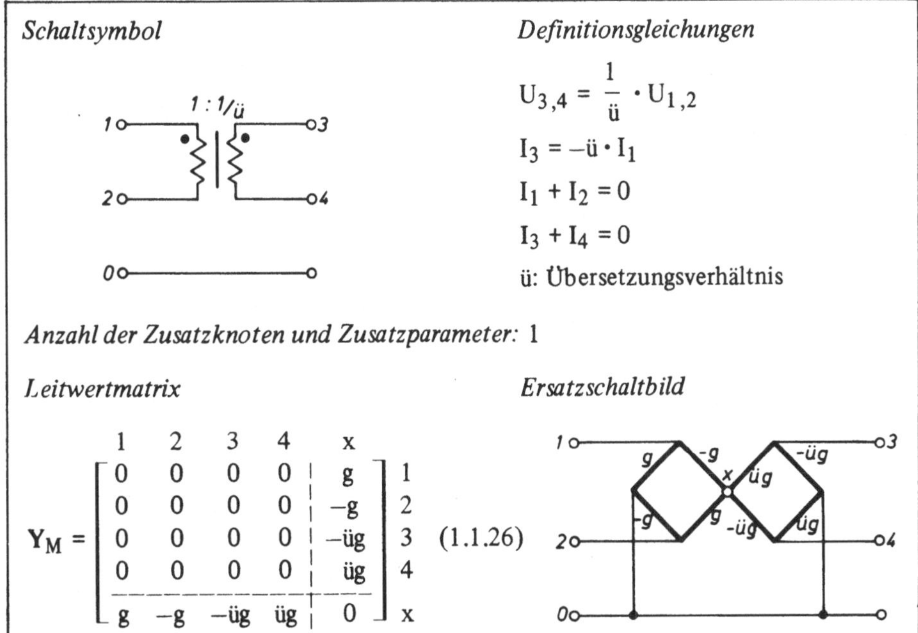



$$U_{3,4} = \frac{1}{ü} \cdot U_{1,2}$$

$$I_3 = -ü \cdot I_1$$

$$I_1 + I_2 = 0$$

$$I_3 + I_4 = 0$$

ü: Übersetzungsverhältnis

$$Y_M = \begin{bmatrix} & 1 & 2 & 3 & 4 & \vdots & x & \\ & 0 & 0 & 0 & 0 & \vdots & g & 1 \\ & 0 & 0 & 0 & 0 & \vdots & -g & 2 \\ & 0 & 0 & 0 & 0 & \vdots & -üg & 3 \\ & 0 & 0 & 0 & 0 & \vdots & üg & 4 \\ \hline & g & -g & -üg & üg & \vdots & 0 & x \end{bmatrix}$$

$$(1.1.26)$$

Bild 1.1.15. Schaltsymbol, Definitionsgleichungen, Leitwertmatrix und Ersatzschaltbild des idealen Zweiwicklungsübertragers

Man beachte, daß dieses Ersatzschaltbild keine gesteuerte Quelle enthält. Die Leitwertmatrix bzw. das angegebene Ersatzschaltbild entstehen aus denen des allgemeinen Proportionalübersetzers nach Bild 1.1.14 durch die Spezialisierung

$$\mu = -1/\ddot{u}, \quad \beta = -\ddot{u} .$$

Das Zusatzknotenpotential des Ersatzschältbilds hat den Wert

$$U_{x,0} = \frac{I_1}{g} = -\frac{I_3}{\ddot{u}g} .$$

Neben dem hier angegebenen Ersatzschaltbild existiert eine Reihe weiterer Ersatzbilder (Soldi, Klein, Roedler und Heidrich), s. [10, S. 85 ff; 12].

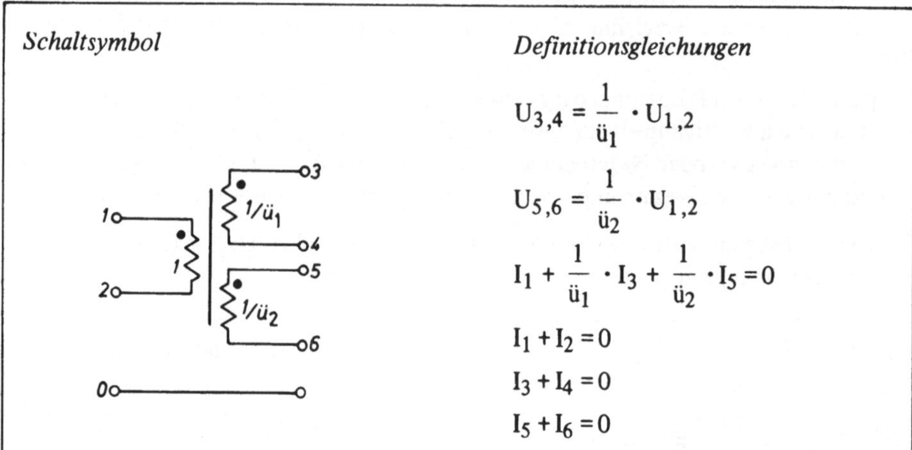



*Schaltsymbol*

*Definitionsgleichungen*

$$U_{3,4} = \frac{1}{\ddot{u}_1} \cdot U_{1,2}$$

$$U_{5,6} = \frac{1}{\ddot{u}_2} \cdot U_{1,2}$$

$$I_1 + \frac{1}{\ddot{u}_1} \cdot I_3 + \frac{1}{\ddot{u}_2} \cdot I_5 = 0$$

$$I_1 + I_2 = 0$$

$$I_3 + I_4 = 0$$

$$I_5 + I_6 = 0$$

*Anzahl der Zusatzknoten und Zusatzparameter: 2*

*Leitwertmatrix*

$$
\mathbf{Y_M} =
\begin{array}{c}
\begin{array}{ccccccccc}
1 & 2 & 3 & 4 & 5 & 6 & x & y
\end{array} \\
\left[
\begin{array}{cccccc|cc}
0 & 0 & 0 & 0 & 0 & 0 & g_1 & g_2 \\
0 & 0 & 0 & 0 & 0 & 0 & -g_1 & -g_2 \\
0 & 0 & 0 & 0 & 0 & 0 & -\ddot{u}_1 g_1 & 0 \\
0 & 0 & 0 & 0 & 0 & 0 & \ddot{u}_1 g_1 & 0 \\
0 & 0 & 0 & 0 & 0 & 0 & 0 & -\ddot{u}_2 g_2 \\
0 & 0 & 0 & 0 & 0 & 0 & 0 & \ddot{u}_2 g_2 \\
\hline
g_1 & -g_1 & -\ddot{u}_1 g_1 & \ddot{u}_1 g_1 & 0 & 0 & 0 & 0 \\
g_2 & -g_2 & 0 & 0 & -\ddot{u}_2 g_2 & \ddot{u}_2 g_2 & 0 & 0
\end{array}
\right]
\begin{array}{c}
1 \\ 2 \\ 3 \\ 4 \\ 5 \\ 6 \\ \\ x \\ y
\end{array}
\end{array}
\qquad (1.1.27)
$$

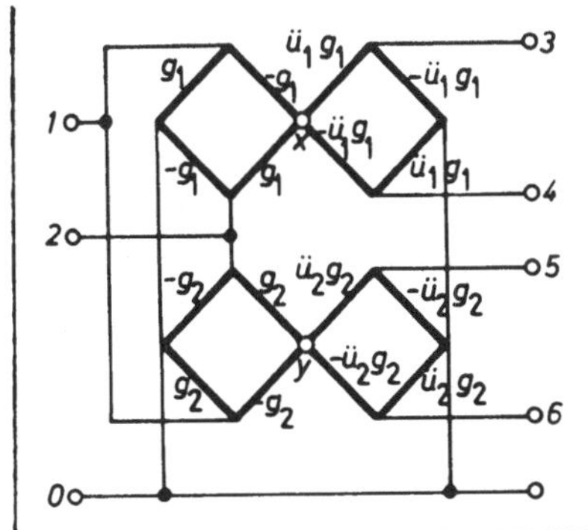


Bild 1.1.16. Schaltsymbol, Definitionsgleichungen, Leitwertmatrix und Ersatzschaltbild des idealen Dreiwicklungsübertragers

Die Zusatzknotenpotentiale des Ersatzschaltbilds haben die Werte:

$$U_{x,0} = - \frac{I_3}{\ddot{u}_1 g_1}; \quad U_{y,0} = - \frac{I_5}{\ddot{u}_2 g_2}.$$

Die Verallgemeinerung für Übertrager mit mehr als drei Wicklungen ist offenkundig. Setzt man in einem Mehrwicklungsübertrager sämtliche Zusatzleitwerte gleich, so kann man nach [12] etwas andere Ersatzschaltbilder gewinnen.

### 1.1.7 Leitwertmatrizen allgemeiner Vierpole

Neben den oben betrachteten Grundschaltelementen treten in den Anwendungen auch oft Vierpole (oder besser: Zweitore) auf, die durch eine der folgenden Vierpolmatrizen [10] beschrieben sind:

*Kettenmatrix:*
$$\begin{bmatrix} U_{1,2} \\ I_1 \end{bmatrix} = \begin{bmatrix} A_{11} & A_{12} \\ A_{21} & A_{22} \end{bmatrix} \begin{bmatrix} U_{3,4} \\ -I_3 \end{bmatrix}, \qquad (1.1.28)$$

*Reihenparallelmatrix:*
$$\begin{bmatrix} U_{1,2} \\ I_3 \end{bmatrix} = \begin{bmatrix} H_{11} & H_{12} \\ H_{21} & H_{22} \end{bmatrix} \begin{bmatrix} I_1 \\ U_{3,4} \end{bmatrix}, \qquad (1.1.29)$$

*Parallelreihenmatrix:*
$$\begin{bmatrix} I_1 \\ U_{3,4} \end{bmatrix} = \begin{bmatrix} P_{11} & P_{12} \\ P_{21} & P_{22} \end{bmatrix} \begin{bmatrix} U_{1,2} \\ I_3 \end{bmatrix}, \qquad (1.1.30)$$

*Widerstandsmatrix:*
$$\begin{bmatrix} U_{1,2} \\ U_{3,4} \end{bmatrix} = \begin{bmatrix} Z_{11} & Z_{12} \\ Z_{21} & Z_{22} \end{bmatrix} \begin{bmatrix} I_1 \\ I_3 \end{bmatrix}, \qquad (1.1.31)$$

wobei die Bezeichnungen von Bild 1.1.17 zugrunde gelegt sind. Man beachte, daß der bei der Kettenmatrix notwendige Übergang von Kettenpfeilen für die Klemmenströme zu symmetrischen Pfeilen in dem rechts stehenden Klemmenvektor vorgenommen ist; die Vorzeichen der Elemente der Kettenmatrix brauchen deshalb nicht modifiziert zu werden. Gilt dabei für die Vierpolmatrix des betrachteten Zweitors die entsprechende der

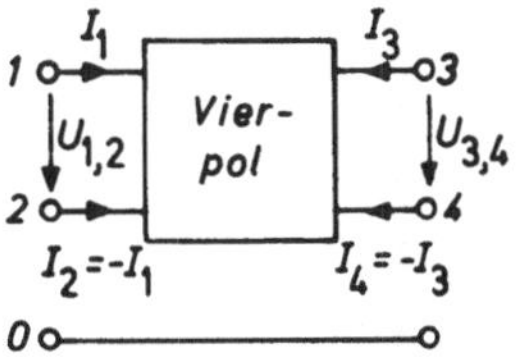

Bild 1.1.17. Allgemeiner Vierpol

folgenden Bedingungen:

$$A_{12} \neq 0, \quad H_{11} \neq 0, \quad P_{22} \neq 0,$$
$$\det(Z) \equiv Z_{11} Z_{22} - Z_{12} Z_{21} \neq 0, \tag{1.1.32}$$

so existiert für das betreffende Zweitor auch unmittelbar eine Zweitor–Leitwertmatrix:

$$\begin{bmatrix} I_1 \\ I_3 \end{bmatrix} = \begin{bmatrix} Y_{11} & Y_{12} \\ Y_{21} & Y_{22} \end{bmatrix} \begin{bmatrix} U_{1,2} \\ U_{3,4} \end{bmatrix}, \tag{1.1.33}$$

deren Elemente sich aus den bekannten Umrechnungsregeln [3] für Vierpolmatrizen ergeben:

$$\begin{aligned}
Y_{11} &= A_{22}/A_{12} = 1/H_{11} = P_{11} - P_{12}P_{21}/P_{22} = Z_{22}/\det(Z) \\
Y_{12} &= A_{21} - A_{11}A_{22}/A_{12} = -H_{12}/H_{11} = P_{12}/P_{22} = -Z_{12}/\det(Z) \\
Y_{21} &= -1/A_{12} = H_{21}/H_{11} = -P_{21}/P_{22} = -Z_{21}/\det(Z) \\
Y_{22} &= A_{11}/A_{12} = H_{22} - H_{12}H_{21}/H_{11} = 1/P_{22} = Z_{11}/\det(Z).
\end{aligned} \tag{1.1.34}$$

Die für die Netzwerküberlagerung benötigte $(4+1)$–Pol–Leitwertmatrix $Y_M$ erhält man dann durch Rändern:

$$Y_M = \begin{bmatrix} Y_{11} & -Y_{11} & Y_{12} & -Y_{12} \\ -Y_{11} & Y_{11} & -Y_{12} & Y_{12} \\ Y_{21} & -Y_{21} & Y_{22} & -Y_{22} \\ -Y_{21} & Y_{21} & -Y_{22} & Y_{22} \end{bmatrix}. \tag{1.1.35}$$

Ist für eine gegebene Vierpolmatrix der Gln. (1.1.28) bis (1.1.31) die entsprechende Bedingung (1.1.32) nicht erfüllt, so kann man durch Einführen eines Zusatzknotens für die **A–**, **H–** und **P–**Matrix bzw. zweier Zusatzknoten für die **Z–**Matrix trotzdem eine Leitwertmatrix erhalten. Diese lautet für die:

$$\textbf{A–Matrix: } Y_M = \begin{array}{c c} & \begin{array}{c c c c c} 1 & \ 2 & \ 3 & \ 4 & \ x \end{array} \\ \begin{bmatrix} 0 & 0 & A_{21} & -A_{21} & -gA_{22} \\ 0 & 0 & -A_{21} & A_{21} & gA_{22} \\ 0 & 0 & 0 & 0 & g \\ 0 & 0 & 0 & 0 & -g \\ \hline g & -g & -gA_{11} & gA_{11} & g^2A_{12} \end{bmatrix} & \begin{array}{c} 1 \\ 2 \\ 3 \\ 4 \\ x \end{array} \end{array}, \tag{1.1.36}$$

$$\textbf{H–Matrix: } Y_M = \begin{array}{c c} & \begin{array}{c c c c c} 1 & \ 2 & \ 3 & \ 4 & \ x \end{array} \\ \begin{bmatrix} 0 & 0 & 0 & 0 & g \\ 0 & 0 & 0 & 0 & -g \\ 0 & 0 & H_{22} & -H_{22} & gH_{21} \\ 0 & 0 & -H_{22} & H_{22} & -gH_{21} \\ \hline g & -g & -gH_{12} & gH_{12} & -gH_{11} \end{bmatrix} & \begin{array}{c} 1 \\ 2 \\ 3 \\ 4 \\ x \end{array} \end{array}, \tag{1.1.37}$$

$$
\textbf{P--Matrix: } \mathbf{Y_M} =
\begin{array}{c}
\begin{array}{ccccc} 1 & \ \ 2 & 3 & 4 & \ \ x \end{array} \\
\left[
\begin{array}{cccc|c}
P_{11} & -P_{11} & 0 & 0 & gP_{12} \\
-P_{11} & P_{11} & 0 & 0 & -gP_{12} \\
0 & 0 & 0 & 0 & g \\
0 & 0 & 0 & 0 & -g \\
\hline
-gP_{21} & gP_{21} & g & -g & -gP_{22}
\end{array}
\right]
\begin{array}{c} 1 \\ 2 \\ 3 \\ 4 \\ \\ x \end{array}
\end{array}
\qquad (1.1.38)
$$

$$
\textbf{Z--Matrix: } \mathbf{Y_M} =
\begin{array}{c}
\begin{array}{cccccc} 1 & 2 & 3 & 4 & \ \ x & \ \ y \end{array} \\
\left[
\begin{array}{cccc|cc}
0 & 0 & 0 & 0 & 0 & g_1 \\
0 & 0 & 0 & 0 & 0 & -g_1 \\
0 & 0 & 0 & 0 & g_2 & 0 \\
0 & 0 & 0 & 0 & -g_2 & 0 \\
\hline
0 & 0 & g_2 & -g_2 & -g_2^2 Z_{22} & -g_1 g_2 Z_{21} \\
g_1 & -g_1 & 0 & 0 & -g_1 g_2 Z_{12} & -g_1^2 Z_{11}
\end{array}
\right]
\begin{array}{c} 1 \\ 2 \\ 3 \\ 4 \\ \\ x \\ y \end{array}
\end{array}
\qquad (1.1.39)
$$

Die Aufstellung der zugehörigen Ersatzschaltbilder möge dem Leser überlassen bleiben.

Die bisherigen Überlegungen gingen davon aus, daß es sich bei den betrachteten Mehrpolen bzw. Zweitoren um echte Klemmenmehrpole handelt, bei denen keine Klemmen galvanisch verbunden sind. Ist dies dennoch der Fall, so müssen die entsprechenden Leitwertmatrizen um soviele Zeilen und Spalten reduziert werden, wie galvanische Verbindungen vorhanden sind. Die Regel dafür ist sehr einfach [3]:

*Vorschrift V3:*    Werden in einem echten Klemmenmehrpolnetz die Klemmen  p  und q galvanisch verbunden und bezeichnet man die neuentstandene gemeinsame Klemme mit  r, so bildet man eine neue r–te Zeile aus der elementweisen Addition von p–ter und q–ter Zeile und streicht anschließend diese beiden Zeilen. Dann bildet man eine neue r–te Spalte aus der elementweisen Addition von p–ter und q–ter Spalte der zeilenreduzierten Matrix und streicht danach ebenfalls diese beiden Spalten.

Das Verfahren sei am Beispiel des Dreiwicklungsübertragers aus Bild 1.1.16 erläutert: Verbindet man die Klemmen 4  und  5  und bezeichnet die dadurch entstandene neue Klemme mit  7, so erhält man den idealen Übertrager mit Anzapfung nach Bild 1.1.18 mit der folgenden Leitwertmatrix:

$$
\mathbf{Y_M} =
\begin{array}{c}
\begin{array}{ccccccc} 1 & 2 & 3 & 6 & 7 & \ \ x & \ \ y \end{array} \\
\left[
\begin{array}{ccccc|cc}
0 & 0 & 0 & 0 & 0 & g_1 & g_2 \\
0 & 0 & 0 & 0 & 0 & -g_1 & -g_2 \\
0 & 0 & 0 & 0 & 0 & -ü_1 g_1 & 0 \\
0 & 0 & 0 & 0 & 0 & 0 & ü_2 g_2 \\
0 & 0 & 0 & 0 & 0 & ü_1 g_1 & -ü_2 g_2 \\
\hline
g_1 & -g_1 & -ü_1 g_1 & 0 & ü_1 g_1 & 0 & 0 \\
g_2 & -g_2 & 0 & ü_2 g_2 & -ü_2 g_2 & 0 & 0
\end{array}
\right]
\begin{array}{c} 1 \\ 2 \\ 3 \\ 6 \\ 7 \\ \\ x \\ y \end{array}
\end{array}
$$

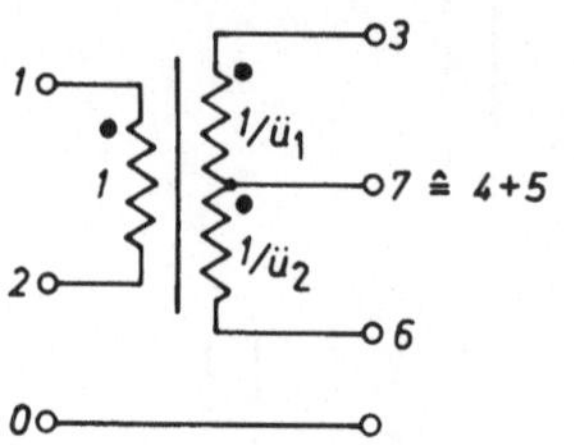

$$U_{3,7} = \frac{1}{\ddot{u}_1}\, U_{1,2}$$

$$U_{6,7} = -\frac{1}{\ddot{u}_2}\, U_{1,2}$$

$$I_1 = \frac{1}{\ddot{u}_1}\, I_3 - \frac{1}{\ddot{u}_2}\, I_6$$

$$I_1 + I_2 = 0$$

$$I_3 + I_6 + I_7 = 0$$

Bild 1.1.18. Idealer Übertrager mit Anzapfung

Treten beim Einbau von Mehrpolnetzen in ein Zweipolnetz galvanische Klemmenverbindungen auf, so braucht man die Reduktionsregel V3 jedoch nicht unbedingt explizit anzuwenden, sondern man kann unbesorgt die für die entsprechenden Mehrpole mit nicht-verbundenen Klemmen aufgestellten Leitwertmatrizen verwenden, wenn man den Einbau mit Hilfe der Überlagerungsvorschrift V2 durchführt. Man überlegt sich nämlich leicht, daß immer dann, wenn mehreren Mehrpolklemmen der gleiche Netzwerkknoten $k_\mu$ zugeordnet ist, von V2 die durch V3 geforderte Zeilen- bzw. Spaltenaddition bei der Bildung der überlagerten Knotenleitwertmatrix $Y_{KG}$ automatisch durchgeführt wird. Unter Verwendung von Gl. (1.1.27) bzw. Bild 1.1.16 läßt sich also z.B. die in Bild 1.1.19 dargestellte Differentialübertragerschaltung folgendermaßen beschreiben, wenn man den für den angezapften Übertrager benötigten beiden Zusatzknoten x bzw. y die isolierten Mehrpolklemmen 7 und 8 zuordnet:

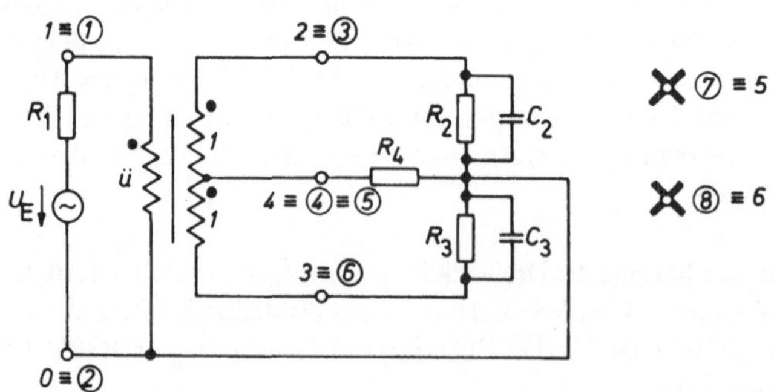

Bild 1.1.19. Differentialübertragerschaltung

$$\vdots$$

Z(1,0) = R1, UE;
Z(2,0) = R2/C2;
Z(3,0) = R3/C3;
Z(4,0) = R4;

MEHRPOL: KLEMMENZAHL = 8;

YM(1,1) = 0;  ...

...

YM(8,8) = 0;

KLEMME 1 = NETZKNOTEN 1; KLEMME 2 = NETZKNOTEN 0;
KLEMME 3 = NETZKNOTEN 2; KLEMME 4 = NETZKNOTEN 4;
KLEMME 5 = NETZKNOTEN 4; KLEMME 6 = NETZKNOTEN 3;
KLEMME 7 = ISOLIERT;
KLEMME 8 = ISOLIERT;
END   MEHRPOL;

$\vdots$

Nach Vorschrift V2 ergibt sich dann die folgende Knotenleitwertmatrix für das Gesamt-netzwerk:

$$\mathbf{Y}_{KG} = \begin{array}{cccccc} \phantom{-}1 & \phantom{-}2 & \phantom{-}3 & \phantom{-}4 & 5 & 6 \\ \left[\begin{array}{cccc:cc} 1/R_1 & 0 & 0 & 0 & g_1 & g_2 \\ 0 & 1/R_2+j\omega C_2 & 0 & 0 & -\ddot{u}g_1 & 0 \\ 0 & 0 & 1/R_3+j\omega C_3 & 0 & 0 & \ddot{u}g_2 \\ 0 & 0 & 0 & 1/R_4 & \ddot{u}g_1 & -\ddot{u}g_2 \\ \hdashline g_1 & -\ddot{u}g_1 & 0 & \ddot{u}g_1 & 0 & 0 \\ g_2 & 0 & \ddot{u}g_2 & -\ddot{u}g_2 & 0 & 0 \end{array}\right] & \begin{array}{c} 1 \\ 2 \\ 3 \\ 4 \\ 5 \\ 6 \end{array} \end{array} \; ,$$

und als Anregungsvektor erhält man

$$\mathbf{I}_0 = \begin{bmatrix} U_E/R_1 \\ 0 \\ 0 \\ 0 \\ 0 \\ 0 \end{bmatrix} \; .$$

Die Überlagerungsvorschrift V2 ordnet dabei den isolierten Mehrpolklemmen $7(\equiv$ Zu-satzknoten x) und $8(\equiv$ Zusatzknoten y) automatisch die Knoten 5 und 6 der erwei-terten Knotenleitwertmatrix für die Gesamtschaltung zu.

### 1.1.8 Digitalrechnerimplementierung

Nachdem in den vorhergehenden Abschnitten die wichtigsten netzwerktheoretischen As-pekte der Knotenanalyse behandelt wurden, sollen hier noch einige Implementierungs-fragen angeschnitten werden, ehe auf die eigentliche numerische Rechnung eingegangen wird. Als erstes stellt sich die Frage, wie die nach Vorschrift V1 zu bildende Knoten–

Zweig–Inzidenzmatrix $\mathbf{K}$ im Rechner darzustellen ist. Offensichtlich ist eine vollständige Speicherung dieser Matrix äußerst unökonomisch, denn definiert mann allgemein als Besetzungsgrad einer Matrix die Größe

$$\rho = \frac{\text{Anzahl von Null verschiedener Matrixelemente}}{\text{Anzahl sämtlicher Matrixelemente}}, \tag{1.1.40}$$

so ist dieser für die Inzidenzmatrix eines Zweipolnetzwerks mit $n+1$ Knoten und $z$ Zweigen gleich

$$\rho \leqslant \frac{2z}{nz} = \frac{2}{n}.$$

Das bedeutet, daß mit wachsender Knotenzahl die Inzidenzmatrix relativ immer schwächer besetzt wird, und zwar unabhängig von der Zweigzahl. Das gleiche gilt sinngemäß auch für die Zweigleitwertmatrix $\mathbf{D} = \mathrm{diag}(y_{r,s})$ von Gl. (1.1.9), während die Knotenleitwertmatrix $\mathbf{Y}_K$ selbst meist einen hohen Besetzungsgrad aufweist. Weiterhin würde die direkte Berechnung von $\mathbf{Y}_K$ und $\mathbf{I}_0$ nach Gl. (1.1.11) bzw. Gl. (1.1.12) unter Verwendung einer vollständig gespeicherten Inzidenzmatrix $\mathbf{K}$ einen Aufwand von zusammen $n^2 z + 2nz^2$ Multiplikationen mit den Faktoren $-1, 0$ und $+1$ erfordern, der in Wirklichkeit völlig unnötig ist, da die Inzidenzmatrix ja keine numerischen, sondern lediglich topologische Eigenschaften des Netzwerks beschreibt. In der Tat beinhaltet z.B. Gl. (1.1.11) nur die bekannte Strukturregel für Knotenleitwertmatrizen [3], die üblicherweise formuliert wird durch die

*Vorschrift V4:*    Die Knotenleitwertmatrix eines Zweipolnetzwerks mit $n+1$ Knoten ist quadratisch von der Ordnung $n$ und symmetrisch zur Hauptdiagonalen. Die Elemente der Hauptdiagonalen stellen die Summe sämtlicher Leitwerte dar, die von dem betreffenden Knoten ausgehen; die Elemente außerhalb der Hauptdiagonalen sind mit negativem Vorzeichen jeweils diejenigen Leitwerte, die zwischen den beiden zugehörigen Knoten liegen.

Man kann nun eine programmtechnisch wesentlich günstigere Darstellung erhalten, wenn man die Zweipolnetz–Topologie nicht in Form einer Inzidenzmatrix, sondern als *Inzidenzliste* speichert [16], wobei in das $j$–te Listenelement die beiden Knoten des $j$–ten Zweiges eingetragen werden. Bezeichnet man diese Inzidenzliste mit $LK$, so lautet sie z.B. für das Beispiel aus Bild 1.1.4 mit den Zweipolzweigen

$$Z(1,2) := y_1; \quad Z(2,5) := y_2; \quad Z(1,5) := y_3; \quad Z(2,3) := y_4; \quad Z(3,5) := y_5;$$

$$Z(5,0) := y_6; \quad Z(3,0) := y_7; \quad Z(3,4) := y_8; \quad Z(3,6) := y_9; \quad Z(4,0) := y_{10};$$

$$Z(6,0) := y_{11}; \quad Z(4,6) := y_{12};$$

folgendermaßen:

$$\text{LK1} \quad \text{LK2}$$

Inzidenzliste LK:   $\boxed{\text{LK1} \mid \text{LK2}}$   $=$

| LK1 | LK2 |
|-----|-----|
| 1 | 2 |
| 2 | 5 |
| 1 | 5 |
| 2 | 3 |
| 3 | 5 |
| 5 | 0 |
| 3 | 0 |
| 3 | 4 |
| 3 | 6 |
| 4 | 0 |
| 6 | 0 |
| 4 | 6 |

Faßt man weiterhin die für den gerade betrachteten Frequenzpunkt berechneten Zweig-leitwerte $y_i$ in einem komplexen Vektor ZWL[i] und die Zahlenwerte der das Netzwerk anregenden starren Spannungs- bzw. Stromquellen entsprechend in den komplexen Vektoren UE[i] bzw. IE [i] zusammen, so lassen sich Gl. (1.1.11) und Gl. (1.1.12) durch den nachstehenden Algorithmus beschreiben, wobei YK[i,k] die Elemente der Knotenleitwertmatrix und IO[i] die Elemente des Anregungsvektors $I_0$ sind.

```
begin
comment Nullsetzen der Felder IO und YK;
for i := 1 step 1 until Knotenzahl do
begin
        IO[i] := 0;
        for k := 1 step 1 until Knotenzahl do YK[i,k] := 0;
end i-Schleife;

for i := 1 step 1 until Zweigzahl do
begin
        p := LK1[i];   q := LK2[i];
        comment Berechnung der Knotenleitwertmatrix;
        if p > 0 then YK[p,p] := YK[p,p] + ZWL[i];
        if q > 0 then YK[q,q] := YK[q,q] + ZWL[i];
        if p > 0 and q > 0 then
                        begin
                                YK[p,q] := YK[p,q] − ZWL[i];
                                YK[q,p] := YK[q,p] − ZWL[i];
                        end;
        comment Berechnung des Anregungsvektors;
        STROM := ZWL[i] x UE[i] − IE[i];
        if p > 0 then IO[p] := IO[p] + STROM;
        if q > 0 then IO[q] := IO[q] − STROM;
end i-Schleife;
end Berechnung von Knotenleitwertmatrix und Anregungsvektor;
```

Die Überlagerung von Mehrpolteilnetzen mittels der Vorschrift V2 kann in ähnlicher Weise erfolgen, wenn man für jeden Mehrpol die Zuordnung der Mehrpolklemmen zu den Netzknoten in einer Klemmen–Knoten–Zuordnungsliste LM so beschreibt, daß das j–te Element von LM denjenigen Netzknoten $k_j$ als Eintrag erhält, der mit der j–ten Klemme des Mehrpols verbunden ist. Damit die vom Zweipolnetz isolierten Zusatzknoten des Mehrpols ebenfalls als Mehrpolklemmen behandelt werden können, ordnet man diesen die Knotennummern $k_j = -1, -2, \dots$ usw. zu; das negative Vorzeichen teilt dann dem Überlagerungsalgorithmus mit, daß er die Knotenleitwertmatrix und den Anregungsvektor entsprechend Vorschrift V2 aus Abschnitt 1.1.5 um die notwendige Anzahl von Zusatzzeilen und -spalten vergrößern muß.

Betrachten wir hierzu die Differentialübertragerschaltung aus Bild 1.1.19, so lautet dafür die Klemmen–Knoten–Zuordnungsliste folgendermaßen:

$$\text{Klemmen–Knoten–Liste: } \quad LM = \begin{array}{|c|} \hline 1 \\ \hline 0 \\ \hline 2 \\ \hline 4 \\ \hline 4 \\ \hline 3 \\ \hline -1 \\ \hline -2 \\ \hline \end{array} \quad .$$

Stehen die Zahlenwerte der Mehrpolleitwertmatrix für den gerade betrachteten Frequenzpunkt in dem komplexen Feld YM[i,k], so läßt sich der Überlagerungsalgorithmus allgemein wie folgt formulieren:

```
begin comment Überlagerungsalgorithmus nach Vorschrift V2;
comment Erweitern von Knotenleitwertmatrix und Anregungsvektor;
for i := 1 step 1 until Klemmenzahl do
if LM[i] < 0 then
    begin comment isolierter Zusatzknoten;
        Knotenzahl := Knotenzahl + 1; LM[i] := Knotenzahl;
        p := LM[i];
        for k := 1 step 1 until Knotenzahl do YK[p,k] := 0;
        for k := 1 step 1 until Knotenzahl do YK[k,p] := 0;
        I0[p] := 0;
    end isolierter Zusatzknoten;
comment Überlagern der Mehrpolleitwertmatrix Y_M;
for i := 1 step 1 until Klemmenzahl do
begin
    p := LM[i];
    if p > 0 then
        for k := 1 step 1 until Klemmenzahl do
        begin
            q := LM[k];
            if q > 0 then YK[p,q] := YK[p,q] + YM[i,k];
        end k–Schleife;
end i–Schleife;
end Überlagerungsalgorithmus;
```

Enthält das Gesamtnetzwerk mehrere Mehrpolteilnetzwerke, so ist dieser Algorithmus entsprechend oft zu wiederholen. Am Ende steht dann die Knotenleitwertmatrix $Y_{KG}$ des Gesamtnetzwerks in dem Feld YK[i,k] und die Variable "Knotenzahl" enthält die Gesamtzahl der Netzknoten einschließlich der Zusatzknoten.

Nachdem die Knotenleitwertmatrix $Y_{KG}$ und der Anregungsvektor $I_{0G}$ für das Gesamtnetzwerk erzeugt sind, erhält man durch Lösen des komplexen linearen Gleichungssystems

$$Y_{KG} \cdot U = I_{0G}$$

den Vektor $U$ der Knotenpotentiale und daraus mit

$$U_Z = K' \cdot U - U_E$$

den Vektor der Spannungen an den Zweigen des Zweipolnetzes, woraus sich über die Zweigleitwerte dann unmittelbar die entsprechenden Zweigströme $I_Z$ ausrechnen lassen. Enthält das Gesamtnetzwerk neben dem Zweipolnetz noch überlagerte Mehrpolteilnetze, so ergeben sich deren Klemmenströme aus der Beziehung

$$I_M = Y_M \cdot U_M \; ,$$

wobei der Vektor $U_M$ die Potentiale der mit den Zweipolklemmen verbundenen Netzwerkknoten sowie der isolierten Mehrpolknoten enthält. Die Algorithmen zur Berechnung der Zweigspannungen, Zweigströme und Mehrpolklemmenströme aus den Knotenpotentialen $U$ sind ebenfalls denkbar einfach:

```
begin
comment Bestimmung der Zweigspannungen und Zweigströme;
U[0] := 0;
for i := 1 step 1 until Knotenzahl do
begin
      p := LK1[i];  q := LK2[i];
      UZ[i] := U[p] - U[q] - UE[i];
      IZ[i] := ZWL[i] × UZ[i];
end i-Schleife;
end Zweigspannungen und Zweigströme;
```

bzw.

```
begin
comment Bestimmung der Klemmenströme eines Mehrpols;
for i := 1 step 1 until Klemmenzahl do
begin
      IM[i] := 0;
      for k := 1 step 1 until Klemmenzahl do
      begin
            p := LM[k];
            IM[i] := IM[i] + YM[i,k] × U[p];
      end k–Schleife;
end i–Schleife;
end Klemmenströme;
```

Als Rechenkontrolle kann dabei die Tatsache verwendet werden, daß die Klemmenströme der isolierten Mehrpolzusatzknoten sämtlich gleich Null sein müssen.

Bisher blieb noch die Frage offen, wie die gegebenenfalls in den Leitwertmatrizen der Mehrpolschaltungen enthaltenen Zusatzparameter $g$, $g_1$, $g_2$ usw. für die numerische Rechnung zahlenmäßig zu wählen sind. Rein theoretisch könnte mit Ausnahme der Werte Null und Unendlich jeder beliebige reelle oder komplexe Wert dafür eingesetzt werden, weil diese Parameter im Endergebnis wieder herausfallen; aus Gründen der numerischen Genauigkeit sollte man aber einen ganz bestimmten Wert wählen, der weiter unten hergeleitet wird. Zuerst wollen wir uns aber klarmachen, was das "Herausfallen" der Zusatzparameter mathematisch bedeutet. Hat man die Knotenleitwertmatrix für das Gesamtnetzwerk entsprechend den oben angegebenen Algorithmen aufgestellt, so hat sie folgende allgemeine Form:

$$
\mathbf{Y}_{KG} = 
\begin{array}{cc} 
\hspace{0.5em} n \hspace{2em} m \\
\left[
\begin{array}{c|c}
\mathbf{Y}_{11} & \mathbf{Y}_{12} \\
\hline
\mathbf{Y}_{21} & \mathbf{Y}_{22}
\end{array}
\right]
\begin{array}{c} n \\ m \end{array}
\end{array}
\quad ; \quad
\left[
\begin{array}{c}
\mathbf{I}_0 \\ \hline \mathbf{0}
\end{array}
\right]
= \mathbf{Y}_{KG}
\left[
\begin{array}{c}
\mathbf{U} \\ \hline \mathbf{U}_x
\end{array}
\right] ;
\tag{1.1.41}
$$

wobei $n+1$ die Anzahl der Knoten des Zweipolnetzes und $m$ die Anzahl sämtlicher durch die Mehrpolnetze eingeführter Zusatzknoten bedeutet. Wie man durch Nachrechnen leicht verifizieren kann, lautet die Inverse von $\mathbf{Y}_{KG}$ allgemein [65, S. 31]:

$$
\mathbf{Y}_{KG}^{-1} = 
\left[
\begin{array}{c|c}
\mathbf{Y}_{11}^{-1} + \mathbf{Y}_{11}^{-1}\,\mathbf{Y}_{12}\,\mathbf{P}\,\mathbf{Y}_{21}\,\mathbf{Y}_{11}^{-1} & -\mathbf{Y}_{11}^{-1}\,\mathbf{Y}_{12}\,\mathbf{P} \\
\hline
-\mathbf{P}\,\mathbf{Y}_{21}\,\mathbf{Y}_{11}^{-1} & \mathbf{P}
\end{array}
\right]
\tag{1.1.42}
$$

wobei $\mathbf{P}$ als Abkürzung für

$$
\mathbf{P} = (\mathbf{Y}_{22} - \mathbf{Y}_{21}\,\mathbf{Y}_{11}^{-1}\,\mathbf{Y}_{12})^{-1}
$$

steht. Für die Knotenpotentiale gilt demnach

$$U = [Y_{11}^{-1} + Y_{11}^{-1} Y_{12}(Y_{22} - Y_{21} Y_{11}^{-1} Y_{12})^{-1} Y_{21} Y_{11}^{-1}] \cdot I_0 \; ,$$

$$\hspace{6cm} (1.1.43)$$

$$U_x = -(Y_{22} - Y_{21} Y_{11}^{-1} Y_{12})^{-1} Y_{21} Y_{11}^{-1} \cdot I_0 \; ,$$

wobei $U$ der Vektor der Potentiale an den echten Netzknoten und $U_x$ der Vektor der Zusatzknotenpotentiale ist.

Nun besitzt das vollständige Netzwerk in jedem Fall eine Belevitch–Darstellung

$$A_n I_0 + B_n U = 0$$

mit n–reihigen Belevitch–Matrizen $A_n$ und $B_n$, die das Verhalten der Ströme und Spannungen an den echten Netzknoten beschreiben, vgl. Gl. (1.1.16). Andererseits folgt aber aus Gl. (1.1.41):

$$I_0 = Y_{11} U + Y_{12} U_x \; ,$$

und durch linksseitige Multiplikation dieser Beziehung mit $A_n$ und Einsetzen der Belevitch–Beziehung erhält man daraus:

$$(A_n Y_{11} + B_n)U + A_n Y_{12} U_x = 0 \; .$$

Setzt man hierin jetzt die Knotenpotentiale aus Gl. (1.1.43) ein, so ergibt sich schließlich die Beziehung

$$A_n = -B_n \cdot [Y_{11}^{-1} + Y_{11}^{-1} Y_{12}(Y_{22} - Y_{21} Y_{11}^{-1} Y_{12})^{-1} Y_{21} Y_{11}^{-1}] \; , \hspace{1.5cm} (1.1.44)$$

die die gegenseitige Abhängigkeit der beiden Belevitch–Matrizen und der Teilmatrizen von $Y_{KG}$ darstellt. Da aber weder $A_n$ noch $B_n$ irgendwelche Zusatzknoten beschreiben und damit auch keine Zusatzleitwerte enthalten, muß der in eckigen Klammern stehende Ausdruck in Gl. (1.1.44) ebenfalls davon unabhängig sein. Das bedeutet aber, daß die vier Teilmatrizen von $Y_{KG}$ die Zusatzleitwerte in einer solchen Anordnung enthalten, daß sie sich bei der Berechnung dieses Klammerausdrucks gerade herauskürzen. Da der gleiche Ausdruck bei der Berechnung des Potentialvektors $U$ in Gl. (1.1.43) auftritt, folgt daraus, daß dieser Vektor in der Tat unabhängig ist von den Zusatzleitwerten, daß diese also beliebig gewählt werden dürfen. Demgegenüber hängen die Zusatzknotenpotentiale natürlich von der Wahl der Zusatzleitwerte ab.

Wenden wir uns jetzt der Bestimmung des optimalen Zahlenwerts für die Zusatzparameter zu, so ist zuerst festzustellen, daß man die Knotenpotentiale wegen des zu großen Rechenaufwandes natürlich nicht nach Gl. (1.1.43) berechnen wird; vielmehr wird man das lineare Gleichungssystem

$$Y_{KG} \cdot U = I_{0G} \hspace{3cm} (1.1.45)$$

nach einem der bekannten Verfahren lösen, etwa dem Gaußschen Algorithmus. Nun ist bekannt, daß die erzielbare numerische Genauigkeit wesentlich von der Kondition der Matrix $Y_{KG}$ abhängt, s. Abschnitt 2.3. Die Kondition kann durch eine sog. Konditionszahl beschrieben werden; die erzielte Genauigkeit ist dann in der Regel umso größer, je kleiner diese Zahl ausfällt. Es ist jetzt naheliegend, die Konditionszahl durch geeignete Wahl der Zusatzparameter minimal zu machen, wobei das Minimum allerdings recht unkritisch ist, da die Konditionszahl letzten Endes keine quantitativen, sondern nur qualitative Aussagen liefert. Betrachtet man zu diesem Zweck z.B. die Zurmühlsche Konditionszahl, Gl.(2.3.45), so erhält man:

$$\text{cond}_{Zu}(Y_{KG}) = \frac{\left[\dfrac{1}{n+m}\displaystyle\sum_{i=1}^{n}\sum_{k=1}^{n}|y_{ik}|^2 + \dfrac{1}{n+m}\displaystyle\sum_{\mu=1}^{m}w_\mu^2 g_\mu^2\right]^{(n+m)/2}}{|\det(Y_{KG})|} \, ,$$

wobei die $y_{i,k}$ die Elemente der Teilmatrix $Y_{11}$ aus Gl. (1.1.41) sind und $w_\mu^2$ für die Quadratsumme sämtlicher in den restlichen Teilmatrizen von Gl. (1.1.41) auftretender Koeffizienten des Zusatzleitwerts $g_\mu$ stehen soll. Nun läßt sich mit Hilfe der Beziehung

$$\det(Y_{KG}) = \det(Y_{11}) \cdot \det(Y_{22} - Y_{21}Y_{11}^{-1}Y_{12})$$

zeigen, daß man diese Determinante folgendermaßen darstellen kann:

$$\det(Y_{KG}) = \Delta \cdot \prod_{\mu=1}^{m} g_\mu^2 \, ,$$

wobei $\Delta$ ein von den $g_\mu$ unabhängiger Faktor ist. Nimmt man nun der Einfachheit halber alle Zusatzleitwerte als gleich an, d.h. $g_1 = g_2 = \ldots = g_m = g$ und setzt man

$$\sum_{\mu=1}^{m} w_\mu^2 = w \, ,$$

so erhält man schließlich für die Konditionszahl:

$$\text{cond}_{Zu}(Y_{KG}) = \frac{\left[\dfrac{1}{n+m}\displaystyle\sum_{i=1}^{n}\sum_{k=1}^{n}|y_{ik}|^2 + \dfrac{w}{n+m}\,g^2\right]^{(n+m)/2}}{|g^{2m} \cdot \Delta|} \tag{1.1.46}$$

Dieser Ausdruck nimmt sein Minimum an für

$$g^2 = \frac{1}{w} \frac{2m}{n-m} \cdot \sum_{i=1}^{n} \sum_{k=1}^{n} |y_{ik}|^2 .$$

Setzt man voraus, daß die Anzahl $m$ der Zusatzknoten kleiner ist als die Anzahl $n$ der echten Netzknoten, was in der Praxis immer der Fall sein wird, so erhält man damit als Abschätzung für den optimalen Zahlenwert der Zusatzleitwerte:

$$g \approx \sqrt{\frac{2m}{w(n-m)}} \; \| \mathbf{Y}_{11} \|_E , \qquad\qquad (1.1.47)$$

wobei $\| \mathbf{Y}_{11} \|_E$ die Euklid–Norm der Teilmatrix $\mathbf{Y}_{11}$ bedeutet, vgl. Abschnitt 2.3.2. Da diese Teilmatrix im wesentlichen gleich der Knotenleitwertmatrix des Zweipolteilnetzes ist, liegen die Zahlenwerte ihrer Elemente vor der Überlagerung der Mehrpolleitwertmatrizen fest, so daß sich der Wert für $g$ unabhängig vom Überlagerungsvorgang selbst bestimmen läßt.

### 1.1.9 Zusatzknotenfreie Einbettung von Mehrpolteilnetzen

Das in den vorhergehenden Abschnitten beschriebene Verfahren zur Behandlung von Mehrpolteilnetzen ohne unmittelbar vorhandene Leitwertmatrix ist sehr einfach zu handhaben, es hat jedoch den Nachteil, daß jedes dieser Mehrpolteilnetze die Menge der Knoten um mindestens einen Zusatzknoten und entsprechend auch die Ordnung der Gesamtknotenleitwertmatrix erhöht. Weiterhin müssen in Form der Zusatzknotenpotentiale auch Größen berechnet werden, die keine physikalische Bedeutung besitzen. Im Zusammenhang mit Verfahren zur rechnergestützten Netzwerksynthese [19, 20, 21] wurde nun von Thielmann eine Analysemethode angegeben, die diese Nachteile vermeidet, dafür allerdings etwas komplizierter zu handhaben ist [17, 18]. Sie beruht darauf, daß die Definitionsgleichungen des Mehrpols durch gewisse Zeilen- bzw. Spaltenoperationen in der Knotenleitwertmatrix und im Anregungsvektor des Zweipolnetzes erfaßt werden können, wobei die Anzahl der Gleichungen bzw. Variablen nicht verändert wird.

Für eine stromgesteuerte Spannungsquelle, die nach Gl. (1.1.23a) im allgemeinen Fall zwei Zusatzknoten erfordert, sei dieses Verfahren kurz erläutert. Betrachten wir dazu Bild 1.1.20, so sehen wir, daß für die Knotenpaare $p, q$ bzw. $r, s$ die Bedingungen

$$
\begin{aligned}
I_{0p} &= I_1 + \Sigma \, y_{p,k} U_{k,0} & \qquad I_{0r} &= I_2 + \Sigma \, y_{r,k} U_{k,0} \\
I_{0q} &= -I_1 + \Sigma \, y_{q,k} U_{k,0} & \qquad I_{0s} &= -I_2 + \Sigma \, y_{s,k} U_{k,0} \\
U_{p,0} - U_{q,0} &= 0 & \qquad U_{r,0} - U_{s,0} &= a\, I_1
\end{aligned}
$$

gelten, wobei die Ströme $I_1$ und $I_2$ durch die äußere Beschaltung der Quelle, d.h. durch das Gesamtnetzwerk, und nicht durch die Quelle selbst festgelegt sind.

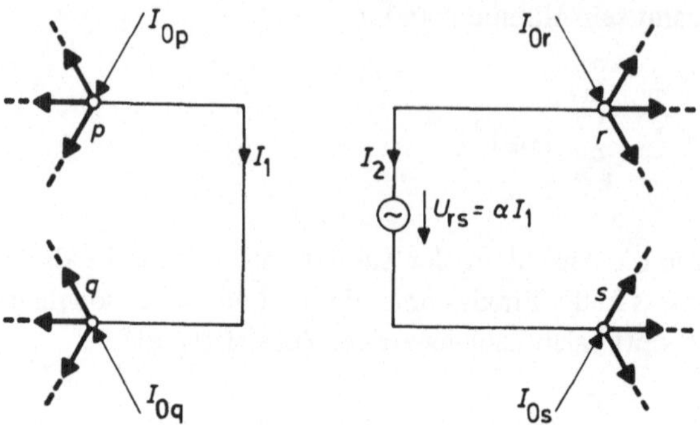



Bild 1.1.20. Behandlung einer IUQ nach dem Verfahren von Thielmann

Durch Elimination dieser Ströme folgt daraus

$$(p): \qquad I_{0p} + I_{0q} = \Sigma\,(y_{p,k} + y_{q,k})U_{k,0}$$

$$(r): \qquad I_{0r} + I_{0s} = \Sigma\,(y_{r,k} + y_{s,k})U_{k,0}$$

$$(s): \qquad 0 = U_{p,0} - U_{q,0}$$

$$(q): \qquad \alpha I_{0q} = \alpha\Sigma\,y_{q,k}\,U_{k,0} - U_{r,0} + U_{s,0}\;.$$

Nun sind die p–te Leitwertgleichung des Zweipolteilnetzes gegen die erste, die q–te gegen die vierte, die r–te gegen die zweite und schließlich die s–te gegen die dritte der obenstehenden Beziehungen auszutauschen (was sich nach Einführung gewisser Steuerparameter [17] auch durch Zeilenoperationen formulieren läßt). Man erkennt, daß man jetzt die IUQ ohne Verwendung von Zusatzknoten behandeln kann.

Das Thielmannsche Verfahren läßt sich auf beliebige Mehrtore anwenden; wegen der dabei nötigen Fallunterscheidungen ist es jedoch wesentlich komplizierter zu programmieren als das Überlagerungsverfahren aus Abschnitt 1.1.5.

## 1.1.10 Behandlung idealer starrer Spannungsquellen

Bei der Herleitung der Analysegleichungen für das Zweipolnetz, Gln. (1.1.5) bis (1.1.14), wurde stillschweigend vorausgesetzt, daß jede starre Spannungsquelle mit gegebener Leerlaufspannung $U_E$ einen endlichen Innenleitwert $y_{i,s}$ besitzt, s. Bild 1.1.2, so daß sie sich bei der Bildung des Anregungsvektors $I_0$ nach Gl. (1.1.12) in eine äquivalente starre Stromquelle mit dem Kurzschlußstrom $y_{r,s}U_E$ umwandelt. Läßt man jedoch auch ideale, d.h. innenwiderstandslose starre Spannungsquellen als Anregung zu, so ist eine solche Umwandlung nicht möglich, da hierbei ja $y_{r,s} = \infty$ ist. Um trotzdem Netzwerke, die durch ideale starre Spannungsquellen angeregt werden, mittels der Knotenanalyse behandeln zu können, wurde von Bening ein Verfahren angegeben [22], das, ähnlich wie das Thielmannsche Verfahren für Mehrpolteilnetze, den Einbau solcher Quellen durch bestimmte Zeilen- und Spaltenoperationen an der Knotenleitwertmatrix ermöglicht. Dieses Verfahren ist für reine Zweipolnetze gut geeignet; es ergeben sich aber gewisse Schwierigkeiten, wenn anschließend noch Mehrpolteilnetze überlagert werden sollen. Diese Probleme lassen sich nun sehr einfach vermeiden, wenn man für jede vorkommende ideale starre Spannungsquelle einen Zusatzknoten $z$ einführt, der Quelle einen fiktiven Innenleitwert $-g$ zuordnet, der durch einen in Reihe geschalteten Leitwert $+g$ wieder kompensiert wird, und die Spannungsquelle dann in eine äquivalente Stromquelle umwandelt, wie es Bild 1.1.21 zeigt.

Im Gegensatz zu den unzugänglichen Zusatzknoten der Mehrpolteilnetze ohne Leitwertmatrix erhalten sämtliche Quellenzusatzknoten $z$ jeweils eine Einströmung durch die zugehörige Ersatzstromquelle. Bei der numerischen Rechnung sollte man für die Zusatzleitwerte $g$ den sich aus Gl. (1.1.47) ergebenden Zahlenwert wählen.

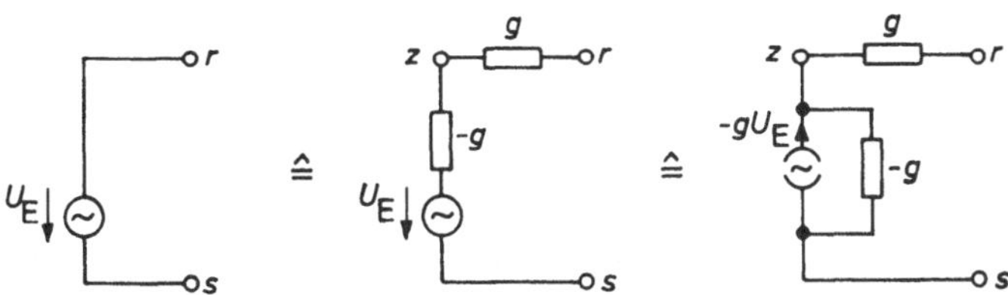

Bild 1.1.21. Umwandlung einer idealen starren Spannungsquelle

Betrachten wir als Beispiel das Netzwerk von Bild 1.1.22a, so läßt sich die zwischen den Knoten 1 und 2 liegende ideale starre Spannungsquelle nach Einführen des Zusatzknotens $z \equiv 4$ in eine starre Spannungsquelle mit Innenleitwert $-g$ umwandeln, s. Bild 1.1.22b, und man erhält folgende Analysegleichungen (die Zweigleitwerte sind der Einfachheit halber alle zu eins angenommen):

$$\begin{bmatrix} 2-g & 0 & -1 & g \\ 0 & 2+g & -1 & -g \\ -1 & -1 & 3 & 0 \\ g & -g & 0 & 0 \end{bmatrix} U = \begin{bmatrix} -gU_E \\ 0 \\ 0 \\ gU_E \end{bmatrix}$$

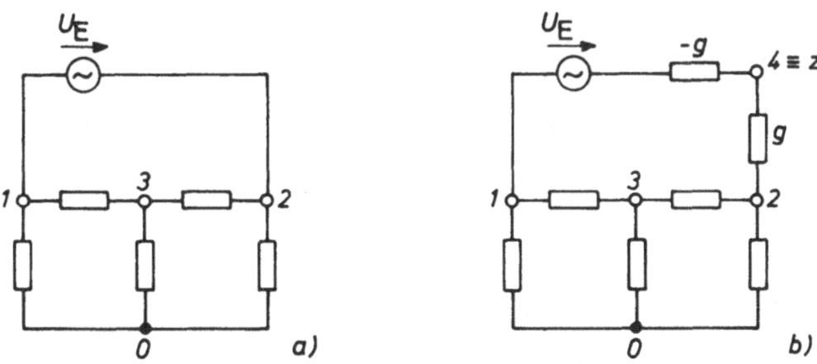

Bild 1.1.22. a) Netzwerk mit idealer starrer Spannungsquelle
b) Netzwerk mit umgewandelter Spannungsquelle

mit der allgemeinen Lösung

$$U_{1,0} = U_E/2, \qquad U_{1,2} = U_{1,0} - U_{2,0} = U_E,$$
$$U_{2,0} = -U_E/2,$$
$$U_{3,0} = 0$$
$$U_{4,0} = -\frac{2+g}{2g}\, U_E,$$

deren Richtigkeit man für die angegebene Schaltung sehr leicht bestätigt.


## 1.2　Berechnung von Tormatrizen

### 1.2.1　Reduktion und Transformation der Knotenleitwertmatrix

Die im vorigen Abschnitt betrachtete vollständige Analyse faßt das Netzwerk als $(n+m+1)-$ Pol auf, bei dem sämtliche $(n+1)$ echten Knoten von außen zugänglich sind, bei dem also zwischen beliebigen Paaren solcher Knoten eine starre Quelle liegen kann, während die durch die Mehrpolteilnetze eingeführten m Zusatzknoten vom Prinzip her unzugänglich sind, d.h. von außen nicht beschaltet werden dürfen. Sehr oft interessiert nun nicht die Gesamtmenge aller Ströme und Spannungen, sondern nur die gegenseitige Abhängigkeit der Ströme und Spannungen an gewissen Paaren zugänglicher Knoten; diese Knotenpaare sollen als *Tore* bezeichnet werden. Kennt man die Knotenleitwertmatrix $\mathbf{Y}_{KG}$ des Gesamtnetzwerks, so kann man die entsprechende Tormatrix durch eine Reduktion von $\mathbf{Y}_{KG}$ gewinnen, indem man die nicht interessierenden Knoten ebenfalls als unzugänglich erklärt und ihnen damit eine Einströmung von Betrag Null zuweist. Es sei z.B. die Knotenleitwertmatrix eines $(N+1)-$Pols gegeben ($N = n+m$), bei dem die t Knotenpaare $(1,0), (2,0), ..., (t,0)$ zu Toren erklärt wurden. Die Leitwertgleichungen lassen sich dann folgendermaßen schreiben:

$$
\begin{bmatrix} I_1 \\ \vdots \\ I_t \\ \hline I_{t+1} = 0 \\ \vdots \\ I_N = 0 \end{bmatrix}
=
\begin{bmatrix} \mathbf{Y}_{11} & \mathbf{Y}_{12} \\ \hline \mathbf{Y}_{21} & \mathbf{Y}_{22} \end{bmatrix}
\begin{bmatrix} U_{1,0} \\ \vdots \\ U_{t,0} \\ \hline U_{t+1,0} \\ \vdots \\ U_{N,0} \end{bmatrix},
\qquad (1.2.1)
$$

wobei die Teilmatrizen $\mathbf{Y}_{11}, \mathbf{Y}_{12}, \mathbf{Y}_{21}, \mathbf{Y}_{22}$ von der Ordnung $(t \times t)$, $(t \times [N-t])$, $([N-t] \times t)$, $([N-t] \times [N-t])$ sind. Durch Elimination des unteren Teils des auf der rechten Seite stehenden Spannungsvektors erhält man jetzt die reduzierte Leitwertmatrix

$$\widetilde{\mathbf{Y}} = \mathbf{Y}_{11} - \mathbf{Y}_{12}\mathbf{Y}_{22}^{-1}\mathbf{Y}_{21}, \qquad (1.2.2)$$

die die Torbeziehungen

$$\begin{bmatrix} I_1 \\ \vdots \\ I_t \end{bmatrix} = \widetilde{Y} \begin{bmatrix} U_{1,0} \\ \vdots \\ U_{t,0} \end{bmatrix} \tag{1.2.3}$$

beschreibt.

Die Reduktionsvorschrift Gl. (1.2.2) setzt voraus, daß sämtliche zu bildenden Tore den Bezugsknoten Null als "negative" Torklemme besitzen. Will man Tore zwischen beliebigen Knoten definieren, so ist die Knotenleitwertmatrix vor der Reduktion noch geeignet zu transformieren [3]. Seien z.B. die beiden Knotenpaare $(p,q)$ und $(r,s)$ als Tore definiert, so lauten dafür die Torbedingungen:

$$I_p + I_q = 0 \, ; \qquad\qquad I_r + I_s = 0$$
$$U_{p,q} = U_{p,0} - U_{q,0} \, ; \qquad U_{r,s} = U_{r,0} - U_{s,0} \, .$$

Addiert man jetzt die $p$–te Zeile der Knotenleitwertmatrix zur $q$–ten Zeile und die $r$–te Zeile zur $s$–ten Zeile, dann die neue $p$–te Spalte nur neuen $q$–ten Spalte und die neue $r$–te Spalte zur neuen $s$–ten Spalte und vertauscht anschließend Zeilen und Spalten in der Weise, daß die neue $p$–te Zeile bzw. Spalte zur ersten und die neue $r$–te Zeile bzw. Spalte zur zweiten Zeile bzw. Spalte wird, so lautet mit den oben angegebenen Torbedingungen das transformierte Gleichungssystem jetzt folgendermaßen:

$$\begin{bmatrix} I_p \\ I_r \\ \vdots \\ I_q + I_p = 0 \\ \vdots \\ I_s + I_r = 0 \\ \vdots \end{bmatrix} = \begin{bmatrix} y_{pp} & y_{pr} & \cdots & y_{pq}+y_{pp} & \cdots & y_{ps}+y_{pr} & \cdots \\ y_{rp} & y_{rr} & \cdots & y_{rq}+y_{rp} & \cdots & y_{rs}+y_{rr} & \cdots \\ \vdots & \vdots & & \vdots & & \vdots & \\ \vdots & \vdots & \cdots & \vdots & \cdots & \vdots & \cdots \\ \vdots & \vdots & & \vdots & & \vdots & \\ \vdots & \vdots & \cdots & \vdots & \cdots & \vdots & \cdots \\ \vdots & \vdots & \cdots & \vdots & \cdots & \vdots & \cdots \end{bmatrix} \begin{bmatrix} U_{p,q} \\ U_{r,s} \\ \vdots \\ U_{q,0} \\ \vdots \\ U_{s,0} \\ \vdots \end{bmatrix} ,$$

und durch Reduktion nach Gl. (1.2.2) erhält man daraus offensichtlich die gesuchten Zweitorgleichungen

$$\begin{bmatrix} I_p \\ I_r \end{bmatrix} = - \begin{bmatrix} I_q \\ I_s \end{bmatrix} = \widetilde{Y} \begin{bmatrix} U_{p,q} \\ U_{r,s} \end{bmatrix} \tag{1.2.4}$$

Sollen mehr als zwei solcher Tore gebildet werden, so ist für jedes Torknotenpaar entsprechend zu verfahren. Aus Gründen der Eindeutigkeit ist dabei darauf zu achten, daß solche Knoten, die mehreren Toren gemeinsam sind, immer als "negative" Torklemmen eingeführt und wegreduziert werden. Bildet man z.B. die beiden Tore $(p,u)$ und $(q,u)$, so hat man die $p$–te und die $q$–te Zeile bzw. Spalte zur $u$–ten Zeile bzw. Spalte zu addieren und die neue $u$–te Gleichung zusammen mit den übrigen nicht benötigten Gleichungen zu eliminieren. Das bedeutet, daß man als "positive", d.h. als erstgenannte Torklemme nur solche Netzwerkknoten angeben darf, auf die bei der Bildung eines anderen Tores nicht mehr zurückgegriffen wird.

Zählt man die zur direkten Berechnung von $\widetilde{Y}$ nach Gl. (1.2.2) notwendigen Operationen[1], so findet man, daß bei $N+1$ Knoten und $t$ Toren für die Inversion von $Y_{22}$ mindestens $(N-t)^3$ und für die beiden Matrizenmultipliationen nochmals $(N-t)^2 t$ bzw. $(N-t)t^2$, insgesamt also

$$(N-t)^3 + Nt(N-t) = N^3 - t^3 - 2Nt(N-t) \tag{1.2.5}$$

Operationen benötigt werden, wobei die $t^2$ Subtraktionen für die Differenzbildung der beiden Matrizen vernachlässigt seien. Durch eine ganz einfache Maßnahme kann man nun den Aufwand merklich reduzieren. Dazu hat man lediglich die $([N-t] \times t)$–reihige Hilfsmatrix

$$H = Y_{22}^{-1} Y_{21}$$

in Gl. (1.2.2) einzuführen, die man jetzt aber nicht direkt, sondern indirekt über

$$Y_{22}H = Y_{21}$$

als Lösung eines linearen Gleichungssystems mit $t$ verschiedenen rechten Seiten berechnet. Der Aufwand dazu beträgt $(N-t)^3/3 + t(N-t)^2$ Operationen, und zusammen mit den $t^2(N-t)$ Operationen zur Berechnung von $Y_{12}H$ ergibt sich somit ein Aufwand von insgesamt

$$\frac{(N-t)^3}{3} + Nt(N-t) = \frac{N^3 - t^3}{3} \tag{1.2.6}$$

Operationen, wiederum ohne die $t^2$ reinen Subtraktionen.

In den meisten Fällen wird die Reduktion der Knotenleitwertmatrix auf eine Zweitormatrix verlangt, also $t = 2$, und für diesen Fall erhält man als Verhältnis des Aufwandes für die beiden Verfahren den Faktor

$$\eta = 3 \frac{N^3 - 4N^2 + 8N - 8}{N^3 - 8} \approx 3\left(1 - \frac{4}{N}\right),$$

so daß bei großem $N$ der Aufwand für das zweite Verfahren auf rund ein Drittel des für die direkte Berechnung von Gl. (1.2.2) mittels Matrixinversion benötigten Aufwandes zurückgeht.

Als dritte Variante zur Berechnung von $\widetilde{Y}$ bietet sich eine Reduktion in Einzelschritten in der Weise an, daß man nicht in einem Schritt sämtliche $N-t$ überschüssigen Kno-

---

[1] Unter einer Operation sei hier die Vereinigung einer Multiplikation/Division und einer Addition/ Subtraktion verstanden.

ten gleichzeitig, sondern in $N - t$ Schritten jeweils nur einen Knoten eliminiert. Man überlegt sich leicht, daß man hierbei ebenfalls

$$(N^3 - t^3)/3$$

Operationen benötigt wie beim zweiten Ansatz; eine genauere Untersuchung zeigt aber weiter, daß man bei der Implementierung auf einem Digitalrechner jetzt weniger Speicherplatz benötigt und daß man die Umspeicherung der den "positiven" Torklemmen entsprechenden Zeilen bzw. Spalten der Knotenleitwertmatrix in die erste, zweite usw. Zeile bzw. Spalte nicht wirklich durchführen muß, sondern diese Zeilen und Spalten durch Einträge in bestimmten Kontrollvektoren kennzeichnen kann. Da es bei der Elimination der nichtgewünschten Matrixzeilen und Spalten offenbar nicht auf die Reihenfolge ankommt, wird man aus Gründen der numerischen Genauigkeit im z.B. $r$—ten Reduktionsschritt diejenige Zeile $\mu_r$ und diejenige Spalte $\nu_r$ eliminieren, für die das Pivotelement

$$y_{\mu_r,\nu_r}$$

betragsmäßig am größten ist, man wird also eine vollständige Pivotsuche durchführen. Die in diesem Schritt auszuführenden Operationen sind dabei

$$y_{i,k} = y_{i,k} - y_{i,\nu_r} \, y_{\mu_r,k} / y_{\mu_r,\nu_r} \, , \tag{1.2.7}$$

wobei die Indizes $i$ bzw. $k$ über alle noch nicht zur Elimination verwendeten Zeilen bzw. Spalten zu erstrecken sind.

Beschreibt man die Zuordnung der Torklemmen zu den Netzwerkknoten wiederum in einer Liste $LT$ derart, daß das $j$—te Listenelement als Einträge die das $j$—te Tor bildenden Netzknoten enthält, z.B.:

|      | LT1 | LT2 |
|------|-----|-----|
|      | 1   | 0   |
|      | 3   | 6   |
| Torklemmenliste $LT := \boxed{LT1 \mid LT2} =$ | 5 | 2 |
|      | 4   | 6   |
|      | 7   | 0   |

für ein Fünftor $(1,0)$, $(3,6)$, $(5,2)$, $(4,6)$, $(7,0)$, so läßt sich der gesamte Transformations- und Reduktionsprozess durch den folgenden Algorithmus realisieren:

```
begin comment Algorithmus zur Reduktion einer Knotenleitwertmatrix Y_K
              der Ordnung (N x N) auf eine t–Tor–Leitwertmatrix Y der
              Ordnung (t x t);

      comment Zeilen- und Spaltentransformationen;
      for Tor := 1 step 1 until t do
      begin
```

```
        p := LT1[Tor];  q := LT2[Tor];
        if q > 0 then
        begin
              comment Zeilentransformation;
              for k := 1 step 1 until N do YK[q,k] := YK[q,k] +YK[p,k];
              comment Spaltentransformation;
              for i := 1 step 1 until N do YK[i,q] := YK[i,q] + YK[i,p];
        end;
end Tor-Schleife;

comment Aufbereitung der Kontrollvektoren "Zeile" und "Spalte";
for i := 1 step 1 until N do Zeile [i] := Spalte [i] := 0;
for Tor := 1 step 1 until t do
begin
        p := LT1[Tor];
        Zeile [p] := - Tor;
        Spalte [p] := -Tor;
end Tor-Schleife;

comment Schrittweise Zeilen- und Spaltenreduktion;
for Reduktionsschritt := 1 step 1 until N-t do
begin comment Bestimmung von Pivotzeile und Pivotspalte;
        Pivotbetrag := 0;
        for i := 1 step 1 until N do
        if Zeile [i] = 0 then
          for k := 1 step 1 until N do
          if Spalte [k] = 0 then
          begin
              a := | YK[i,k] |;
              if a > Pivotbetrag then
              begin
                    Pivotzeile := i;
                    Pivotspalte := k;
                    Pivotbetrag := a;
              end;
          end;
        comment Falls in irgend einem Schritt kein Pivotelement ungleich
                Null gefunden werden kann, so kann die Knotenleitwertma-
                trix nicht auf die gewünschte t-Tor-Leitwertmatrix redu-
                ziert werden, und die Rechnung bricht vorzeitig ab. Der Al-
                gorithmus muß dann durch Sprung zu einer Fehlermarke
                verlassen werden;
        if Pivotbetrag = 0  then goto KEINE REDUKTION MÖGLICH;

        Zeile [Pivotzeile] := Reduktionsschritt;
        Spalte [Pivotspalte] := Reduktionsschritt;
        Pivotelement := YK[Pivotzeile, Pivotspalte];
```

```
                comment Reduktion;
                for i := 1 step 1 until N do
                if Zeile [i] ≤ 0 then
                    for k := 1 step 1 until N do
                    if Spalte [k] ≤ 0 then
                    begin
                        d := YK[i, Pivotspalte] × YK[Pivotzeile, k]/Pivotelement;
                        YK[i,k] := YK[i,k] − d;
                    end;
            end Reduktionsschritt−Schleife;

            comment Aufbau der t−Tor−Leitwertmatrix Ỹ;
            for i := 1 step 1 until t do
            begin
                p := LT1[i];
                for k := 1 step 1 until t do
                begin
                        q := LT1[k];  Ỹ[i,k] := YK[p,q];
                end;
            end i−Schleife;
        end Reduktionsalgorithmus;
```

Dieser Algorithmus verwendet die Vektoren "Zeile" und "Spalte" als Kontrollvektoren für die Eliminationsreihenfolge. Nach Abschluß der Rechnung steht im $\mu$−ten Element von "Zeile" bzw. im $\nu$−ten Element von "Spalte" die Nummer desjenigen Reduktionsschritts, in dem die $\mu$−te Zeile bzw. die $\nu$−te Spalte der Knotenleitwertmatrix eliminiert wurden.

Als Beispiel sei die Reduktion der Knotenleitwertmatrix der Schaltung aus Bild 1.2.1 auf die Matrix des Zweitors (1,0), (2,0) betrachtet.

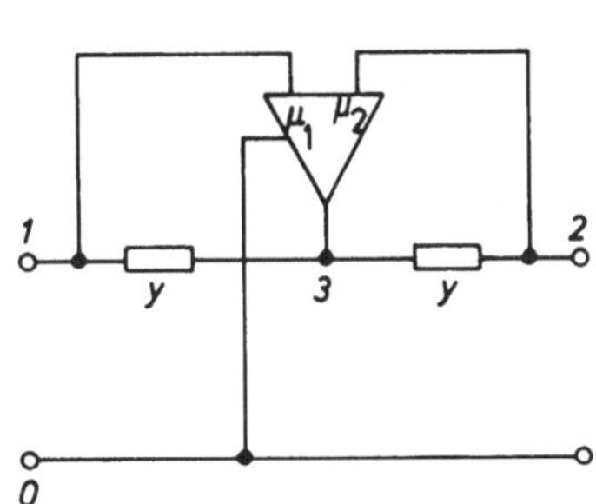


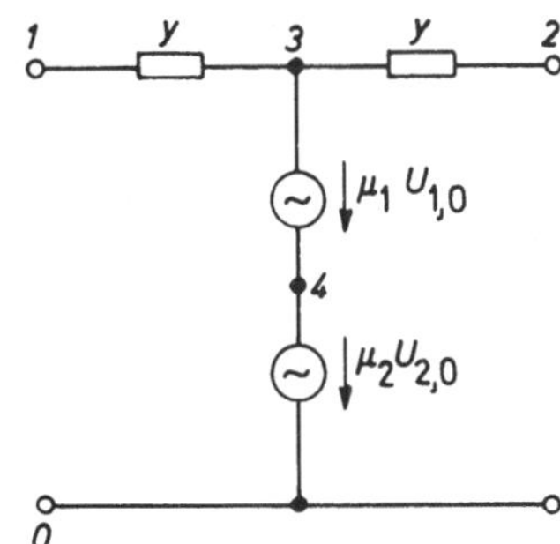


Bild 1.2.1. Operationsverstärkerschaltung

Bild 1.2.2. Quellenersatzbild der Schaltung von Bild 1.2.1

Der Operationsverstärker sei als idealer Summierer mit endlichen Verstärkungsfaktoren angenommen; er läßt sich dann durch die Gleichungen

$$U_{3,0} = \mu_1\, U_{1,0} + \mu_2\, U_{2,0}$$

$$I_1 = 0$$

$$I_2 = 0$$

beschreiben und durch die Reihenschaltung zweier spannungsgesteuerter Spannungsquellen nachbilden, s. Bild 1.2.2. Unter Verwendung der $\mathbf{Y}$–Matrix für die spannungsgesteuerte Spannungsquelle, Gl. (1.1.22), erhält man dann mittels der Vorschriften V4 aus Abschnitt 1.1.8 und V2 aus Abschnitt 1.1.5 folgende Gesamtknotenleitwertmatrix:

$$\mathbf{Y}_{KG} = \left[\begin{array}{cccc|cc}
1 & 2 & 3 & 4 & x_1 & x_2 \\
y & 0 & -y & 0 & 0 & 0 \\
0 & y & -y & 0 & 0 & 0 \\
-y & -y & 2y & 0 & g_1 & 0 \\
0 & 0 & 0 & 0 & -g_1 & g_2 \\
\hline
-\mu_1 g_1 & 0 & g_1 & -g_1 & 0 & 0 \\
0 & -\mu_2 g_2 & 0 & g_2 & 0 & 0
\end{array}\right]\begin{array}{c} \\ 1 \\ 2 \\ 3 \\ 4 \\ \\ x_1 \\ x_2 \end{array} \quad ,$$

wobei der Zusatzknoten $x_1$ und der Zusatzleitwert $g_1$ zur gesteuerten Quelle mit der Spannungsverstärkung $\mu_1$ und der Zusatzknoten $x_2$ sowie der Zusatzleitwert $g_2$ zur Quelle mit $\mu_2$ gehören.

Zur Torbildung müssen jetzt die Zeilen bzw. Spalten $3, 4, x_1, x_2$ eliminiert werden. Führt man diese Elimination durch, so erhält man für die gesuchte Zweitormatrix:

$$\widetilde{\mathbf{Y}} = \left[\begin{array}{cc}
(1 - \mu_1)y & -\mu_2 y \\
-\mu_1 y & (1 - \mu_2)y
\end{array}\right] \tag{1.2.8}$$

Für den Sonderfall $\mu_1 = \mu_2 = 1$ stellt Gl. (1.2.8) die Vierpolleitwertmatrix eines erdgebundenen Negativgyrators mit dem Gyrationsleitwert $y$ dar, vgl. Bild 1.1.9; Bild 1.2.1 zeigt also eine (von vielen möglichen) Realisierungen eines solchen Bauelements.

Die in dem obigen Beispiel angegebene Darstellung eines Summierverstärkers durch spannungsgesteuerte Spannungsquellen läßt sich selbstverständlich auch auf Summierer mit mehr als zwei Eingängen erweitern. Bei n Eingangsklemmen müssen dabei n Zusatzknoten eingeführt werden, die sich aber sämtlich bis auf einen wieder wegreduzieren lassen. Für den erdfreien Mehrfachaddierer nach Bild 1.2.3 mit den Definitionsgleichungen

$$U_{n+1,\,n+2} = \sum_{i=1}^{n} \mu_i U_{i,\,n+2} \tag{1.2.9}$$

$$I_1 = I_2 = \ldots = I_n = 0$$

erhält man dann die folgende Leitwertmatrix:

$$
\mathbf{Y_M} =
\begin{array}{c}
\quad\ 1 \quad\ 2 \ \ldots\ldots\ n \quad n{+}1 \quad\ n{+}2 \qquad x \\
\left[
\begin{array}{ccccc|c}
 & & & & & 0 \\
 & & & & & 0 \\
 & & \mathbf{0} & & & \vdots \\
 & & & & & 0 \\
 & & & & & -g \\
 & & & & & g \\
\hline
\mu_1 g & \mu_2 g \ldots\ldots \mu_n g & -g & (1 - \Sigma\mu_i)g & & 0
\end{array}
\right]
\begin{array}{c}
1 \\ 2 \\ \vdots \\ n \\ n{+}1 \\ n{+}2 \\ \\ x
\end{array}
\end{array}
\qquad (1.2.10)
$$

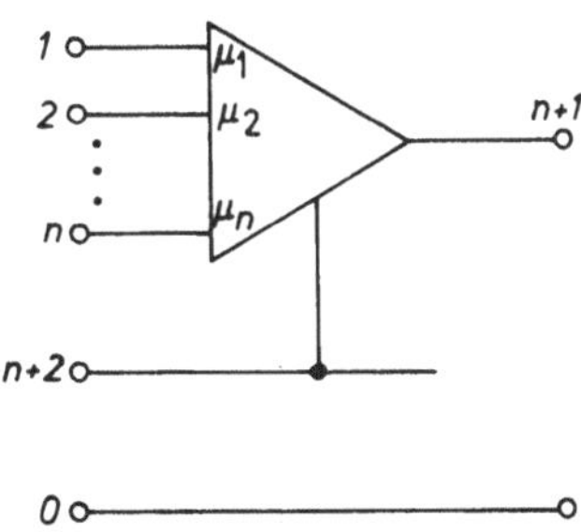


Bild 1.2.3. Erdfreier Mehrfachaddierer mit n Eingangsklemmen

Das zugehörige Ersatzschaltbild entspricht genau demjenigen der spannungsgesteuerten Spannungsquelle in Bild 1.1.11 mit dem Unterschied, daß anstelle einer einzigen spannungsgesteuerten Stromquelle jetzt n solcher Quellen parallel zu schalten sind, die jeweils den Steuerfaktor $\mu_i g$ besitzen und von der Eingangsspannung $U_{i,n+2}$ gesteuert werden.

Bezieht man in Bild 1.2.3 sämtliche Potentiale auf den Nullpunkt, d.h. wird die Klemme $n + 2$ mit dem Nullpunkt verbunden, so sind in der Matrix (1.2.10) die $(n + 2)$–te Zeile und die $(n + 2)$–te Spalte wie üblich zu streichen.

### 1.2.2 Berechnung allgemeiner Tor–Matrizen aus der t–Tor–Leitwertmatrix

Im vorigen Abschnitt sahen wir, wie sich eine Knotenleitwertmatrix auf eine t–Tor–Leitwertmatrix reduzieren läßt. Unterteilt man diese t Tore weiterhin in zwei Torgruppen, die Eingangstore mit dem Torspannungsvektor $\mathbf{U}_1$ und dem Torstromvektor $\mathbf{I}_1$ und die Ausgangstore mit dem Torspannungsvektor $\mathbf{U}_2$ und dem Torstromvektor $\mathbf{I}_2$, siehe Bild 1.2.4, wobei die Anzahl der Eingangstore gleich $t_1$ und die der Ausgangstore gleich $t_2 = t - t_1$ sein möge, so werden außer der

$$
\text{Leitwertmatrix } \mathbf{Y}:
\begin{bmatrix} \mathbf{I}_1 \\ \mathbf{I}_2 \end{bmatrix} =
\begin{bmatrix} \mathbf{Y}_{11} & \mathbf{Y}_{12} \\ \mathbf{Y}_{21} & \mathbf{Y}_{22} \end{bmatrix}
\begin{bmatrix} \mathbf{U}_1 \\ \mathbf{U}_2 \end{bmatrix}
\qquad (1.2.11)
$$

noch vier weitere Klemmentor–Matrizen definiert (sieht man ab von der kaum gebräuchlichen inversen Kettenmatrix $\mathbf{K} = \mathbf{A}^{-1}$[3]), nämlich die

Widerstandsmatrix  $\mathbf{Z} = \mathbf{Y}^{-1}$:
$$\begin{bmatrix} U_1 \\ U_2 \end{bmatrix} = \begin{bmatrix} Z_{11} & Z_{12} \\ Z_{21} & Z_{22} \end{bmatrix} \begin{bmatrix} I_1 \\ I_2 \end{bmatrix} , \qquad (1.2.12)$$

Reihenparallelmatrix  $\mathbf{H} = \mathbf{P}^{-1}$:
$$\begin{bmatrix} U_1 \\ I_2 \end{bmatrix} = \begin{bmatrix} H_{11} & H_{12} \\ H_{21} & H_{22} \end{bmatrix} \begin{bmatrix} I_1 \\ U_2 \end{bmatrix} , \qquad (1.2.13)$$

Parallelreihenmatrix  $\mathbf{P} = \mathbf{H}^{-1}$:
$$\begin{bmatrix} I_1 \\ U_2 \end{bmatrix} = \begin{bmatrix} P_{11} & P_{12} \\ P_{21} & P_{22} \end{bmatrix} \begin{bmatrix} U_1 \\ I_2 \end{bmatrix} , \qquad (1.2.14)$$

Kettenmatrix  $\mathbf{A}$:
$$\begin{bmatrix} U_1 \\ I_1 \end{bmatrix} = \begin{bmatrix} A_{11} & A_{12} \\ A_{21} & A_{22} \end{bmatrix} \begin{bmatrix} U_2 \\ -I_2 \end{bmatrix} . \qquad (1.2.15)$$

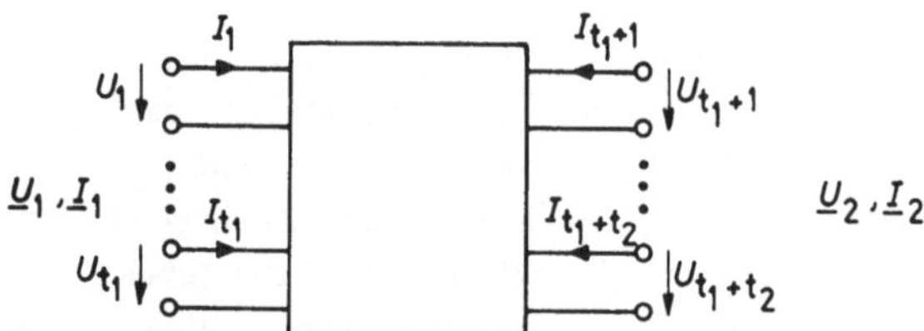


Bild 1.2.4. Mehrtor mit $t_1$ Eingangs- und $t_2$ Ausgangstoren

Während die $\mathbf{Y}-, \mathbf{Z}-, \mathbf{H}-$ und $\mathbf{P}-$Matrix für beliebige Eingangstorzahl $t_1$ und Ausgangstorzahl $t_2$ definiert werden kann, ist dies bei der $\mathbf{A}-$Matrix nur möglich für Torzahlsymmetrie, d.h. für $t_1 = t_2 = t/2$. Außerdem ist letztere Matrix mit Kettenpfeilen für die Ströme definiert, während die vier anderen Tormatrizen symmetrische Stromzählpfeile verwenden.

Die einzelnen Matrizen lassen sich, sofern sie existieren, eindeutig ineinander umrechnen, siehe z.B. [3]; wir wollen hier nur die Umrechnungsbeziehungen aus der $\mathbf{Y}-$Matrix betrachten:

$$\mathbf{Z} = \mathbf{Y}^{-1} \ , \qquad (1.2.16)$$

$$\mathbf{H} = \begin{bmatrix} \mathbf{Y}_{11}^{-1} & -\mathbf{Y}_{11}^{-1}\mathbf{Y}_{12} \\ \hline \mathbf{Y}_{21}\mathbf{Y}_{11}^{-1} & \mathbf{Y}_{22} - \mathbf{Y}_{21}\mathbf{Y}_{11}^{-1}\mathbf{Y}_{12} \end{bmatrix} , \qquad (1.2.17)$$

$$\mathbf{P} = \begin{bmatrix} \mathbf{Y}_{11} - \mathbf{Y}_{12}\mathbf{Y}_{22}^{-1}\mathbf{Y}_{21} & \mathbf{Y}_{12}\mathbf{Y}_{22}^{-1} \\ \hline -\mathbf{Y}_{22}^{-1}\mathbf{Y}_{21} & \mathbf{Y}_{22}^{-1} \end{bmatrix} , \qquad (1.2.18)$$

$$A = \left[\begin{array}{c|c} -Y_{21}^{-1}Y_{22} & -Y_{21}^{-1} \\ \hline Y_{12} - Y_{11}Y_{21}^{-1}Y_{22} & -Y_{11}Y_{21}^{-1} \end{array}\right] . \qquad (1.2.19)$$

Bildet man z.B. $t_1$ Eingangstore und $t_2 = t - t_1$ Ausgangstore, so benötigt man, falls man die vorkommenden Matrixinversionen optimal, d.h. mit der Minimalzahl von Rechenoperationen durchführt, zur Berechnung der **Z**–Matrix insgesamt

$$t^3 = (t_1 + t_2)^3 \qquad (1.2.20\,a)$$

i.a. komplexe Operationen, zur Berechnung der **H**–Matrix ingesamt

$$t_1(t_1 + t_2)^2 = t_1 t^2 \qquad (1.2.20b)$$

Operationen, zur Berechnung der **P**–Matrix insgesamt

$$t_2(t_1 + t_2)^2 = t_2 t^2 \qquad (1.2.20c)$$

Operationen und zur Berechnung der **A**–Matrix schließlich insgesamt

$$t^3/2 \qquad (1.2.20d)$$

Operationen, vorausgesetzt, daß keine Matrixmultiplikationen bei einer Umrechnung mehrfach ausgeführt werden. Diese Forderung bedeutet aber, daß man im Rechner ein komplexes Speicherfeld von mindestens $t_1 \cdot t_2$ Elementen zum Zwischenspeichern der mehrfach vorkommenden Matrizenprodukte bereitstellen muß. Ein weiterer Nachteil der oben angegebenen Umrechnungsformeln ist der, daß jede dieser Formeln die einzelnen Teilmatrizen von **Y** verschieden behandelt, so daß man im Rechner praktisch drei verschiedene Algorithmen zusätzlich zu dem ohnehin benötigten Matrixinversionsalgorithmus implementieren müßte.

In Abschnitt 2.2 soll nun durch das Variablenaustauschverfahren eine Methode vorgestellt werden, die sowohl eine Matrixinversion als auch sämtliche Umrechnungen bei gleichem Rechenaufwand wie oben in einem einzigen Algorithmus durchzuführen gestattet und die außerdem ohne zusätzlichen Speicher zum Zwischenspeichern von Teilergebnissen auskommt.

# 2 Numerische Lösung linearer Gleichungssysteme

## 2.1 Vorbemerkungen zur Programmierung komplexer Rechenschritte

Vor der eigentlichen Behandlung von numerischen Verfahren zur Lösung der in den vorangegangenen Abschnitten formulierten netzwerktheoretischen Aufgaben sind noch einige allgemeine Vorbemerkungen über das Arbeiten mit digitalen Rechenanlagen erforderlich. Als erstes ist daran zu denken, daß infolge der zwangsläufig beschränkten Stellenzahl von Maschinenworten beim Rechnen mit Gleitkommazahlen unvermeidlich Genauigkeitsverluste durch Rundungseffekte[1] auftreten, deren Einfluß auf das Endergebnis aber sowohl von der Auswahl des verwendeten Rechenverfahrens als auch von dessen konkreter Programmierung abhängen kann. Ein in diesem Zusammenhang öfters feststellbares Phänomen ist, daß ein Programm, das auf einer Rechenanlage einwandfrei läuft, beim Übertragen auf eine andere Anlage mit geringerer Wortlänge für die gleichen Beispiele sehr ungenaue Ergebnisse liefert oder sogar total versagt. Tritt ein solcher Fall ein, so liegt der Verdacht nahe, daß das dem Programm zugrunde liegende Rechenverfahren zur Lösung des betreffenden Problems ungeeignet ist. Betrachten wir dazu als ganz einfaches Beispiel das aus [23] entnommene lineare Gleichungssystem

$$\begin{bmatrix} 0.62243 & 0.51824 \\ 0.71497 & 0.59496 \end{bmatrix} \begin{bmatrix} x_1 \\ x_2 \end{bmatrix} = \begin{bmatrix} 0.70524 \\ 0.80996 \end{bmatrix} \qquad (2.1.1)$$

mit der exakten Lösung

$$x_1 = 0.8 , \qquad x_2 = 0.4 .$$

Zur numerischen Lösung stehe jeweils ein

- a) nach der Cramerschen Regel,
- b) nach dem Gaußschen Algorithmus ohne Pivotsuche,
- c) nach dem Gaußschen Algorithmus mit Pivotsuche,
- d) nach dem Gaußschen Algorithmus mit Pivotsuche und vorheriger Skalierung des Gleichungssystems

arbeitendes Rechnerprogramm zur Verfügung.

---

[1] Darunter fallen einmal die eigentlichen Rundungsfehler bei der Rundung eines Ergebnisses auf die verfügbare Mantissenlänge, wobei das Rundungsergebnis von der Maschinenarithmetik (mathematisches Runden oder, was sehr viel häufiger vorkommt, bloßes Abschneiden überschüssiger Stellen) abhängt, zum anderen der Verlust gültiger Stellen bei der Differenzbildung nahezu gleichgroßer Zahlen. Der letztgenannte Effekt der Stellenauslöschung ist oft viel kritischer als der erstgenannte; bei der Programmierung sollte man sorgfältig darauf achten, daß solchermaßen gebildete Zwischenwerte möglichst nicht weiterverwendet werden.

Führen wir nun die Rechnung auf einer Maschine mit 10 gültigen Dezimalziffern (entsprechend 32 Mantissenbits bei einer Binärmaschine) durch, so liefern alle vier Programme das gleiche Ergebnis

$$x_1 = 0.8000000000\,, \qquad x_2 = 0.4000000000\,.$$

Führt man die gleichen Rechnungen jedoch auf einer Anlage mit nur 5 Dezimalziffern (entsprechend 16 Mantissenbits) durch, so erhält man folgende Ergebnisse:

|       | Cramer–Regel | Gauß ohne Pivot | Gauß mit Pivot | Gauß mit Pivotsuche und Skalierung |
|-------|--------------|-----------------|----------------|------------------------------------|
| $x_1$ | 0.76190      | 0.76571         | 0.81722        | 0.79999                            |
| $x_2$ | 0.42857      | 0.44118         | 0.37934        | 0.40000                            |

$$(2.1.2)$$

Dieses Beispiel zeigt, wie die Art des ausgewählten Rechenverfahrens die Genauigkeit eines Ergebnisses beeinflussen kann. In der Tat ist der Gaußsche Algorithmus mit vollständiger Pivotsuche und Skalierung der Gleichungen für lineare Gleichungssysteme, deren Koeffizientenmatrix keine spezielle Struktur (wie etwa Symmetrie) aufweist, bezüglich des Rundungsfehlerverhaltens am besten geeignet. Demgegenüber sind generell Methoden, die explizite Determinantenberechnungen erfordern, wegen ihres unvertretbar großen Rechenaufwandes und ihrer außerordentlich großen Empfindlichkeit gegenüber Rundungsfehlern für die numerische Rechnung absolut abzulehnen. Das gilt insbesondere für die Cramersche Regel, obwohl diese in manchen Lehrbüchern der Elektrotechnik als Methode der Wahl empfohlen wird.

Das Verhalten eines Rechenverfahrens gegenüber Rundungsfehlern läßt sich in manchen Fällen durch eine Fehleranalyse abschätzen. Auf eine erschöpfende Darstellung solcher Fehleranalysen wird im folgenden verzichtet; es werden bei der Behandlung der numerischen Verfahren aber die wichtigsten Ergebnisse solcher Analysen angegeben. Der interessierte Leser sei für weitergehende Informationen auf [23—28] verwiesen.

Ein weiterer wichtiger Punkt betrifft den verfügbaren Wertebereich für die in einem Digitalrechner darstellbaren Zahlen. Infolge der endlichen Anzahl von Stellen zur Speicherung des Exponenten bei der internen Darstellung einer Gleitkommazahl ist der Wertebereich ebenfalls beschränkt; alle im Verlauf einer Rechnung auftretenden Zahlen müssen daher in einem (vom jeweiligen Rechner abhängigen) Intervall

$$GKZ_{min} \leqslant GKZ \leqslant GKZ_{max}$$

liegen. Durch ungeeignete Auswahl eines Algorithmus oder durch ungeschickte Programmierung kann es nun leicht vorkommen, daß Zwischenergebnisse einer Rechnung außerhalb dieses Intervalls liegen und das Programm dann mit einer Fehlermeldung abbricht, obwohl das gewünschte Ergebnis durchaus im Innern des erlaubten Zahlenbereichs liegt. Betrachten wir dazu als einfaches Beispiel die Betragsbildung einer komplexen Zahl $z = x + jy$:

$$|z| = \sqrt{x^2 + y^2}\,. \qquad\qquad (2.1.3)$$

Ist der zulässige Zahlenbereich des Rechners etwa $-10^{38} \leqslant GKZ \leqslant 10^{38}$, so führt die unmittelbare Programmierung von Gl. (2.1.3) für z.B. die komplexe Zahl

$$z = 3 \cdot 10^{20} + j4 \cdot 10^{20}$$

wegen $x^2 = 9 \cdot 10^{40} > 10^{38}, y^2 = 16 \cdot 10^{40} > 10^{38}$ zu einem Gleitkommaüberlauf und daraus folgend zu einem Programmabbruch, obwohl das gesuchte Ergebnis

$$|z| = 5 \cdot 10^{20}$$

durchaus im zulässigen Zahlenbereich liegt. Durch eine ganz einfache Maßnahme läßt sich der Überlauf aber vermeiden; programmiert man nämlich

$$\underline{\text{if}} \ \ |x| > |y| \ \ \underline{\text{then}} \ \ |z| := |x| \times \sqrt{1 + (y/x)^2}$$
$$\underline{\text{else}} \ \ |z| := |y| \times \sqrt{1 + (x/y)^2} \ ; \ ,$$

(2.1.4)

so steht jetzt offensichtlich der gesamte Zahlenbereich für $|z|$ zur Verfügung.

Eine dritte Bemerkung ist notwendig bezüglich des Rechenaufwandes für einen bestimmten Algorithmus. Eine Abschätzung dafür erhält man auf sehr naheliegende Art durch einfaches Abzählen der erforderlichen Grundoperationen. Im überwiegenden Teil der Literatur ist es nun üblich, nur die Multiplikationen und Divisionen als relevant zu zählen und die Additionen bzw. Subtraktionen dagegen zu vernachlässigen. Diese Zählweise ist vertretbar für eine Handrechnung und auch für solche Rechenanlagen, bei denen die Ausführungszeit einer Gleitkommamultiplikation/−division groß ist gegenüber derjenigen einer Gleitkommaaddition/−subtraktion (etwa wegen hardwaremäßiger Ausführung von Addition/Subtraktion, aber softwaremäßiger Ausführung von Multiplikation/ Division). Da praktisch alle modernen Universalrechner jedoch sämtliche vier Grundrechenarten auch für Gleitkommazahlen hardwaremäßig durchführen und die Ausführungszeiten dabei in der gleichen Größenordnung liegen, ist bei diesen eine solche Zählweise nicht mehr gerechtfertigt; zur Aufwandsabschätzung muß man vielmehr jetzt sämtliche Operationen zählen. Bei den numerischen Verfahren der linearen Algebra ist nun glücklicherweise eine gewisse Vereinfachung dadurch gegeben, daß in der Regel die Anzahl der Additionen/Subtraktionen von gleicher Größenordnung ist wie die Anzahl der Multiplikationen/Divisionen; faßt man daher als eine relevante Operation die Vereinigung einer Multiplikation/Division und einer Addition/Subtraktion auf, so läßt sich die herkömmliche Zählweise bei vorsichtiger Handhabung beibehalten.

Bei der Zählung der Operationen geht man meist von der mathematischen Formulierung eines Algorithmus aus und denkt dabei oft nicht an seine programmtechnische Realisierung. In manchen Fällen übertrifft nun der in einem Programm benötige Aufwand etwa für Speicherorganisation, Abfrage logischer Bedingungen und daraus folgender Verzweigungen usw. den Aufwand an numerischen Operationen um einiges, so daß die Ausführungszeit eines solchen Programms nur noch in zweiter Linie durch letztere Operationen bestimmt wird. Ist dies der Fall, so sollte man durch Reduzierung des Organisationsaufwandes nach Möglichkeit versuchen, das Programm zu optimieren, auch wenn dies u.U. nur auf Kosten numerischer Operationen geschehen kann. Dazu ein einfaches

Beispiel: Es soll für die Rechenvorschrift

$$x = \begin{cases} y \cdot z & \text{für} \quad (a < 0 \wedge b < 0) \vee (a > 0 \wedge b > 0) \\ 0 & \text{sonst} \end{cases} \qquad (2.1.5)$$

ein Programmstück geschrieben werden. Die Vorschrift benötigt maximal eine Multiplikation, daneben aber noch vier Vergleichs- und drei logische Verknüpfungsoperationen. In ALGOL 60 kann die Programmierung am elegantesten in Form einer bedingten Anweisung erfolgen:

x := if (a < 0 and b < 0) or (a > 0 and b > 0) then y × z else 0 ; ,

$$(2.1.6)$$

wobei jedoch die gleiche Anzahl von Operationen wie in Gl. (2.1.5) benötigt wird. Schreibt man dagegen

x := 0 ;
if sign (a) × sign (b) > 0 then x := y × z ;                          (2.1.7)

so benötigt man zwar eine zusätzliche Multiplikation und zwei Vorzeichenextraktionen, dafür aber nur noch eine einzige Vergleichsoperation und überhaupt keine logische Verknüpfungsoperationen mehr.

Besonders sorgfältige Überlegungen sind in diesem Zusammenhang geboten, wenn ein Programm komplexe Variable verarbeiten soll. Für die rein mathematische Formulierung eines Algorithmus der linearen Algebra ist es in der Regel belanglos, ob die vorkommenden Größen reell oder komplex sind[1]; je nach Art der Programmierung des Algorithmus können sich aber merkliche Unterschiede im Rechenaufwand und damit in der Laufzeit ergeben. Betrachtet man einmal die vier Grundrechnungsarten für komplexe Zahlen, so ist der benötigte Aufwand an Maschinenoperationen dafür recht unterschiedlich:

|  | Maschinenoperationen | | | |
| --- | --- | --- | --- | --- |
|  | Addition/Subtraktion | Multiplikation | Division | $\Sigma$ |
| komplexe Addition/Subtraktion | 2 | — | — | 2 |
| komplexe Multiplikation | 2 | 4 | — | 6 |
| komplexe Division | 3 | 3 | 5 | 11 |
| komplexe Betragsbildung | 6 | 2 | 3 | 11 |

$$(2.1.8)$$

---

[1] Außer, wenn ausdrücklich reelle Größen vorausgesetzt sind.

wobei die komplexe Division zur Vermeidung des bereits bei der Betragsbildung einer komplexen Zahl, Gl. (2.1.3), (2.1.4) erwähnten Effekts des Gleitkommaüberlaufs in einem Zwischenschritt unbedingt folgendermaßen zu programmieren ist:

$$\frac{a+jb}{c+jd} := \underline{\text{if}}\ |c|>|d|\quad \underline{\text{then}}\quad \frac{(a/c)+(b/c)(d/c)}{1+(d/c)(d/c)} + j\ \frac{(b/c)-(a/c)(d/c)}{1+(d/c)(d/c)}$$

$$\underline{\text{else}}\quad \frac{(a/d)(c/d)+(b/d)}{1+(c/d)(c/d)} + j\ \frac{(b/d)(c/d)-(a/d)}{1+(c/d)(c/d)}\quad ;\ .$$

$$(2.1.9)$$

Die Betragsbildung einer komplexen Zahl sollte aus praktischen Gründen ebenfalls als Grundrechnungsart betrachtet werden, obwohl dabei eine Quadratwurzel auftaucht. Ein Unterprogramm zur Quadratwurzelberechnung benötigt typischerweise fünf Gleitkommaadditionen und drei Gleitkommadivisionen[1]; zusammen mit Gl. (2.1.4) folgt daraus die in Tabelle (2.1.8) angegebene Zahl von Maschinenoperationen.

Betrachtet man nun die für numerische Verfahren der linearen Algebra typische Elimination einer Unbekannten in einem linearen Gleichungssystem mit vorhergehender Suche des betragsgrößten Pivotelements ($l$ und $j$ seien feste Indizes);

$$\mu: |a_{\mu,l}| = \underset{i=1,\ldots,n}{\text{Max}}\ |a_{i,l}|\ ,$$

$$(2.1.10)$$

$$a_{j,k} := a_{j,k} - a_{\mu,k}\, a_{j,l}/a_{\mu,l}\ ,\quad k=1,2,\ldots,n\ ,$$

und programmiert man diesen Algorithmus z.B. folgendermaßen (die Prozedur cabs (...) soll die Betragsbildung einer komplexen Zahl andeuten):

---

[1]  Die Quadratwurzelberechnung kann z.B. folgendermaßen erfolgen:

$$x = 2^{2r}\,\xi,\quad 1/4 \leqslant \xi \leqslant 1,$$

$$\eta_0 = A - \frac{B}{\xi + C - \dfrac{D}{\xi + E}}\, ,\qquad \eta_1 = \frac{1}{2}\left(\eta_0 + \frac{\xi}{\eta_0}\right),$$

$$\sqrt{x} := 2^r \eta_1\ .$$

Das Ergebnis ist auf  10  Dezimalstellen genau, wenn man folgende Konstanten wählt, siehe z.B. [28, Bd. I]:

$A = 5\sqrt{70}/14$, $B = 50\sqrt{70}/49$, $C = 47/14$, $D = 4/49$, $E = 3/14$  für $1/4 \leqslant \xi \leqslant 1/2$,
$A = 5\sqrt{35}/7$, $B = 200\sqrt{35}/49$, $C = 47/7$, $D = 16/49$, $E = 3/7$   für $1/2 \leqslant \xi \leqslant 1$.

```
pivot := 0;
for i := 1 step 1 until n do
    if cabs(a[i,l]) > cabs(pivot) then begin
                                          μ := i;
                                          pivot := a[μ,l];
                                      end;
    for k := 1 step 1 until n do a[j,k] := a[j,k] − a[μ,k] × a[j,l]/pivot; ,
```

$$(2.1.11)$$

so benötigt diese Variante 2n Betragsbildungen und jeweils n komplexe Subtraktionen, Multiplikationen und Divisionen, mit den Werten aus (2.1.8) also insgesamt 41 n Maschinenoperationen. Programmiert man hingegen:

```
pivotbetrag := 0;
for i := 1 step 1 until n do
begin
        abetrag := cabs(a[i,l]);
        if abetrag > pivotbetrag then begin
                                          μ := i;
                                          pivotbetrag := abetrag;
                                      end;
end;
faktor := a[j,l]/a[μ,l];
for k := 1 step 1 until n do a[j,k] := a[j,k] − a[μ,k] × faktor; ,
```

$$(2.1.12)$$

so benötigt diese Variante jeweils n Betragsbildungen, komplexe Subtraktionen und komplexe Multiplikationen, insgesamt also 19n Maschinenoperationen, d.h. weniger als die Hälfte des in der ersten Programmvariante benötigten Aufwandes.

Eine abschließende Bemerkung noch zur Berechnung von Skalarprodukten

$$skp = \sum_{j=1}^{n} a_{i,j} \cdot b_{j,k} . \qquad (2.1.13)$$

Diese, in der linearen Algebra häufig auftretende Beziehung ist recht empfindlich gegenüber Rundungsfehlern; falls die Genauigkeit eines Ergebnisses entscheidend von der Genauigkeit zwischendurch gebildeter Skalarprodukte abhängt, sollten diese unbedingt mit doppelter Wortlänge (z.B. mit DOUBLE PRECISION in FORTRAN oder mittels einer Maschinencode–Prozedur in ALGOL 60) berechnet werden, auch wenn die Elemente $a_{i,k}$ bzw. $b_{i,k}$ nur mit einfacher Genauigkeit vorliegen [30]. Ein kleines Beispiel möge den Effekt zeigen: In dem Ausdruck

$$\sum^{n} \sin\left(\frac{2\pi k}{n+1}\right) \cdot \cos\left(\frac{2k-1}{n}\,\pi\right) \equiv 0 \qquad (2.1.14)$$

wurden die trigonometrischen Funktionen mit einem absoluten Fehler von $10^{-7}$ bestimmt; berechnet man jetzt für verschiedene Werte von n die Summe einmal mit 24 Bit Mantissenlänge und einmal mit 56 Bit Mantissenlänge, so ergeben sich die folgenden absoluten Gesamtfehler:

| n | Fehler bei 24 Bit | Fehler bei 56 Bit |
|---|---|---|
| 10 | $6 \cdot 10^{-8}$ | $3 \cdot 10^{-8}$ |
| 100 | $3 \cdot 10^{-7}$ | $1 \cdot 10^{-7}$ |
| 1000 | $3 \cdot 10^{-5}$ | $1 \cdot 10^{-7}$ |
| 10000 | $1 \cdot 10^{-3}$ | $-2 \cdot 10^{-7}$ |

Während also bei der Rechnung mit doppelter Wortlänge der Gesamtfehler auch für n = 10000 noch in der Größenordnung der Eingangsdatenfehler bleibt, verliert man bei der Rechnung mit einfacher Wortlänge ungefähr vier Dezimalen.

Da eine doppelt genaue Gleitkommaoperation etwa dreimal soviel Maschinenzeit zu ihrer Ausführung benötigt wie eine einfach genaue, sollte man doppelt genaue Rechnung in einem Programm aber nur dort vorsehen, wo sie wirklich eine echte Vergrößerung an numerischer Genauigkeit erbringt; eine durchweg doppelt genau geführte Rechnung bei einfach genauen Eingangsdaten ist in der Regel sinnlos. Eine typische Anwendung doppelt genauer Rechnung ist die oben geschilderte Bildung von Skalarprodukten, allerdings auch nur dann, wenn wirklich die Genauigkeit des Ergebnisses von der Genauigkeit von Skalarprodukten abhängt. Wird ein Skalarprodukt nur zur Normierung gebraucht, wie etwa bei der Skalierung linearer Gleichungssysteme, so reicht seine einfach genaue Berechnung völlig aus.


## 2.2 Variablenaustauschverfahren

Das in diesem Abschnitt darzustellende Variablenaustauschverfahren (VAT–Verfahren) ist grundlegend für die gesamte lineare Algebra [29; 31 Anhang], obwohl es in der Literatur meist etwas stiefmütterlich behandelt wird. Das zugrunde liegende Problem läßt sich folgendermaßen formulieren:

Gegeben sei die lineare Abbildung eines n–elementigen Vektors $x$ auf einen m–elementigen Vektor $y$ mittels einer (m × n)–reihigen Matrix $A$:

$$\begin{bmatrix} y_1 \\ \vdots \\ y_p \\ \vdots \\ y_m \end{bmatrix} = \begin{bmatrix} a_{11} & \cdots & a_{1q} & \cdots & a_{1n} \\ \vdots & & \vdots & & \vdots \\ a_{p1} & \cdots & a_{pq} & \cdots & a_{pn} \\ \vdots & & \vdots & & \vdots \\ a_{m1} & \cdots & a_{mq} & \cdots & a_{mn} \end{bmatrix} \begin{bmatrix} x_1 \\ \vdots \\ x_q \\ \vdots \\ x_n \end{bmatrix}. \qquad (2.2.1)$$

Gesucht ist diejenige Matrix $B$, die die gleiche Abbildung beschreibt, wenn man die Variable $y_p$ auf der linken Seite von Gl. (2.2.1) gegen die Variable $x_q$ auf der rechten

Seite von Gl. (2.2.1) austauscht:

$$\begin{bmatrix} y_1 \\ \vdots \\ x_q \\ \vdots \\ y_m \end{bmatrix} = \begin{bmatrix} b_{11} & \cdots & b_{1q} & \cdots & b_{1n} \\ \vdots & & \vdots & & \vdots \\ b_{p1} & \cdots & b_{pq} & \cdots & b_{pn} \\ \vdots & & \vdots & & \vdots \\ b_{m1} & \cdots & b_{mq} & \cdots & b_{mn} \end{bmatrix} \begin{bmatrix} x_1 \\ \vdots \\ y_p \\ \vdots \\ x_n \end{bmatrix} . \qquad (2.2.2)$$

Ausführlich geschrieben lautet Gl. (2.2.1) folgendermaßen:

$$y_1 = a_{11}x_1 + \ldots + a_{1q}x_q + \ldots + a_{1n}x_n ,$$
$$\vdots$$
$$y_p = a_{p1}x_1 + \ldots + a_{pq}x_q + \ldots + a_{pn}x_n ,$$
$$\vdots$$
$$y_m = a_{m1}x_1 + \ldots + a_{mq}x_q + \ldots + a_{mn}x_n .$$

Löst man jetzt die p–te Gleichung nach $x_q$ auf:

$$x_q = - \frac{a_{p1}}{a_{pq}} x_1 - \ldots + \frac{1}{a_{pq}} y_p - \ldots - \frac{a_{pn}}{a_{pq}} x_n$$

und setzt dieses Ergebnis in die anderen Gleichungen ein, so erhält man sofort die gesuchten Elemente der Matrix **B**:

$$b_{pq} = \frac{1}{a_{pq}}$$

$$b_{iq} = a_{iq}b_{pq} \qquad , \; i = 1, 2, \ldots, p-1, p+1, \ldots, m$$

$$b_{pk} = -a_{pk}b_{pq} \qquad , \; k = 1, 2, \ldots, q-1, q+1, \ldots, n \qquad (2.2.3)$$

$$b_{ik} = a_{ik} + a_{iq}b_{pk}, \; i = 1, 2, \ldots, p-1, p+1, \ldots, m$$
$$k = 1, 2, \ldots, q-1, q+1, \ldots, n \; ,$$

wobei die einzelnen Rechenschritte in der angegebenen Reihenfolge auszuführen sind. Aus Gl. (2.2.3) ergibt sich als notwendig und hinreichend für die Durchführbarkeit eines VAT–Schrittes $y_p \leftrightarrow x_q$, daß das Pivotelement $a_{pq}$ verschieden ist von Null. Ist **A** eine $(m \times n)$–reihige Matrix, so erfordert ein VAT–Schritt genau $mn$ Multiplikationen und $(m-1)(n-1)$ Additionen, insgesamt also rund $m \cdot n$ Operationen, wenn man als eine Operation die Vereinigung einer Multiplikation und einer Addition zählt.

Solange nur ein einziges Variablenpaar ausgetauscht werden soll, ist durch Gl. (2.2.3) der VAT–Algorithmus vollständig beschrieben. Sollen jedoch mehrere Variablenpaare gleichzeitig ausgetauscht werden, etwa $y_p \leftrightarrow x_r, y_q \leftrightarrow x_s$, so kann es vorkommen, daß zwar das Matrixelement $a_{pr}$ verschwindet und daher als Pivotelement ausscheidet, nicht aber das Matrixelement $a_{ps}$. In diesem Fall erklärt man einfach das Element $a_{ps}$ zum Pivotelement und tauscht $y_p$ gegen $x_s$ aus und anschließend, wenn das neuentstandene Element $\bar{a}_{qr}$ dann nicht verschwindet, $y_q$ gegen $x_r$; das Ergebnis ist dann gerade die gesuchte Matrix **B**, nur mit umgeordneten Zeilen und Spalten. Betrachtet man z.B. die Abbildung

$$\begin{bmatrix} y_1 \\ y_2 \\ y_3 \end{bmatrix} = \begin{bmatrix} 0 & 1 & 1 \\ 1 & 0 & 0 \\ 1 & 1 & 1 \end{bmatrix} \begin{bmatrix} x_1 \\ x_2 \\ x_3 \end{bmatrix}$$

und fordert die Austauschschritte $y_1 \leftrightarrow x_1, y_2 \leftrightarrow x_3$, so sind sowohl $a_{11}$ als auch $a_{23}$ gleich Null; durch den Austausch $y_1 \leftrightarrow x_3, y_2 \leftrightarrow x_1$ erhält man aber

$$\begin{bmatrix} x_3 \\ x_1 \\ y_3 \end{bmatrix} = \begin{bmatrix} 0 & -1 & 1 \\ 1 & 0 & 0 \\ 1 & 0 & 1 \end{bmatrix} \begin{bmatrix} y_2 \\ x_2 \\ y_1 \end{bmatrix} ,$$

und durch Umsortieren der ersten Zeile in die zweite sowie der ersten Spalte in die dritte ergibt sich schließlich die gesuchte Matrix **B**:

$$\begin{bmatrix} x_1 \\ x_3 \\ y_3 \end{bmatrix} = \begin{bmatrix} 0 & 0 & 1 \\ 1 & -1 & 0 \\ 1 & 0 & 1 \end{bmatrix} \begin{bmatrix} y_1 \\ x_2 \\ y_2 \end{bmatrix} .$$

Ganz allgemein sind mehrere Variablenpaare immer dann gleichzeitig gegeneinander austauschbar, wenn die Teilmatrix, die durch Streichen aller nicht vom Austausch betroffenen Zeilen und Spalten von **A** entsteht, regulär ist. In unserem Beispiel ist das die durch Streichen der dritten Zeile und der zweiten Spalte entstehende Matrix

$$\begin{bmatrix} a_{11} & a_{13} \\ a_{21} & a_{23} \end{bmatrix} = \begin{bmatrix} 0 & 1 \\ 1 & 0 \end{bmatrix} .$$

Ist die Matrix **A** quadratisch von der Ordnung $n$ und tauscht man sämtliche y–Variable gegen die entsprechenden x–Variablen aus: $y_i \leftrightarrow x_i, i = 1, 2, ..., n$, so ist die so entstandene Matrix **B**, falls sie existiert, genau die Inverse von **A**. Wie wir oben gesehen haben, benötigt man in diesem Fall für einen VAT–Schritt gerade $n^2$ Operationen, für die Matrixinversion insgesamt also $n^3$ Operationen. Da für Matrizen ohne spezielle Struktur diese Zahl nicht unterschritten werden kann, ist das Variablenaustauschverfahren zur Matrixinversion sehr gut geeignet. Man sollte sich aber vor der Berechnung der Inversen einer Matrix immer genau überlegen, ob diese wirklich benötigt wird; in sehr vielen Fällen reicht nämlich die Lösung eines linearen Gleichungssystems mit eventuell mehreren rechten Seiten ebenfalls aus.

Mit Hilfe des VAT–Algorithmus kann man nun sofort die in Abschnitt 1.2.2 geforderten Umrechnungen der Klemmentor–Matrizen durchführen. Während man dabei die Widerstandsmatrix, Reihenparallelmatrix und Parallelreihenmatrix unmittelbar erhält, sind bei der Kettenmatrix noch $t/2$ Zeilenumordnungen und $t/2$ Spaltenumordnungen sowie $t^2/2$ Vorzeichenumkehrungen notwendig, da der VAT–Algorithmus nicht die durch Gl. (1.2.15) vorgeschriebene Form, sondern die Form

$$\begin{bmatrix} I_1 \\ U_1 \end{bmatrix} = \cdot \begin{bmatrix} -A_{22} & A_{21} \\ -A_{12} & A_{11} \end{bmatrix} \begin{bmatrix} I_2 \\ U_2 \end{bmatrix}$$

liefert.

Der Variablenaustauschalgorithmus läßt sich so programmieren, daß man sowohl den eigentlichen Austausch nach Gl. (2.2.3) als auch die nachfolgend eventuell nötig werdenden Zeilen- und Spaltenvertauschungen ohne zusätzlichen Arbeitsspeicher durchführen kann. Aus Gründen der numerischen Genauigkeit wird man dabei für jeden Austauschschritt das betragsgrößte noch verfügbare Austauschelement zum Pivotelement erklären und die entsprechenden y– und x–Variablen austauschen. Führt man dabei über die in den einzelnen Austauschschritten ausgewählten Pivotzeilen und -spalten in einer gesonderten Liste Buch, so lassen sich nach Abschluß der eigentlichen Austauschrechnung die notwendigen Zeilen- und Spaltenumordnungen ohne weiteres in einem nachfolgenden Rechengang durchführen. Dafür ist im Anhang ein FORTRAN–Unterprogramm angegeben.

## 2.3  Numerische Kondition linearer Gleichungssysteme

### 2.3.1  Beispiele schlechtkonditionierter Gleichungssysteme

Wir wollen uns jetzt etwas näher mit denjenigen Eigenschaften einer Matrix **A** befassen, von denen die erzielbare numerische Genauigkeit bei der Lösung des linearen Gleichungssystems

$$\mathbf{Ax = b} \tag{2.3.1}$$

auf einem Digitalrechner abhängen. Im streng mathematischen Sinne hat das System (2.3.1) entweder eine eindeutige Lösung oder aber gar keine Lösung:

$$\mathbf{x} = \begin{cases} \mathbf{A}^{-1}\mathbf{b} & \text{für } \mathbf{A} \text{ regulär: } \det(\mathbf{A}) \neq 0 \\ \text{nicht existent} & \text{für } \mathbf{A} \text{ singulär: } \det(\mathbf{A}) = 0 \end{cases} . \tag{2.3.2}$$

Berechnet man jedoch die Lösung dieses Gleichungssystems numerisch, so kann es durchaus vorkommen, daß man je nach Algorithmus und Wortlänge der Rechenanlage stark unterschiedliche Ergebnisse erhält, auch wenn die Eingangsdaten immer mit der gleichen Anzahl gültiger Ziffern angegeben werden; das Beispiel Gl. (2.1.1, 2.1.2) zeigt z.B. diesen Effekt. Solche Gleichungssysteme besitzen meist die weitere unangenehme Eigenschaft, daß sich ihre Lösung bei sehr geringen Änderungen der Matrixelemente oder der Elemente der rechten Seite **b** sehr stark ändert. Betrachten wir dazu als Beispiel [31] das folgende einfache System:

$$\begin{bmatrix} 5 & 7 & 6 & 5 \\ 7 & 10 & 8 & 7 \\ 6 & 8 & 10 & 9 \\ 5 & 7 & 9 & 10 \end{bmatrix} \mathbf{x} = \begin{bmatrix} 23 \\ 32 \\ 33 \\ 31 \end{bmatrix}$$

(2.3.3)

mit der exakten Lösung[1]

$$\mathbf{x} = [1 \quad 1 \quad 1 \quad 1]' \ .$$

Ändert man jetzt z.B. das Element $a_{11} = 5$ der Koeffizientenmatrix um $\mp\, 0.2\,\%$ in die Werte $a_{11-} = 4.99$ bzw. $a_{11+} = 5.01$, so ergeben sich bei exakter Rechnung folgende Lösungsvektoren:

$$\mathbf{x}_- = [3.12500 \quad -0.28152 \quad 0.46875 \quad 1.31250]' \quad \text{bzw.}$$

$$\mathbf{x}_+ = [0.59524 \quad 1.24405 \quad 1.10119 \quad 0.94048]' \ .$$

Noch krasser werden die Änderungen der Lösung bei kleinen Änderungen der rechten Seite, denn für

$$\mathbf{b}^{(0)} = \begin{bmatrix} 23 \\ 32 \\ 33 \\ 31 \end{bmatrix} ; \quad \mathbf{b}^{(1)} = \begin{bmatrix} 23.001 \\ 31.999 \\ 32.999 \\ 31.001 \end{bmatrix} ; \quad \mathbf{b}^{(2)} = \begin{bmatrix} 23.01 \\ 31.99 \\ 32.99 \\ 31.01 \end{bmatrix} ; \quad \mathbf{b}^{(3)} = \begin{bmatrix} 23.1 \\ 31.9 \\ 32.9 \\ 31.1 \end{bmatrix}$$

erhält man

$$\mathbf{x}^{(0)} = \begin{bmatrix} 1 \\ 1 \\ 1 \\ 1 \end{bmatrix} ; \quad \mathbf{x}^{(1)} = \begin{bmatrix} 1.136 \\ 0.918 \\ 0.965 \\ 1.021 \end{bmatrix} ; \quad \mathbf{x}^{(2)} = \begin{bmatrix} 2.36 \\ 0.18 \\ 0.65 \\ 1.21 \end{bmatrix} ; \quad \mathbf{x}^{(3)} = \begin{bmatrix} 14.6 \\ -7.2 \\ -2.5 \\ 3.1 \end{bmatrix} \ .$$

Das bedeutet, daß eine Änderung von $< 0.5\,\%$ der Elemente von $\mathbf{b}$ eine Änderung von bis zu $1400\,\%$ der Elemente von $\mathbf{x}$ verursacht. Sind bei einer konkreten Aufgabe die Zahlenwerte von $\mathbf{A}$ und $\mathbf{b}$ durch eine vorangegangene Rechnung bestimmt worden, so kann man sich leicht vorstellen, wie katastrophal sich bei einem derartigen Gleichungssystem numerische Ungenauigkeiten auf die Lösung auswirken können. Insbesondere kann dann leicht der Effekt eintreten, daß eine theoretisch singuläre Matrix als numerisch regulär erscheint und ein Programm dann eine "Lösung" abliefert, die praktisch na-

---

[1] Aus Platzgründen verwenden wir für Spaltenvektoren teilweise die transponierte Schreibweise; ein Vektor $\mathbf{x} = [...]'$ stellt dabei einen Spaltenvektor und ein Vektor $\mathbf{y} = [...]$ einen Zeilenvektor dar. In Formeln bedeutet dagegen $\mathbf{x}$ immer einen Spaltenvektor und $\mathbf{y}'$ immer einen Zeilenvektor.

türlich sinnlos ist, oder daß andererseits eine theoretisch reguläre Matrix als numerisch singulär erscheint und das Programm mit einer Fehlermeldung abbricht, obwohl eine Lösung des Problems existiert.

Um insbesondere den ersten Effekt erkennen zu können, sollte der Anwender eine Möglichkeit haben, die Lösung eines linearen Gleichungssystems auf ihre Vertrauenswürdigkeit hin überprüfen zu können. Der naheliegende Ansatz, den berechneten Lösungsvektor $\tilde{x}$ wieder in das Gleichungssystem einzusetzen und den *Residuenvektor*

$$\mathbf{r} = \mathbf{b} - \mathbf{A}\,\tilde{\mathbf{x}} \tag{2.3.4}$$

zu bestimmen, führt aber nur bedingt zu einer brauchbaren Aussage. Ist $\mathbf{r}$ nämlich klein, so folgt daraus noch lange nicht, daß die Lösung $\tilde{x}$ auch genau ist. Das zeigt etwa das folgende Beispiel [38, S. 136]: Für das lineare Gleichungssystem

$$\begin{bmatrix} 1.2969 & 0.8648 \\ 0.2161 & 0.1441 \end{bmatrix} \mathbf{x} = \begin{bmatrix} 0.8642 \\ 0.1440 \end{bmatrix} \tag{2.3.5}$$

sei der Lösungsvektor

$$\tilde{\mathbf{x}} = [\,0.9911 \quad -0.4870\,]'$$

gegeben. Berechnet man daraus den Residuenvektor

$$\mathbf{r} = \mathbf{b} - \mathbf{A}\tilde{\mathbf{x}} = 10^{-8} \cdot [-1.000 \quad 1.000]' ,$$

so erscheint der Lösungsvektor auf den ersten Blick recht genau zu sein. Eine weitere Untersuchung zeigt aber, daß die exakte Lösung tatsächlich

$$\mathbf{x} = [\,2 \quad -2\,]'$$

lautet. Obwohl also der Residuenvektor in der Größenordnung von $0.5 \cdot 10^{-8}$ der wahren Lösungen liegt, weichen die Elemente des gegebenen "Lösungsvektors" bis zum Faktor 4 von diesen wahren Werten ab.

Ein lineares Gleichungssystem, für das eine der oben skizzierten Eigenschaften:

große Empfindlichkeit bezüglich numerischer Ungenauigkeiten im Verlauf des Lösungsprozesses,
große Empfindlichkeit der Lösung bezüglich kleiner Änderungen der Elemente von Koeffizientenmatrix oder rechter Seite,
kleiner Residuenvektor für stark fehlerhaften Lösungsvektor

zutrifft, wird als *schlecht konditioniert* (ill conditioned) bezeichnet. Die schlechte Kondition rührt letzten Endes daher, daß die Elemente der inversen Koeffizientenmatrix sehr groß sind im Vergleich zu den Elementen der Koeffizientenmatrix $\mathbf{A}$ selbst. Es muß hier ausdrücklich betont werden, daß eine betragsmäßig kleine Determinante der Koeffizientenmatrix weder notwendig noch hinreichend ist für eine schlechte Kondition der Matrix, vielmehr kommt es dabei auf das Verhältnis der Determinante zu anderen aus der Matrix abgeleiteten Größen an, wie wir später sehen werden. So besitzt z.B. die Matrix in Gl. (2.3.3) die Determinante $\det(A) = 1$, obwohl sie schlecht konditioniert ist. Andererseits hat z.B. die Matrix

$$A = \begin{bmatrix} 10^{-6} & 0 \\ 0 & 10^{-6} \end{bmatrix}$$

die Determinante $\det(A) = 10^{-12}$, obwohl die Lösung eines Gleichungssystems mit dieser Koeffizientenmatrix keinerlei Probleme bietet, das System also sehr gut konditioniert ist.


### 2.3.2 Vektor- und Matrixnormen

Zur zahlenmäßigen Kennzeichnung der Kondition einer Matrix existiert eine Reihe sog. *Konditionszahlen*. Bevor wir diese aber näher betrachten, müssen wir uns erst noch mit dem Begriff der *Norm* eines Vektors bzw. einer Matrix vertraut machen [27, 28 Bd. II, 31, 32, 33 Bd. III]. Eine Norm ist allgemein eine nichtnegative reelle Zahl, die als eine Art verallgemeinerter Betrag aufgefaßt werden kann. Es lassen sich beliebig viele solcher Normen konstruieren; wir wollen hier nur die gebräuchlichsten angeben und uns dabei auf quadratische Matrizen beschränken.

Sind $x, y$ beliebige reelle oder komplexe n–elementige Vektoren und $A, B$ beliebige reelle oder komplexe quadratische Matrizen der Ordnung n, so gelten für eine Norm folgende Bedingungen:

| Vektornorm $\|x\|$ | Matrixnorm $\|A\|$ |
|---|---|
| V1) $\|x\| \geqslant 0$; $\|x\| = 0$ für $x \equiv 0$ | M1) $\|A\| \geqslant 0$; $\|A\| = 0$ für $A \equiv 0$ |
| V2) $\|c \cdot x\| = |c| \cdot \|x\|$, c beliebiger reeller oder komplexer Skalar | M2) $\|c \cdot A\| = |c| \cdot \|A\|$, c beliebiger reeller oder komplexer Skalar |
| V3) $\|x + y\| \leqslant \|x\| + \|y\|$ (Dreiecksungleichung) | M3) $\|A + B\| \leqslant \|A\| + \|B\|$ |
| | M4) $\|A \cdot B\| \leqslant \|A\| \cdot \|B\|$ (Multiplikativitätsbedingung) |
| K) $\|A \cdot x\| \leqslant \|A\| \cdot \|x\|$ | |

$$(2.3.6)$$

Da sich Vektor- und Matrixnormen unabhängig voneinander definieren lassen, muß durch die *Verträglichkeits-* oder *Kompatibilitätsbedingung* (2.3.6.K) sichergestellt werden, daß eine Vektornorm mit einer Matrixnorm zusammenpaßt. Für unsere Zwecke sind folgende Normen von Bedeutung:

*Vektornormen:*

$$\|\mathbf{x}\|_1 = \sum_{i=1}^{n} |x_i| \qquad \text{Betragssummennorm, oktaedrische Norm,} \quad l_1\text{-Norm} \qquad (2.3.7)$$

$$\|\mathbf{x}\|_2 = \sqrt{\sum_{i=1}^{n} |x_i|^2} \qquad \text{Euklid-Norm, sphärische Norm, } l_2\text{-Norm, Vektorlänge} \qquad (2.3.8)$$

$$\|\mathbf{x}\|_\infty = \operatorname*{Max}_{i} |x_i| \qquad \text{Maximumnorm, kubische Norm, Tschebyscheff-Norm, } l_\infty\text{-Norm} \qquad (2.3.9)$$

Diese Normen sind sämtlich Spezialfälle der sog. Hölder-Norm oder $l_p$-Norm:

$$\|\mathbf{x}\|_p = \sqrt[p]{\sum_{i=1}^{n} |x_i|^p}, \quad p \geqslant 1. \qquad (2.3.10)$$

*Matrix-Normen:*[1]

$$\|\mathbf{A}\|_M = n \cdot \operatorname*{Max}_{i,k} |a_{ik}| \qquad \text{Gesamtnorm, Maximumnorm} \qquad (2.3.11)$$

$$\|\mathbf{A}\|_Z = \operatorname*{Max}_{i} \sum_{k=1}^{n} |a_{ik}| \qquad \text{Zeilennorm} \qquad (2.3.12)$$

$$\|\mathbf{A}\|_S = \operatorname*{Max}_{k} \sum_{i=1}^{n} |a_{ik}| \qquad \text{Spaltennorm} \qquad (2.3.13)$$

$$\|\mathbf{A}\|_E = \sqrt{\sum_{i=1}^{n} \sum_{k=1}^{n} |a_{ik}|^2} \qquad \text{Euklid-Norm, Schur-Norm, Frobenius-Norm} \qquad (2.3.14)$$

$$\|\mathbf{A}\|_\lambda = \text{Positive Wurzel des größten Eigenwerts von } \mathbf{A}^+\mathbf{A} \qquad \text{Spektralnorm, Hilbert-Norm} \qquad (2.3.15)$$

In Gl. (2.3.15) ist dabei $\mathbf{A}^+$ die konjugiert komplexe Transponierte (Transjugierte) von $\mathbf{A}$; für reelle $\mathbf{A}$ ist $\mathbf{A}^+ = \mathbf{A}'$. Die positiven Wurzeln der Eigenwerte von $\mathbf{A}^+\mathbf{A}$ werden auch als *Singulärwerte* der Matrix $\mathbf{A}$ bezeichnet [37, 45].

---

[1] Die hier verwendeten Bezeichnungen sind in der Literatur nicht einheitlich; als Folgerung aus der später erklärten lub-Eigenschaft einer Matrixnorm findet man oft auch die Bezeichnungen $\|\mathbf{A}\|_1 \mathrel{\hat{=}} \|\mathbf{A}\|_S$, $\|\mathbf{A}\|_2 \mathrel{\hat{=}} \|\mathbf{A}\|_\lambda$, $\|\mathbf{A}\|_\infty \mathrel{\hat{=}} \|\mathbf{A}\|_Z$.

Von den angegebenen Matrixnormen ist nicht jede mit jeder Vektornorm verträglich, es gilt nämlich:

$$\|x\|_1 \quad \text{ist nur verträglich mit} \quad \|A\|_M, \ \|A\|_S \ ,$$
$$\|x\|_2 \quad \text{ist nur verträglich mit} \quad \|A\|_M, \ \|A\|_E, \ \|A\|_\lambda \ , \qquad (2.3.16)$$
$$\|x\|_\infty \quad \text{ist nur verträglich mit} \quad \|A\|_M, \ \|A\|_Z \ .$$

Für einen gegebenen Vektor bzw. eine gegebene Matrix liefert jede Norm i.a. einen anderen Zahlenwert; sämtliche Vektor- bzw. Matrixnormen sind jedoch äquivalent in dem Sinne, daß für zwei Normen $\|\cdot\|_p$, $\|\cdot\|_q$ immer zwei positive Zahlen $a, \beta$ existieren derart, daß gilt:

$$a \, \|\cdot\|_p \leqslant \|\cdot\|_q \leqslant \beta \, \|\cdot\|_p \ , \qquad (2.3.17)$$

und zwar für alle Vektoren bzw. Matrizen. Für die oben eingeführten Normen seien die entsprechenden Ungleichungen der Vollständigkeit halber hier angegeben:

$$\frac{1}{\sqrt{n}} \, \|x\|_1 \leqslant \|x\|_2 \leqslant \|x\|_1; \ \|x\|_\infty \leqslant \|x\|_1 \leqslant n \|x\|_\infty; \ \|x\|_\infty \leqslant \|x\|_2 \leqslant \sqrt{n} \, \|x\|_\infty.$$
$$(2.3.18\,a,b,c)$$

Diese Ungleichungen sind sämtlich Spezialfälle der Ungleichung von Gastinel–Jensen [34, S. 37] für die allgemeine, durch Gl. (2.3.10) definierte Hölder–Norm für Vektoren:

$$\|x\|_q \leqslant \|x\|_p \leqslant n^{(1/p-1/q)} \|x\|_q \quad \text{für} \ \ 1 \leqslant p \leqslant q \leqslant \infty \ . \qquad (2.3.19)$$

Die folgenden Ungleichungen für die Matrixnormen sind z.B. in [31, S. 138 ff] bewiesen:

$$\frac{1}{n} \, \|A\|_M \leqslant \|A\|_\sigma \leqslant \|A\|_M \quad \text{für} \ \ \|A\|_\sigma \in \{\|A\|_Z, \ \|A\|_S, \ \|A\|_E, \ \|A\|_\lambda\} \ .$$
$$(2.3.20\,a,b,c,d)$$

$$\frac{1}{\sqrt{n}} \, \|A\|_E \leqslant \|A\|_\sigma \leqslant \sqrt{n} \|A\|_E \quad \text{für} \ \ \|A\|_\sigma \in \{\|A\|_S, \ \|A\|_\lambda\} \ , \qquad (2.3.20\,e,f)$$

$$\frac{1}{\sqrt{n}} \, \|A\|_\lambda \leqslant \|A\|_\sigma \leqslant \sqrt{n} \|A\|_\lambda \quad \text{für} \ \ \|A\|_\sigma \in \{\|A\|_Z, \ \|A\|_S\} \ , \qquad (2.3.20\,g,h)$$

$$\frac{1}{\sqrt{n}} \, \|A\|_E \leqslant \|A\|_Z \leqslant \|A\|_E, \ \frac{1}{n} \, \|A\|_Z \leqslant \|A\|_S \leqslant n \|A\|_Z \ . \qquad (2.3.20\,i,k)$$

Diese Ungleichungen sind für numerische Anwendungen deshalb von Bedeutung, weil sie zeigen, daß sich irgend zwei der Normen (2.3.7) bis (2.3.9) bzw. (2.3.11) bis (2.3.15) für den gleichen Vektor bzw. die gleiche Matrix höchstens um den Faktor $n$ unterscheiden. Da dieser Faktor in aller Regel aber nicht wesentlich ist, wird man bei der praktischen Rechnung diejenige Norm auswählen, die den geringsten Rechenaufwand erfordert. Unter Zugrundelegung von Gl. (2.1.8) ergibt sich damit für komplexe Vektoren bzw. Matrizen das folgende Bild:

| | Gleitkomma–Maschinenoperationen | | | | |
|---|---|---|---|---|---|
| Norm | Additionen/Subtraktionen | Multiplikationen | Divisionen | $\Sigma$ | Vergleiche |
| $\|x\|_1$ | $7n-1$ | $2n$ | $3n$ | $12n$ | $-$ |
| $\|x\|_2$ | $2n+4$ | $2n$ | $3$ | $4n$ | $-$ |
| $\|x\|_\infty$ | $6n$ | $2n$ | $3n$ | $11n$ | $\approx n^2/2$ |
| $\|A\|_M$ | $6n^2$ | $2n^2+1$ | $3n^2$ | $11n^2$ | $\approx n^4/2$ |
| $\|A\|_Z$ | $7n^2-n$ | $2n^2$ | $3n^2$ | $12n^2$ | $\approx n^2/2$ |
| $\|A\|_S$ | $7n^2-n$ | $2n^2$ | $3n^2$ | $12n^2$ | $\approx n^2/2$ |
| $\|A\|_E$ | $2n^2+4$ | $2n^2$ | $3$ | $4n^2$ | $-$ |
| $\|A\|_\lambda$ | Abhängig vom verwendeten Eigenwertbestimmungsverfahren | | | $\approx n^3$ | |

$$(2.3.21)$$

Daraus folgt sofort, daß im Komplexen sowohl für Vektoren als auch für Matrizen die Euklid–Norm mit dem geringsten Aufwand zu berechnen ist. Da $\|A\|_E$ und $\|x\|_2$ nach (2.3.16) auch verträglich sind, sind diese Normen für numerische Zwecke allen anderen vorzuziehen. Bei der praktischen Berechnung wird man sich ihre Verwandschaft mit dem Skalarprodukt zunutze machen:

$$\|x\|_2 = \sqrt{x^+x}\,, \qquad\qquad (2.3.22)$$

$$\|A\|_E = \sqrt{\mathrm{spur}(A^+A)}\,, \qquad\qquad (2.3.23)$$

wobei $x^+, A^+$ wiederum die konjugiert komplexen Transponierten sind (in der Literatur auch oft durch $x^H, A^H$ bezeichnet), und spur $(\cdot)$ die *Matrixspur*, d.h. die Summe der Hauptdiagonalelemente einer quadratischen Matrix, bedeutet. Das gilt jedoch nur, wenn man wirklich den exakten Wert einer Norm benötigt; trifft dies nicht zu, wie etwa bei Fehlerabschätzungen, so kann man unter Verwendung der in Abschnitt 2.4.7 hergeleiteten Näherungsformel Gl. (2.4.35) für den Betrag einer komplexen Zahl einen Näherungswert für die Betragssummen- und die Maximumnorm eines Vektors mit nur $3n$ und für die Gesamt-, Zeilen- und Spaltennorm einer Matrix mit nur ca. $3n^2$ Maschinenoperationen erhalten.

Eine Unschönheit der Euklid–Norm soll jedoch nicht verschwiegen werden. Für die Einheitsmatrix gilt nämlich

$$\|E\|_E = \sqrt{n} > 1\,, \qquad\qquad (2.3.24)$$

während sämtliche andere Normen mit Ausnahme der Maximumnorm (2.3.11) dafür den Wert Eins liefern. Das hat zur Folge, daß bei Euklid–Normen in Bedingung (2.3.6.K) das Gleichheitszeichen für eine reguläre Matrix $A$ und ein vom Nullvektor verschiedenes $x$ niemals angenommen werden kann, d.h.

$$A \text{ regulär, } x \neq 0: \quad \|Ax\|_2 < \|A\|_E \|x\|_2 , \tag{2.3.25}$$

während für die Kombinationen

$$\|Ax\|_1 \leqslant \|A\|_S \|x\|_1 ,$$
$$\|Ax\|_2 \leqslant \|A\|_\lambda \|x\|_2 , \tag{2.3.26}$$
$$\|Ax\|_\infty \leqslant \|A\|_Z \|x\|_\infty$$

das durchaus zutreffen kann. Da diese Tatsache für theoretische Untersuchungen wesentlich ist, hebt man diejenigen Kombinationen, für die zu jeder gegebenen Matrix $A$ ein Vektor $x$ so bestimmt werden kann, daß in der Bedingung (2.3.6.K) das Gleichheitszeichen steht, besonders heraus und bezeichnet die dabei auftretende Matrixnorm als die zur auftretenden Vektornorm gehörige *untergeordnete Matrixnorm*, Schrankennorm, Grenznorm oder *lub–Norm* (lub: least upper bound). Für die in Gln. (2.3.7) bis (2.3.9) definierten Vektornormen sind die entsprechenden lub–Normen in (2.3.27) aufgeführt:

| Vektornorm | | untergeordnete Matrixnorm | |
|---|---|---|---|
| Betragssummennorm | $\|x\|_1$ | $\mathrm{lub}_1 (A) = \|A\|_S$ | Spaltennorm |
| Euklid–Norm | $\|x\|_2$ | $\mathrm{lub}_2 (A) = \|A\|_\lambda$ | Spektralnorm |
| Tschebyscheff–Norm | $\|x\|_\infty$ | $\mathrm{lub}_\infty (A) = \|A\|_Z$ | Zeilennorm |

$$\tag{2.3.27}$$

Man kann zeigen, daß für jede lub–Norm notwendigerweise gelten muß:

$$\mathrm{lub}(\mathrm{diag}(d_i)) = \underset{i}{\mathrm{Max}} \; |d_i| , \tag{2.3.28}$$

wobei $\mathrm{diag}(d_i)$ eine Diagonalmatrix ist. Da diese Beziehung weder für die Maximumnorm noch für die Euklid–Norm gilt, können beide auch keine lub–Normen sein.


### 2.3.3 Konditionsanalyse linearer Gleichungssysteme

Mit Hilfe der Normen können wir jetzt eine Abschätzung über die Empfindlichkeit des Lösungsvektors eines linearen Gleichungssystems bezüglich Änderungen der Koeffizientenmatrix bzw. der rechten Seite erhalten. Dazu betrachten wir das Gleichungssystem

$$\mathbf{A}\mathbf{x} = \mathbf{b} \tag{2.3.29}$$

mit regulärer Koeffizientenmatrix $\mathbf{A}$ sowie die benachbarten Gleichungssysteme

$$\mathbf{A}\,(\mathbf{x} + \xi) = \mathbf{b} + \mathbf{f} \tag{2.3.30}$$

mit abgeänderter rechter Seite bzw.

$$(\mathbf{A} + \mathbf{F})\,(\mathbf{x} + \eta) = \mathbf{b} \tag{2.3.31}$$

mit abgeänderter Koeffizientenmatrix, wobei wir $\mathbf{A} + \mathbf{F}$ ebenfalls als regulär voraussetzen wollen, und suchen nach oberen Schranken für die relativen Abweichungen $\|\xi\|/\|\mathbf{x}\|$ bzw. $\|\eta\|/\|\mathbf{x}\|$ des Lösungsvektors als Funktion der relativen Abweichungen $\|\mathbf{f}\|/\|\mathbf{b}\|$ bzw. $\|\mathbf{F}\|/\|\mathbf{A}\|$ von rechter Seite bzw. Koeffizientenmatrix. Als Normen können wir dabei irgend eine nach Gl. (2.3.16) verträgliche Kombination verwenden.

Betrachten wir zuerst den durch Gl. (2.3.30) definierten Fall, so folgt unter Beachtung von Gl. (2.3.29):

$$\mathbf{A}\xi = \mathbf{f}, \quad \xi = \mathbf{A}^{-1}\mathbf{f}, \quad \|\xi\| \leqslant \|\mathbf{A}^{-1}\|\,\|\mathbf{f}\|\,.$$

Dividieren wir letztere Ungleichung durch die aus Gl. (2.3.29) folgende Ungleichung

$$\|\mathbf{A}\|\,\|\mathbf{x}\| \geqslant \|\mathbf{b}\|\,,$$

so erhalten wir

$$\frac{\|\xi\|}{\|\mathbf{x}\|} \leqslant \|\mathbf{A}^{-1}\|\,\|\mathbf{A}\|\,\frac{\|\mathbf{f}\|}{\|\mathbf{b}\|}\,, \tag{2.3.32}$$

und das ist bereits die erste der gesuchten Abschätzungen.

Betrachten wir jetzt Gl. (2.3.31), so folgt daraus unter Beachtung von Gl. (2.3.29):

$$\mathbf{A}\eta + \mathbf{F}(\mathbf{x} + \eta) = \mathbf{0}, \quad \eta = \mathbf{A}^{-1}\mathbf{F}(\mathbf{x} + \eta), \quad \|\eta\| \leqslant \|\mathbf{A}^{-1}\|\,\|\mathbf{F}\|\,\|\mathbf{x} + \eta\|\,,$$

und daraus ergibt sich durch eine triviale Erweiterung der rechten Seite der Ungleichung mit $\|\mathbf{A}\|/\|\mathbf{A}\|$:

$$\frac{\|\eta\|}{\|\mathbf{x} + \eta\|} \leqslant \|\mathbf{A}^{-1}\|\,\|\mathbf{A}\|\,\frac{\|\mathbf{F}\|}{\|\mathbf{A}\|}\,.$$

Verwendet man jetzt die Dreiecksungleichung $\|\mathbf{x} + \eta\| \leqslant \|\mathbf{x}\| + \|\eta\|$, so folgt

$$\frac{\|\eta\|}{\|\mathbf{x}\| + \|\eta\|} \leqslant \frac{\|\eta\|}{\|\mathbf{x} + \eta\|} \leqslant \|\mathbf{A}^{-1}\|\,\|\mathbf{A}\|\,\frac{\|\mathbf{F}\|}{\|\mathbf{A}\|}\,,$$

und daraus erhält man die zweite der gesuchten Abschätzungen:

$$\frac{\|\eta\|}{\|x\|} \leqslant \frac{\|A^{-1}\|\|A\|}{1 - \|A^{-1}\|\|A\|\dfrac{\|F\|}{\|A\|}} \cdot \frac{\|F\|}{\|A\|} . \tag{2.3.33}$$

Betrachten wir noch den Fall, daß die Koeffizientenmatrix und die rechte Seite des Gleichungssystems gleichzeitig geändert werden:

$$(A + G)(x + \vartheta) = b + g , \tag{2.3.34}$$

so finden wir unter der die Regularität von $A + G$ implizierenden Voraussetzung

$$\|A^{-1}G\| \leqslant \|A^{-1}\|\|G\| < 1$$

und mit Verwendung der z.B. in [35, S. 222] bewiesenen Ungleichung

$$\|(E + M)^{-1}\| \leqslant \frac{\|E\|}{1 - \|M\|} \quad \text{für} \quad \|M\| < 1 \tag{2.3.35}$$

nach einer einfachen Rechnung [35, S. 223] dafür als Abschätzung:

$$\frac{\|\vartheta\|}{\|x\|} \leqslant \frac{\|E\|\|A^{-1}\|\|A\|}{1 - \|A^{-1}\|\|A\|\dfrac{\|G\|}{\|A\|}} \left[ \frac{\|g\|}{\|b\|} + \frac{\|G\|}{\|A\|} \right] . \tag{2.3.36}$$

Die in allen drei Abschätzungen (2.3.32), (2.3.33), (2.3.36) vorkommende Größe

$$\kappa(A) = \|A^{-1}\|\|A\| \tag{2.3.37}$$

wird als *v. Neumannsche Konditionszahl* bezeichnet. Für den Fall, daß bei der Herleitung die Euklidsche Vektornorm $\|x\|_2$ und als Matrixnorm die dazu untergeordnete Spektralnorm $\|A\|_\lambda = \mathrm{lub}_2(A)$ verwendet wurden, heißt die entsprechende Zahl auch Spektralkonditionszahl:

$$\kappa_\lambda(A) = \|A^{-1}\|_\lambda \|A\|_\lambda = s_{max}/s_{min} , \tag{2.3.38}$$

wobei $s_{max}, s_{min}$ der größte bzw. kleinste Singulärwert von $A$ sind. Die angegebenen Abschätzungen stellen obere Schranken dar für die relative Änderung der Elemente des Lösungsvektors eines linearen Gleichungssystems als Funktion der relativen Änderungen der Elemente von Koeffizientenmatrix bzw. rechter Seite, die *tatsächlich erreicht werden können*. Ob sie in einem konkreten Fall jedoch wirklich erreicht werden, oder ob die tatsächlich auftretenden Änderungen kleiner sind als die angegebenen Schranken, hängt von der jeweiligen inneren Struktur der auftretenden Vektoren und Matrizen ab, die mit dem ziemlich groben Maß einer Norm natürlich nicht erfaßt werden kann. Das folgende, allerdings bewußt konstruierte, Beispiel soll demonstrieren, welche Verhältnisse bei der praktischen Rechnung eintreten können.

Das lineare Gleichungssystem

$$\begin{bmatrix} 100 & 100 & 100 & 100 & 99 \\ 101 & 100 & 100 & 100 & 100 \\ 101 & 101 & 100 & 100 & 100 \\ 101 & 101 & 101 & 100 & 100 \\ 101 & 101 & 101 & 101 & 100 \end{bmatrix} x = \begin{bmatrix} 499 \\ 501 \\ 502 \\ 503 \\ 504 \end{bmatrix}$$

hat den exakten Lösungsvektor $x = [1\ \ 1\ \ 1\ \ 1\ \ 1]'$, die entsprechenden Euklid–Normen sind

$$\|A\|_E \approx 5 \cdot 10^2, \quad \|b\|_2 = 1.1 \cdot 10^3, \quad \|x\|_2 = \sqrt{5},$$

die Inverse der Koeffizientenmatrix lautet

$$A^{-1} = \begin{bmatrix} 100 & 1 & 0 & 0 & -100 \\ 0 & -1 & 1 & 0 & 0 \\ 0 & 0 & -1 & 1 & 0 \\ 0 & 0 & 0 & -1 & 1 \\ -101 & 0 & 0 & 0 & 100 \end{bmatrix},$$

und für die Konditionszahl in der Euklid–Norm ergibt sich daraus

$$\kappa_E(A) = \|A^{-1}\|_E \|A\|_E \approx 2 \cdot 10^2 \cdot 5 \cdot 10^2 = 10^5 .$$

Ändert man jetzt die rechte Seite um den Vektor $f_1 = [1\ 0\ 0\ 0\ -1]'$ in $b_1 = b + f_1 = [500\ 501\ 502\ 503\ 503]'$, so verursacht dies eine absolute Änderung des Lösungsvektors um $\xi_1 = [200\ 0\ 0\ -1\ -201]'$ in den neuen Lösungsvektor $x_1 = x + \xi_1 = [201\ 1\ 1\ 0\ -200]'$. Die relative Änderung der Lösung in der Euklid–Norm ist damit

$$\frac{\|\xi_1\|_2}{\|x\|_2} = \frac{\sqrt{80403}}{\sqrt{5}} = 1.268 \cdot 10^2 ,$$

während die obere Schranke nach Gl. (2.3.32) den Wert

$$\kappa_E(A) \frac{\|f_1\|_2}{\|b\|_2} \approx 10^5 \cdot \frac{\sqrt{2}}{1.1 \cdot 10^3} = 1.29 \cdot 10^2$$

liefert. Die Schranke wird in diesem Fall also tatsächlich erreicht. Ändert man dagegen die rechte Seite um $f_2 = [1\ 0\ 0\ 0\ 1]'$, d.h. um einen Vektor mit der gleichen Euklid–Norm von $\sqrt{2}$ wie im ersten Fall, nur mit einem anderen Vorzeichen in einem Element, so ergibt sich jetzt eine Änderung des Lösungsvektors um $\xi_2 = [0\ 0\ 0\ 1\ -1]'$, die relative Änderung ist

$$\frac{\|\xi_2\|_2}{\|x\|_2} = \frac{\sqrt{2}}{\sqrt{5}} = 0.63 \, ,$$

und jetzt wird dieser Wert durch die obere Schranke um den Faktor $\approx 200$ überschätzt. Ein kurzer Blick auf die Kehrmatrix von $A$ zeigt sofort den Grund dieses Verhaltens. Für den Änderungsvektor $f_1$ besitzen in dem Produkt

$$A^{-1}f_1 = \xi_1$$

sämtliche Einzelbeiträge einer Zeile das gleiche Vorzeichen, so daß die Komponenten von $\xi_1$ gleich der Summe aller Einzelbeiträge ist, während für den Änderungsvektor $f_2$ die Komponenten von $\xi_2$ gleich der Differenz nahezu gleich großer Zahlen und somit sehr klein sind.

Kehren wir jetzt zu den Abschätzungen (2.3.32), (2.3.33), (2.3.36) zurück, so können wir diese ganz allgemein so interpretieren, daß ein lineares Gleichungssystem umso *unempfindlicher* gegenüber Änderungen seiner Bestimmungsdaten ist, je *kleiner* die Konditionszahl seiner Koeffizientenmatrix ist, während eine *große* Konditionszahl auf eine *potentiell große* Empfindlichkeit hindeutet (die sich *aktuell* aber nicht notwendigerweise zu manifestieren braucht, wie das obige Beispiel zeigt). Diese Feststellung ist von großer Bedeutung für die numerische Rechnung, denn wie zuerst J.v. Neumann und H.H. Goldstine im Jahre 1947 und später A.M. Turing, J. Todd und insbesondere J.H. Wilkinson in einer Reihe grundlegender Arbeiten [25, 36–38, 42] gezeigt haben, lassen sich die numerischen Fehler, die bei jedem mit beschränkter Stellenzahl arbeitenden Algorithmus zur Lösung linearer Gleichungssysteme auftreten, immer in Form einer von der Koeffizientenmatrix abhängigen Fehlermatrix $F(A)$ und eines von der rechten Seite abhängigen Fehlervektors $f(b)$ in einer solchen Weise erfassen, daß sich die von dem betreffenden Algorithmus gelieferte *fehlerbehaftete* Lösung $\tilde{x}$ des Gleichungssystems als *exakte* Lösung eines *abgeänderten* Gleichungssystems

$$[A + F(A)] \cdot \tilde{x} \equiv b + f(b) \tag{2.3.39}$$

darstellen läßt. Ist der Algorithmus *numerisch stabil*, so lassen sich für die relativen Fehler obere Schranken

$$\frac{\|F(A)\|}{\|A\|} \leqslant \Phi \, , \qquad \frac{\|f(b)\|}{\|b\|} \leqslant \varphi \tag{2.3.40 a,b}$$

angeben, die ausschließlich von der Ordnung des Gleichungssystems, dem verwendeten Algorithmus und der Wortlänge und Rundungscharakteristik der verwendeten Rechenanlage, nicht jedoch von den konkreten Zahlenwerten des Gleichungssystems abhängen.

Mit diesen Schranken erhält man die folgende allgemeine Fehlerabschätzung:

$$\frac{\|\widetilde{x} - x\|}{\|x\|} \leqslant \text{cond}(A) \cdot [\Phi + \varphi] \,. \tag{2.3.41}$$

Obwohl diese Abschätzung meist viel zu grob ist und den tatsächlich eintretenden Fehler weit überschätzt, ergeben sich daraus doch zwei wesentliche Forderungen:

Konstruktion der Algorithmen in einer solchen Weise, daß die Fehlerschranken $\Phi$ und $\varphi$ möglichst klein ausfallen,

Transformation des gegebenen linearen Gleichungssystems in ein äquivalentes System mit möglichst kleiner Konditionszahl $\text{cond}(A)$.

In (2.3.41) wurde die Kondition des Gleichungssystems durch die Größe $\text{cond}(A)$ gekennzeichnet, da man außer der v. Neumannschen Konditionszahl Gl. (2.3.37), die die explizite Kenntnis von $A^{-1}$ verlangt und deshalb für numerische Zwecke nur sehr bedingt brauchbar ist, noch weitere Konditionszahlen definieren kann, die ohne die inverse Koeffizientenmatrix auskommen. Aus Gründen der Konsistenz mit den $\kappa$-Zahlen sind dabei folgende Eigenschaften zu fordern:

$$1 \leqslant \text{cond}(A) \leqslant \infty \,,$$

$$\text{cond}(A) = 1 \quad \text{für} \quad A = aE, \ a \neq 0 \,,$$

$$\text{cond}(A) = \infty \quad \text{für} \quad A \ \text{singulär} \,. \tag{2.3.42}$$

Von den verschiedenen Vorschlägen in der Literatur wollen wir hier nur die folgenden betrachten:

Toddsche Konditionszahl: $\qquad \text{cond}_T(A) = \dfrac{\max |\lambda_i|}{\min |\lambda_i|}$ $\qquad$ (2.3.43)
[31, S. 155]

Hadamardsche Konditionszahl: $\qquad \text{cond}_H(A) = \dfrac{\sqrt{\prod\limits_{i=1}^{n} \sum\limits_{k=1}^{n} |a_{ik}|^2}}{|\det(A)|}$ $\qquad$ (2.3.44)
[32, S. 212], [39]

Zurmühlsche Konditionszahl: $\qquad \text{cond}_{Zu}(A) = \dfrac{[\,\|A\|_E / \sqrt{n}\,]^n}{|\det(A)|} =$ $\qquad$ (2.3.45)
[32, S. 212]

$$= \frac{\left[ \dfrac{1}{n} \sum\limits_{i=1}^{n} \sum\limits_{k=1}^{n} |a_{ik}|^2 \right]^{n/2}}{|\det(A)|} \,.$$

Die Toddsche Konditionszahl ergibt sich im wesentlichen aus der Spektralkonditionszahl $\kappa_\lambda(\mathbf{A})$. Für beliebige Matrizen $\mathbf{A}$ ist sie nur schwierig zu bestimmen, da sie die Kenntnis des betragsgrößten und des betragskleinsten Eigenwerts von $\mathbf{A}$ voraussetzt. Für viele Matrizen existieren jedoch brauchbare Eigenwertabschätzungen, die man bei ihrer Bestimmung vorteilhaft verwenden kann.

Die Motivierung der Hadamardschen Konditionszahl folgt aus der Tatsache, daß sie für solche regulären Matrizen, für die ein lineares Gleichungssystem ohne Inversion lösbar ist, den kleinstmöglichen Wert $\mathrm{cond}_E(\mathbf{A}) = 1$ annimmt. Dazu gehören insbesondere Diagonalmatrizen sowie nach einem Determinantensatz von Hadamard [40, S. 45 ff] die durch Gl. (2.3.46 a) definierten Orthogonalmatrizen

$$\mathbf{A}^+\mathbf{A} = \mathrm{Diag}(d_i) \, , \qquad \mathbf{A}^{-1} = \mathrm{Diag}(1/d_i) \cdot \mathbf{A}^+ \, . \tag{2.3.46a,b}$$

Man kann die Hadamardsche Konditionszahl also grob als Maß für die Abweichung einer beliebigen Matrix von einer solchen "bestmöglichen" Matrix auffassen. Für die meisten Matrizen scheint die Hadamardsche Konditionszahl die beste Aussage über ihre numerische Kondition zu liefern [39].

Die Zurmühlsche Konditionszahl liefert eine Abschätzung für die Spektralkonditionszahl Gl. (2.3.38):

$$\sqrt[n]{\mathrm{cond}_{Zu}(\mathbf{A})} \leqslant \kappa_\lambda(\mathbf{A}) \leqslant \mathrm{cond}_{Zu}(\mathbf{A}) \, .$$

Für rechentechnische Zwecke sind die beiden letztgenannten Konditionszahlen noch etwas problematisch, da sie den Betrag der Determinante von $\mathbf{A}$ verlangen. Eine Berechnung der Determinante vor der eigentlichen Lösung des Gleichungssystems scheidet aus Aufwandsgründen aus; da die Determinante aber gleichsam als Nebenprodukt bei sämtlichen Eliminationsverfahren mitgeliefert wird, kann man damit z.B. die Hadamardsche Konditionszahl eines Gleichungssystems im Anschluß an die Lösung berechnen und an Hand dieser a posteriori–Analyse entscheiden, ob die Genauigkeit des berechneten Lösungsvektors ausreicht oder ob er etwa durch eine Nachiteration noch verbessert werden soll.

Anstelle der oben definierten Konditionszahlen findet man in der Literatur, z.B. in [32], auch deren Kehrwerte; darauf ist jeweils zu achten. Die Konditionszahlen (2.3.37), (2.3.38), (2.3.43), (2.3.44), (2.3.45) sind Funktionale ähnlich der Determinante, die eine Matrix $\mathbf{A}$ auf eine positive Zahl abbilden und somit nur globale Aussagen über das numerische Verhalten eines Gleichungssystems gestatten. Daneben lassen sich aber auch lokale Aussagen machen, etwa über die Empfindlichkeit einer bestimmten Komponente des Lösungsvektors gegenüber Änderungen eines bestimmten Elements der Koeffizientenmatrix oder der rechten Seite. Dazu kann man differentielle Konditionszahlen definieren; bezeichnet man die Elemente von $\mathbf{A}^{-1}$ mit $a_{ik}$ und definiert man $\mathbf{E}_{ik}$ als eine Matrix, die im Schnittpunkt der i–ten Zeile und der k–ten Spalte eine Eins und sonst lauter Nullen enthält, so läßt sich zeigen [31], daß die partielle Ableitung von $\mathbf{A}^{-1}$ nach irgend einem Element von $\mathbf{A}$ gegeben ist durch eine n–reihige quadratische Matrix:

$$\frac{\partial(\mathbf{A}^{-1})}{\partial a_{\mu\nu}} = -\mathbf{A}^{-1}\mathbf{E}_{\mu\nu}\mathbf{A}^{-1} \equiv -[a_{i\mu}\cdot a_{\nu k}]\ , \tag{2.3.47}$$

woraus sich für die differentielle Empfindlichkeit des i–ten Elements des Lösungsvektors gegenüber dem $(\mu,\nu)$–ten Element der Koeffizientenmatrix der Ausdruck

$$\frac{\partial x_i}{\partial a_{\mu\nu}} = -a_{i\mu}\, x_\nu \equiv -a_{i\mu} \sum_{j=1}^{n} a_{\nu j} b_j \tag{2.3.48}$$

und gegenüber dem k–ten Element der rechten Seite der Ausdruck

$$\frac{\partial x_i}{\partial b_k} = -a_{ik} \tag{2.3.49}$$

ergibt. Diese Beziehungen können offensichtlich zur Konstruktion lokaler Konditionsmaße verwendet werden; wir wollen darauf aber nicht weiter eingehen und verweisen den Leser auf [31] und [49].

## 2.4  Eliminationsverfahren zur Lösung linearer Gleichungssysteme

### 2.4.1  Theorie der LR–Zerlegung

Zur numerischen Lösung linearer Gleichungssysteme existieren im wesentlichen zwei Klassen von Verfahren, die *Eliminationsverfahren* und die *iterativen Verfahren*. Für die in der Netzwerktheorie hauptsächlich vorkommenden Gleichungssysteme mit vollbesetzten komplexen Koeffizientenmatrizen sind die Eliminationsverfahren in jedem Fall vorzuziehen, während die iterativen Verfahren nur bei speziellen Koeffizientenmatrizen, wie sie etwa bei der numerischen Integration von Differentialgleichungssystemen auftreten, von Bedeutung sind. Wir wollen uns daher vorwiegend mit den Eliminationsverfahren beschäftigen und die iterativen Verfahren nur kurz im Zusammenhang mit der Genauigkeitsverbesserung numerisch berechneter Lösungen berühren.

Das bekannteste Eliminationsverfahren ist der *Gaußsche Algorithmus*. Dabei wird in der ersten Rechenphase die Koeffizientenmatrix des Gleichungssystems schrittweise in eine Dreiecksmatrix, die sog. *gestaffelte* Form oder Echelon–Form der Koeffizientenmatrix, überführt, wobei gleichzeitig auch die rechte Seite umgerechnet wird, und in der anschließenden zweiten Phase der Lösungsvektor durch Rückwärtseinsetzen ausgerechnet. Der Gaußsche Algorithmus soll später ausführlich diskutiert werden, wir wollen uns aber zuerst der allgemeinen Theorie der Eliminationsverfahren zuwenden. Grundlage dafür ist der folgende

*Satz 2.4/1:*

Jede n−reihige quadratische reguläre Matrix $A$ läßt sich darstellen in der Form

$$A = P'LRQ' \,, \tag{2.4.1}$$

wobei $L$ eine untere Dreiecksmatrix, $R$ eine obere Dreiecksmatrix[1] und $P, Q$ Permutationsmatrizen sind. Bei vorgegebenen $P, Q$ ist die Zerlegung dann eindeutig, wenn genau $n$ zusätzliche Bedingungen an die Hauptdiagonalelemente von $L$ und $R$ gestellt werden.

Wie früher bedeuten $P'$ usw. die Transponierten der jeweiligen Matrizen. Als *untere* oder linke bzw. *obere* oder rechte *Dreiecksmatrix* wird dabei eine Matrix bezeichnet, die oberhalb bzw. unterhalb der Hauptdiagonalen ausschließlich Nullen enthält, und als *Permutationsmatrix* eine Matrix, die in jeder Zeile und in jeder Spalte genau eine Eins und sonst lauter Nullen enthält. Solche Permutationsmatrizen sind immer *orthonormal*, d.h. es gilt

$$PP' = P'P = E \,, \quad QQ' = Q'Q = E \,; \tag{2.4.2}$$

das Produkt $P'L$ bedeutet, daß die Zeilen von $L$ vertauscht werden, und das Produkt $RQ'$, daß die Spalten von $R$ vertauscht werden. Zur Gewährleistung völliger Allgemeinheit wollen wir auch die Einheitsmatrix als Permutationsmatrix zulassen. Mit Hilfe der *LR−Zerlegung* nach Gl. (2.4.1) können nun sämtliche Eliminationsverfahren für lineare Gleichungssysteme charakterisiert werden. Die Permutationsmatrizen $P$ und $Q$ ergeben sich aus der verwendeten Pivotsuche und legen damit die Reihenfolge der einzelnen Eliminationsschritte fest, und die Art und Weise, in der die Bedingungen für die Hauptdiagonalelemente $l_{ii}$ bzw. $r_{ii}$ gewählt und die Matrizen $L$ und $R$ im einzelnen berechnet werden, kennzeichnet den jeweiligen Algorithmus. Hat man die LR−Zerlegung nach irgend einem Verfahren einmal durchgeführt, so kann man die Lösung des linearen Gleichungssystems auf die Lösung zweier linearer Gleichungssysteme mit jeweils dreieckiger Koeffizientenmatrix reduzieren. Sei

$$Ax = b \tag{2.4.3}$$

das gegebene Gleichungssystem, so erhält man mit Gl. (2.4.1):

$$P'LRQ'x = b$$

und daraus unter Beachtung von Gl. (2.4.2):

$$L \cdot RQ'x \equiv L \cdot z = Pb \,,$$

---

[1] Die Matrix $R$ wird nach englischem Sprachgebrauch oft auch durch $U$ (upper triangular matrix) bezeichnet.

wobei der Zwischenvektor $z = RQ'x$ eingeführt wurde. Setzt man noch $Q'x = y$, so folgt schließlich:

$$Lz = Pb$$
$$Ry = z \qquad\qquad (2.4.4)$$
$$x = Qy \; .$$

Das bedeutet, daß man zuerst den Vektor $z$ aus der unteren Dreiecksmatrix $L$ und der zeilenpermutierten rechten Seite $Pb$ berechnet, daraus und aus der oberen Dreiecksmatrix $R$ den Vektor $y$ bestimmt und daraus schließlich durch eine erneute Zeilenpermutation den Lösungsvektor $x$ erhält. Man beachte, daß man jetzt die rechte Seite, abgesehen von elementaren Vertauschungen, nicht umzurechnen braucht wie beim "klassischen" Gaußschen Algorithmus, daß man also die LR–Zerlegung der Koeffizientenmatrix und die Rückrechnung für eine beliebige rechte Seite völlig unabhängig voneinander durchführen kann. Beim Gaußschen Algorithmus ist das nicht möglich, da dieser keine L–Matrix abliefert, sondern nur eine umgerechnete rechte Seite $g = L^{-1}Pb$, so daß $b$ bereits vor Durchführung der Elimination bekannt sein muß.

### 2.4.2 Rückrechnung

Die Rückrechnung nach Gl. (2.4.4) ist allen Eliminationsverfahren gemeinsam, wir wollen sie daher zuerst betrachten. Es sei

$$
\begin{bmatrix}
l_{11} & & & & & & \\
l_{21} & l_{22} & & & \mathbf{0} & & \\
l_{31} & l_{32} & l_{33} & & & & \\
\vdots & \vdots & \vdots & \vdots & \vdots & \vdots & \\
l_{n1} & l_{n2} & l_{n3} & \vdots & \vdots & \vdots & l_{nn}
\end{bmatrix}
\begin{bmatrix}
z_1 \\ z_2 \\ z_3 \\ \vdots \\ z_n
\end{bmatrix}
=
\begin{bmatrix}
c_1 \\ c_2 \\ c_3 \\ \vdots \\ c_n
\end{bmatrix}
$$

das ausführlich geschriebene Gleichungssystem $Lz = c$ mit $c = Pb$. Dann erhält man schrittweise

$$z_1 = c_1/l_{11}$$
$$z_2 = (c_2 - l_{21}z_1)/l_{22}$$
$$\vdots \qquad\qquad \vdots$$

oder allgemein

$$z_i = \left( c_i - \sum_{j=1}^{i-1} l_{ij}z_j \right)/l_{ii}, \quad i = 1, 2, \ldots, n \; , \qquad\qquad (2.4.5)$$

wobei hier wie auch im folgenden eine Summe immer dann als leer zu betrachten ist,
wenn ihre untere Summationsgrenze größer ist als ihre obere.

Der Algorithmus (2.4.5) wird als *Vorwärtssubstitution* bezeichnet, da die gesuchten
Unbekannten in der natürlichen Reihenfolge bestimmt werden. Ganz analog ergibt sich
aus $\mathbf{Ry} = \mathbf{z}$ die Rechenvorschrift:

$$y_i = \left( z_i - \sum_{j=i+1}^{n} r_{ij} y_j \right) / r_{ii}\,, \quad i = n, n-1, \dots, 1\,, \tag{2.4.6}$$

die als *Rückwärtssubstitution* bezeichnet wird, da die Unbekannten jetzt in umgekehr-
ter Reihenfolge bestimmt werden.

Zählt man die benötigten Rechenoperationen, so erhält man in beiden Fällen

$$0 + 1 + 2 + \dots + n - 1 = n(n-1)/2 \qquad \text{komplexe Additionen/Subtraktionen}$$
$$0 + 1 + 2 + \dots + n - 1 = n(n-1)/2 \qquad \text{komplexe Multiplikationen}$$
$$1 + 1 + 1 + \dots + 1 \quad\; = n \qquad\qquad\qquad \text{komplexe Divisionen.}$$

Für die gesamte Rückrechnung werden damit $n(n-1)$ komplexe Additionen/Subtrak-
tionen, die gleiche Anzahl an komplexen Multiplikationen und $2n$ komplexe Divisionen, nach Gl. (2.1.8) also insgesamt

$$8n^2 + 14n \tag{2.4.7}$$

Maschinenoperationen benötigt.

Bei der Berechnung eines $y_i$ nach Gl. (2.4.6) werden nur das $z_i$ sowie die bereits
vorher berechneten Lösungselemente $y_{i+1}, y_{i+2}, \dots, y_n$ verwendet, so daß man die y–
Werte im gleichen Feld speichern kann wie die z–Werte. Dieses Vorghen wird als ″zwi-
schenspeicherfreie″ oder ″in place″ Speicherung bezeichnet und ist typisch für sämtliche Eliminationsalgorithmen. Man kann selbstverständlich auch Gl. (2.4.5) durch Überschreiben der c–Werte mit den z–Werten zwischenspeicherfrei programmieren; da der
Vektor $\mathbf{c}$ aber die permutierte rechte Seite des Gleichungssystems (2.4.3) darstellt, sollte man diesen nicht zerstören, um später gegebenenfalls noch eine Nachiteration durchführen zu können.

### 2.4.3 Verkettete LR–Zerlegung

Wir wollen uns jetzt der Aufgabe der eigentlichen LR–Zerlegung nach Satz 2.4/1 zuwenden. Dazu werden wir aber erst den folgenden Satz beweisen, dessen Beweis gleichzeitig
auch eine Zerlegungsvorschrift liefert, die nach Zurmühl [32] als *verkettete* LR–Zerlegung bezeichnet werden soll.

*Satz 2.4/2:*

Es sei $A$ eine n–reihige quadratische Matrix, deren sämtliche Hauptabschnittsmatrizen

$$A_{[1]} = [a_{11}], A_{[2]} = \begin{bmatrix} a_{11} & a_{12} \\ a_{21} & a_{22} \end{bmatrix}, \dots, A_{[n-1]} = \begin{bmatrix} a_{11} & \cdots & a_{1,n-1} \\ \vdots & & \vdots \\ a_{n-1,1} & \cdots & a_{n-1,n-1} \end{bmatrix}$$

regulär sind, d.h. $\det(A_{[k]}) \neq 0, k = 1, 2, \dots, n-1$. Dann existiert eine LR–Zerlegung der Form

$$A = LR \tag{2.4.8}$$

mit der Eigenschaft, daß die Elemente $l_{ij}$ unterhalb der Hauptdiagonalen von $L$ und die Elemente $r_{ij}$ oberhalb der Hauptdiagonalen von $R$ sowie die Produkte $l_{ii}r_{ii}$, $i = 1, \dots, n$ eindeutig durch die Elemente von $A$ bestimmt sind.

Der Beweis dieses Satzes erfolgt durch vollständige Induktion [31,38]. Für $n = 1$ ist die Zerlegung durch $l_{11}r_{11} = a_{11}$ offensichtlich im Sinne des Satzes bestimmt. Nimmt man jetzt an, der Satz gelte für jede $(p-1)$–reihige Matrix $A_{p-1}$ mit den vorausgesetzten Eigenschaften, so lassen sich die p–reihigen Matrizen $A_p, L_p$ und $R_p$ folgendermaßen aufteilen:

$$\begin{bmatrix} L_{p-1} & 0 \\ \hline l' & l_{pp} \end{bmatrix} \begin{bmatrix} R_{p-1} & r \\ \hline 0 & r_{pp} \end{bmatrix} = \begin{bmatrix} A_{p-1} & a_R \\ \hline a'_L & a_{pp} \end{bmatrix},$$

wobei $a_R$ und $r$ $(p-1)$–elementige Spaltenvektoren, $a'_L$ und $l'$ $(p-1)$–elementige Zeilenvektoren und $a_{pp}, l_{pp}, r_{pp}$ einzelne Matrixelemente sind und nach Voraussetzung die Matrix $A_{p-1}$ als Hauptabschnittsmatrix von $A_p$ regulär ist. Durch Ausmultiplizieren ergibt sich daraus

$$L_{p-1}R_{p-1} = A_{p-1}, \quad L_{p-1}r = a_R, \quad l'R_{p-1} = a'_L, \quad l'r + l_{pp}r_{pp} = a_{pp}.$$

Zum Beweis des Satzes muß nur gezeigt werden, daß diese vier Gleichungen eindeutig die Vektoren $l'$ und $r$ sowie das Produkt $l_{pp}r_{pp}$ bestimmen. Nun sind aber, wegen $\det(L_{p-1}R_{p-1}) = \det(L_{p-1})\det(R_{p-1}) = \det(A_{p-1}) \neq 0$ nach Voraussetzung, die Dreiecksmatrizen $L_{p-1}$ und $R_{p-1}$ regulär, also folgt

$$r = L_{p-1}^{-1} a_R$$

$$l' = a'_L R_{p-1}^{-1}, \tag{2.4.9}$$

$$l_{pp}r_{pp} = a_{pp} - l'r,$$

und da dieses Ergebnis eindeutig ist, ist der Satz 2.4/2 damit bewiesen. Die Gleichungen (2.4.9) erfordern, daß die Matrizen $\mathbf{L}_{p-1}$ und $\mathbf{R}_{p-1}$ vollständig bestimmt sind, daß also auch deren Elemente $l_{p-1,p-1}$ bzw. $r_{p-1,p-1}$ durch irgend eine Faktorisierung des Produkts $l_{p-1,p-1}r_{p-1,p-1}$ vorher festgelegt wurden. Für eine solche Aufteilung gibt es nun beliebig viele Möglichkeiten, die zwar *algebraisch* alle gleichwertig sind, nicht jedoch *numerisch*. Wie nämlich eine Fehleranalyse zeigt [25], bestimmt die jeweilige Produktfaktorisierung die Einflüsse von Rundungsfehlern auf die Lösungsgenauigkeit des betreffenden Verfahrens. Ein Verfahren zur jeweils optimalen Faktorisierung einer gegebenen Matrix scheint nicht bekannt zu sein; es dürfte auch außerordentliche mathematische Schwierigkeiten bereiten. Die praktisch verwendeten Eliminationsverfahren basieren daher alle auf einer der folgenden Zerlegungen:

$$l_{pp} = 1, \quad r_{pp} = \alpha_{pp} \qquad : \text{Banachiewicz--Faktorisierung} \qquad (2.4.10\,a)$$

$$l_{pp} = \alpha_{pp}, \quad r_{pp} = 1 \qquad : \text{Crout--Faktorisierung} \qquad (2.4.10\,b)$$

$$l_{pp} = \sqrt{\alpha_{pp}}, \quad r_{pp} = \sqrt{\alpha_{pp}} \qquad : \text{Cholesky--Faktorisierung}, \qquad (2.4.10\,c)$$

$$\text{mit } \alpha_{pp} = a_{pp} - \mathbf{l'r}.$$

Die Elemente $\alpha_{pp}$ bzw. $\sqrt{\alpha_{pp}}$ werden dabei als die *Pivot--Elemente* oder *Leitelemente* des jeweiligen Eliminationsverfahrens bezeichnet.

Bezüglich der Namensgebung für die einzelnen Verfahren herrscht in der Literatur eine ziemliche Verwirrung. So wird das Verfahren, das auf der hier als Banachiewicz--Faktorisierung bezeichneten Zerlegung beruht, oft auch als Doolittle--Verfahren oder manchmal sogar ebenfalls als Crout--Verfahren bezeichnet, während die hier als Cholesky--Elimination bezeichnete Methode auch Quadratwurzel--Verfahren oder vereinzelt wiederum Banachiewicz--Verfahren genannt wird. Tatsächlich wurde das Cholesky--Verfahren ursprünglich auch nur für reell--symmetrische und positiv definite Matrizen formuliert, bei denen sämtliche $\alpha_{pp} > 0$ und reell sind und die gesamte Rechnung somit reell durchgeführt werden kann, während für allgemeine Matrizen in der Regel komplexe $\alpha_{pp}$ und damit auch komplexe Pivotelemente auftreten. Da wir hier aber sowieso komplexe Arithmetik voraussetzen, können wir das Cholesky--Verfahren auch auf allgemeine komplexe Matrizen übertragen.[1] Die auf den drei angegebenen Faktorisierungen basierenden Eliminationsverfahren wurden, allerdings nur für reelle Matrizen, bezüglich ihrer numerischen Eigenschaften ausführlich untersucht [25, 36]; danach zeigen die drei Verfahren bei gut konditionierten Matrizen etwa das gleiche Verhalten gegenüber Rundungsfehlern, während bei schlecht konditionierten Matrizen im Mittel das Cholesky--Verfahren günstigere Eigenschaften aufweist als die beiden anderen.

Hat man sich einmal für eine Faktorisierung entschieden, so liefert Gl. (2.4.9) unmittelbar auch die Rechenvorschrift für den entsprechenden Algorithmus zur LR--Zerlegung einer Matrix $\mathbf{A}$, welche die Voraussetzung von Satz 2.4/2 erfüllt. Betrachten wir z.B. die Banachiewicz--Faktorisierung Gl. (2.4.10 a), so kann man den zugehörigen Zerlegungsalgorithmus folgendermaßen formulieren:

---

[1]  Einen knappen historischen Überblick über die Entstehungsgeschichte der einzelnen Verfahren findet man z.B. in [32].

*Banachiewicz–Algorithmus:*

Ausgehend von $l_{11} = 1, r_{11} = a_{11}$ berechne man für $p = 2, 3, \ldots, n$ durch Vorwärtssubstitution nach Gl. (2.4.5) die Zeilen der unteren Dreiecksmatrix $\mathbf{L}$:

$$l_{p,k} = \left( a_{p,k} - \sum_{j=1}^{k-1} l_{pj} r_{jk} \right) / r_{kk}, \quad k = 1, \ldots, p-1$$

$$l_{pp} = 1 \tag{2.4.11}$$

und die Spalten der oberen Dreiecksmatrix $\mathbf{R}$:

$$r_{ip} = a_{ip} - \sum_{j=1}^{i-1} l_{ij} r_{jp}, \quad i = 1, \ldots, p .$$

Ganz analog erhält man den

*Crout–Algorithmus:*

$$r_{11} = 1, \quad l_{11} = a_{11} ;$$

$$r_{ip} = \left( a_{ip} - \sum_{j=1}^{i-1} l_{ij} r_{jp} \right) / l_{ii}, \quad i = 1, \ldots, p-1$$

$$r_{pp} = 1 \tag{2.4.12}$$

$$l_{pk} = a_{pk} - \sum_{j=1}^{k-1} l_{pj} r_{jk}, \quad k = 1, \ldots, p$$

$$p = 2, 3, \ldots, n$$

und schließlich den

*Cholesky–Algorithmus für allgemeine komplexe Matrizen:*

$$r_{11} = l_{11} = \sqrt{a_{11}} ;$$

$$r_{ip} = \left( a_{ip} - \sum_{j=1}^{i-1} l_{ij} r_{jp} \right) / r_{ii}, \quad i = 1, \ldots, p-1$$

$$l_{pk} = \left( a_{pk} - \sum_{j=1}^{k-1} l_{pj} r_{jk} \right) / r_{kk}, \quad k = 1, \ldots, p-1$$

$$r_{pp} = l_{pp} = \sqrt{a_{pp} - \sum_{j=1}^{p-1} l_{pj} r_{jp}} \qquad\qquad (2.4.13)$$

$$p = 2, 3, \dots, n \ .$$

Als einfaches Beispiel wollen wir die LR–Zerlegung der Matrix

$$A = \begin{bmatrix} 4 & -2 & 2 \\ 0 & 1 & 2 \\ 2 & -2 & 8 \end{bmatrix}$$

betrachten. Diese Matrix besitzt die in Satz 2.4/2 geforderte Eigenschaft regulärer Hauptabschnittsmatrizen, und die drei Algorithmen liefern dafür folgende Zerlegungen:

$$\text{Banachiewicz–Zerlegung:} \qquad A = LR = \begin{bmatrix} 1 & & \\ 0 & 1 & \\ 0.5 & -1 & 1 \end{bmatrix} \begin{bmatrix} 4 & -2 & 2 \\ & 1 & 2 \\ & & 9 \end{bmatrix},$$

$$\text{Crout–Zerlegung:} \qquad A = LR = \begin{bmatrix} 4 & & \\ 0 & 1 & \\ 2 & -1 & 9 \end{bmatrix} \begin{bmatrix} 1 & -0.5 & 0.5 \\ & 1 & 2 \\ & & 1 \end{bmatrix},$$

$$\text{Cholesky–Zerlegung:} \qquad A = LR = \begin{bmatrix} 2 & & \\ 0 & 1 & \\ 1 & -1 & 3 \end{bmatrix} \begin{bmatrix} 2 & -1 & 1 \\ & 1 & 2 \\ & & 3 \end{bmatrix}.$$

Zählt man die für die drei Algorithmen benötigten Rechenoperationen, so erhält man für den Banachiewicz– bzw. den Crout–Algorithmus jeweils $n^3/3 - n^2/2 + n/6$ komplexe Additionen/Subtraktionen, die gleiche Anzahl komplexe Multiplikationen und $n(n-1)/2$ komplexe Divisionen, und für den Cholesky–Algorithmus $n^3/3 - n^2/2 + n/6$ komplexe Additionen/Subtraktionen und Multiplikationen sowie $n(n-1)$ komplexe Divisionen und zusätzlich noch $n$ komplexe Wurzelberechnungen. Veranschlagt man für die Berechnung einer komplexen Quadratwurzel 20 Maschinenoperationen, so erhält man mit den Werten aus Gl. (2.1.8) als Aufwand für den

$$\text{Banachiewicz– bzw. Crout–Algorithmus:} \qquad \frac{8}{3} n^3 + \frac{3}{2} n^2 + \frac{25}{6} n \qquad (2.4.14a)$$

$$\text{Cholesky–Algorithmus:} \qquad \frac{8}{3} n^3 + 7n^2 + \frac{31}{3} n \qquad (2.4.14b)$$

Maschinenoperationen. Aus dieser Aufstellung scheint hervorzugehen, daß wegen des geringeren Rechenaufwandes der Banachiewicz– bzw. der Crout–Algorithmus dem Cholesky–Algorithmus vorzuziehen sei; wie schon oben erwähnt, ist letzterer aber im Mittel numerisch stabiler als die beiden anderen [25, 32]. Das rührt einmal daher, daß die in der L– bzw. R–Matrix auftretenden Zahlenwerte beim Cholesky–Verfahren weniger starke

Größenunterschiede aufweisen als im Banachiewicz– bzw. Crout–Verfahren, wie auch das obige Beispiel zeigt, und zum anderen, daß die Wurzeln $\sqrt{a_{pp}}$ als Pivotelemente numerisch günstiger sind als die $a_{pp}$ selbst. Wie man nämlich zeigen kann, wird ein Eliminationsprozeß umso anfälliger gegenüber Rundungsfehlern, je kleinere Pivotelemente im Verlauf der Rechnung auftreten. Nun ergeben sich bei schlecht konditionierten Matrizen in der Regel Zahlenwerte $|a_{pp}| \ll 1$, und da in solchen Fällen $\sqrt{a_{pp}} > a_{pp}$ ist, ist die Wahl von $\sqrt{a_{pp}}$ als Pivotelemente beim Cholesky–Verfahren günstiger als die Wahl der $a_{pp}$ selbst bei den anderen Verfahren. Den geschilderten Effekt sieht man z.B. an der bereits in Gl. (2.3.5) eingeführten sehr schlecht konditionierten Matrix

$$
A = \begin{bmatrix} 1.2969 & 0.8648 \\ 0.2161 & 0.1441 \end{bmatrix} ;
$$

der Banachiewicz–Algorithmus liefert dafür bei 8–stelliger Rechnung die LR–Zerlegung

$$
A = \begin{bmatrix} 1.00000000 & \\ 0.16662811 & 1.00000000 \end{bmatrix} \begin{bmatrix} 1.29690000 & 0.86480000 \\ & 0.00000001 \end{bmatrix} ,
$$

während der Cholesky–Algorithmus zu der Zerlegung

$$
A = \begin{bmatrix} 1.1388152 & \\ 0.18975862 & 0.00010000 \end{bmatrix} \begin{bmatrix} 1.1388152 & 0.75938572 \\ & 0.00010000 \end{bmatrix}
$$

führt.

Hat man die LR–Zerlegung nach irgend einem der beschriebenen Verfahren durchgeführt, so kann man auch sehr einfach die Determinante der zerlegten Matrix berechnen. Wie sich durch Entwickeln nach Unterdeterminanten leicht zeigen läßt, ist die Determinante einer Dreiecksmatrix gleich dem Produkt ihrer Hauptdiagonalelemente, und wegen $\det(A) = \det(LR) = \det(L)\,\det(R)$ folgt daraus für den

$$
\text{Banachiewicz–Algorithmus:} \qquad \det(A) = \prod_{i=1}^{n} r_{ii} , \qquad\qquad (2.4.15\,a)
$$

$$
\text{Crout–Algorithmus:} \qquad \det(A) = \prod_{i=1}^{n} l_{ii} , \qquad\qquad (2.4.15\,b)
$$

$$
\text{Cholesky–Algorithmus:} \qquad \det(A) = \prod_{i=1}^{n} l_{ii} r_{ii} = \prod_{i=1}^{n} r_{ii}^2 = \prod_{i=1}^{n} l_{ii}^2 . \quad (2.4.15\,c)
$$

Kehren wir nochmals zu den Zerlegungsalgorithmen (2.4.11) bis (2.4.13) zurück, so könnte es auf den ersten Blick so erscheinen, als ob man zum Aufbau der Dreiecksmatrizen **L** und **R** jeweils in eigenes Speicherfeld benötigt. Eine nähere Überlegung zeigt aber, daß man diese beiden Matrizen auch in dem von der Matrix **A** ursprünglich belegten Speicherfeld aufbauen kann, daß man also in place rechnen kann, wobei die Matrix **A** im Verlauf der Rechnung allerdings zerstört wird. Beim Banachiewicz– und beim Cholesky–Algorithmus werden dabei die vollständige obere Dreiecksmatrix **R** und die unterhalb der Hauptdiagonalen liegenden Elemente von **L** gespeichert, da wegen $l_{ii} = 1$ bzw. $l_{ii} = r_{ii}$ die Diagonalelemente von **L** bekannt sind, und beim Crout–Algorithmus entsprechend **L** und die oberhalb der Hauptdiagonalen liegenden Elemente von **R**, da jetzt wegen $r_{ii} = 1$ die Diagonalelemente von **R** bekannt sind.

Für die Programmierung bietet eine Abwandlung der Algorithmen (2.4.12) bis (2.4.13) gewisse Vorteile bezüglich der Schleifenorganisation und insbesondere der in Abschnitt 2.4.6 zu besprechenden Pivotsuche. Durch eine Änderung in der Reihenfolge der einzelnen Rechenschritte kann man nämlich erreichen, daß die untere Dreiecksmatrix **L** nicht zeilenweise, sondern spaltenweise, und die obere Dreiecksmatrix **R** nicht spaltenweise, sondern zeilenweise aufgebaut werden. Dazu hat man in den ursprünglichen Algorithmen lediglich die Funktionen der Indizes p und i bzw. k zu vertauschen; man erhält dann z.B. für den Cholesky–Algorithmus die Rechenvorschrift:

*Modifizierter Cholesky–Algorithmus:*

$$r_{pp} = l_{pp} = \sqrt{a_{pp} - \sum_{j=1}^{p-1} l_{pj} r_{jp}}$$

$$r_{pk} = \left( a_{pk} - \sum_{j=1}^{p-1} l_{pj} r_{jk} \right) / r_{pp} , \quad k = p+1, \dots, n \qquad (2.4.16)$$

$$l_{ip} = \left( a_{ip} - \sum_{j=1}^{p-1} l_{ij} r_{jp} \right) / r_{pp} , \quad i = p+1, \dots, n$$

$$p = 1, 2, \dots, n .$$

Die entsprechende Modifikation für den Banachiewicz– und den Crout–Algorithmus wird dazu völlig analog durchgeführt.

Die Rechnung läßt sich selbstverständlich auch in place durchführen; vergleicht man dabei die Algorithmen (2.4.13) und (2.4.16) bezüglich des Aufbaus der Dreiecksmatrizen **L** und **R**, so erkennt man, daß der Algorithmus (2.4.13) diese Matrizen *blockweise* aufbaut, während sie der modifizierte Algorithmus *reihenweise* aufbaut, s. Bild 2.4.1.

Der Vorteil der reihenweisen Rechnung nach Gl. (2.4.16) liegt darin, daß man im p–ten Eliminationsschritt bei der Berechnung sämtlicher $r_{pk}$ bzw. $l_{ip}$ den gleichen Divisor $r_{pp}$ benötigt, während bei der blockweisen Rechnung nach Gl. (2.4.13) für jedes Element ein anderer Divisor erforderlich ist. Man erspart also Rechenzeit einmal infolge des geringeren Umfangs an Adressrechnung und zum anderen dadurch, daß man den

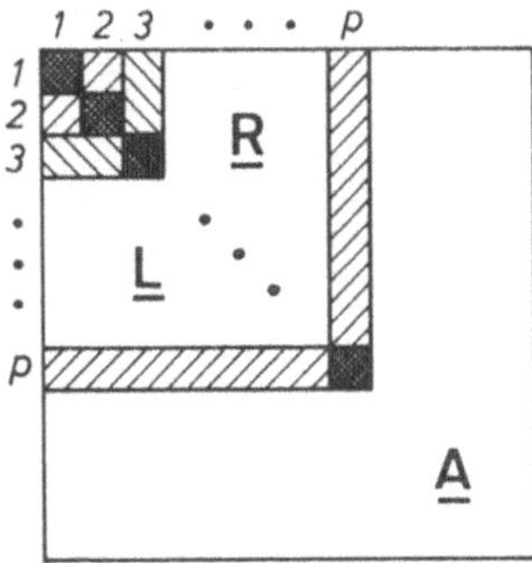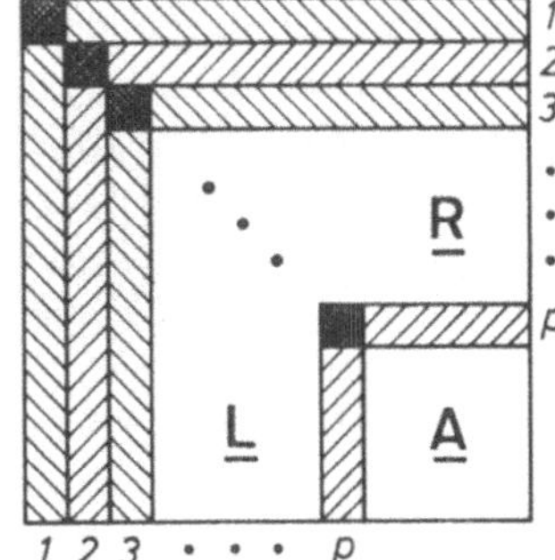

Bild 2.4.1. Aufbau der Dreiecksmatrizen bei in place–Rechnung nach Gl. (2.4.13) (links) und Gl. (2.4.16) (rechts)

Kehrwert von $r_{pp}$ am Anfang der p–Schleife bildet und die Divisionen durch $r_{pp}$ mit 11 Maschinenoperationen durch Multiplikationen mit $1/r_{pp}$ mit nur 6 Maschinenoperationen ersetzt, vgl. (2.1.8). Damit lautet der Algorithmus (2.4.16) ausführlich formuliert folgendermaßen:

```
comment Cholesky–Elimination mit verkettetem reihenweisem Aufbau der Drei-
        ecksmatrizen bei in place–Rechnung;
for p := 1 step 1 until n do
begin
        s := a[p,p];
        for j := 1 step 1 until p−1 do s := s − a[p,j] × a[j,p];
        a[p,p] := √s;
        pivot := 1/a[p,p];
        for i := p+1 step 1 until n do
        begin
                sr := a[p,i];  sl := a[i,p];
                for j := 1 step 1 until p−1 do
                begin
                        sr := sr − a[p,j] × a[j,i];
                        sl := sl − a[i,j] × a[j,p];
                end;
                a[p,i] := sr × pivot;
                a[i,p] := sl × pivot;
        end i–Schleife;
end p–Schleife;
```

Wie der Algorithmus deutlich zeigt, besteht die Hauptaufgabe in der Berechnung der "Produktketten", d.h. der Skalarprodukte

```
for j := 1 step 1 until ... do var := var − a[...,j] × a[j,...]; ,
```

daher auch die Bezeichnung "verkettet" [32]. Diese Art der Rechnung wurde ursprünglich für das Arbeiten mit nichtprogrammierbaren Tischrechenmaschinen entwickelt, da hierbei ein großer Teil der bei den im nächsten Abschnitt zu diskutierenden unverketteten Eliminationsalgorithmen nötigen Arbeit an Niederschrift von Zwischenergebnissen entfällt. Beim Arbeiten mit einem Digitalrechner ist diese Eigenschaft der verketteten Algorithmen nicht von Bedeutung, wohl aber die Tatsache, daß sich die Skalarprodukte doppelt genau berechnen lassen und dadurch ein Genauigkeitsgewinn erzielt wird, der bei sehr schlecht konditionierten Gleichungssystemen durchaus merklich sein kann, vgl. Abschnitt 2.1. Für reelle Gleichungssysteme ist die doppelt genaue Skalarproduktberechnung daher unbedingt zu empfehlen, für komplexe Gleichungssysteme wird sie aber meist so schwerfällig, daß man aus Gründen der Programmeffizienz darauf verzichten sollte, außer die verwendete Programmiersprache verfügt über einen Datentyp in der Art eines DOUBLE PRECISION COMPLEX. Eine ALGOL 60–Prozedur für den Crout–Algorithmus, bei der die doppelt genaue komplexe Rechnung durch ein Maschinencode–Unterprogramm realisiert wird, findet der Leser in [30, S. 93] oder in [41].

### 2.4.4 Unverkettete LR–Zerlegung

Die im vorigen Abschnitt beschriebenen verketteten Verfahren zur LR–Zerlegung einer komplexen Matrix mit regulären Hauptabschnittsmatrizen besitzen alle die charakteristische Eigenschaft, daß im p–ten Eliminationsschritt bei blockweiser Rechnung nach Gln. (2.4.11), (2.4.12), (2.4.13) bzw. im (n–p)–ten Eliminationsschritt bei reihenweiser Rechnung entsprechend Gl. (2.4.16) genau $2p - 1$ Elemente der Koeffizientenmatrix in Elemente der beiden Dreiecksmatrizen umgerechnet werden, die bei in place–Programmierung wieder in das gleiche Feld zurückgespeichert werden, wozu insgesamt

$$1 + 3 + ... + 2n - 1 = n^2$$

Speicheroperationen anfallen. Nun läßt sich die Rechnung aber auch so führen, daß im ersten Schritt sämtliche $n^2$ Elemente von **A** umgerechnet und rückgespeichert werden, im zweiten Schritt $(n - 1)^2$ Elemente der neuen Matrix usw., bis schließlich nach n Schritten die LR–Zerlegung vollständig durchgeführt ist. Da hierbei keine Skalarprodukte berechnet werden müssen, spricht man von der *unverketteten* oder "gewöhnlichen" Elimination. Die Rechnung erfordert dabei die gleiche Zahl an arithmetischen Operationen wie die verkettete Zerlegung; es treten jetzt aber insgesamt

$$n^2 + (n - 1)^2 + ... + 2^2 + 1^2 = n^3/3 + n^2/2 + n/6$$

Speicheroperationen auf. Da beim manuellen Rechnen das Speichern dem Niederschreiben einer Zahl entspricht, ist bezüglich der Schreibarbeit der Vorteil der verketteten Algorithmen mit nur $n^2$ Speicheroperationen offensichtlich. Vom numerischen Standpunkt aus haben die unverketteten Algorithmen aber den Vorteil, daß bei ihnen die für größere Gleichungssysteme unerläßliche *Pivotsuche* viel einfacher durchzuführen ist, wie im nächsten Abschnitt noch ausführlich dargestellt wird.

Zur Beschreibung der unverketteten Elimination gehen wir aus von der Koeffizientenmatrix

$$A^{(1)} = \begin{bmatrix} a_{11}^{(1)} & a_{12}^{(1)} & a_{13}^{(1)} & \cdots & a_{1n}^{(1)} \\ a_{21}^{(1)} & a_{22}^{(1)} & a_{23}^{(1)} & \cdots & a_{2n}^{(1)} \\ \vdots & \vdots & \vdots & \vdots & \vdots \\ a_{n1}^{(1)} & a_{n2}^{(1)} & a_{n3}^{(1)} & \cdots & a_{nn}^{(1)} \end{bmatrix} \equiv A \; ,$$

wobei aus Gründen der Einheitlichkeit die Schreibweise $a_{ik}^{(1)} \equiv a_{ik}$ für die Elemente von $A$ eingeführt wurde. Subtrahiert man jetzt die mit dem Multiplikator $m_{21} = a_{21}^{(1)}/a_{11}^{(1)}$ multiplizierte ersten Zeile von der zweiten Zeile, dann die mit dem Multiplikator $m_{31} = a_{31}^{(1)}/a_{11}^{(1)}$ multiplizierte erste Zeile von der dritten Zeile usw., so ergibt sich die Matrix

$$A^{(2)} = \begin{bmatrix} a_{11}^{(1)} & a_{12}^{(1)} & a_{13}^{(1)} & \cdots & a_{1n}^{(1)} \\ & a_{22}^{(2)} & a_{23}^{(2)} & \cdots & a_{2n}^{(2)} \\ & a_{32}^{(2)} & a_{33}^{(2)} & \cdots & a_{3n}^{(2)} \\ & \vdots & \vdots & \vdots & \vdots \\ & a_{n2}^{(2)} & a_{n3}^{(2)} & \cdots & a_{nn}^{(2)} \end{bmatrix}$$

mit $m_{i1} = a_{i1}^{(1)}/a_{11}^{(1)}$, $\; a_{ik}^{(2)} = a_{ik}^{(1)} - m_{i1} a_{1k}^{(1)}$, $\; i, k = 2, \dots , n$.

Multipliziert man jetzt die neue zweite Zeile der Reihe nach mit den Multiplikatoren $m_{i2}^{(2)} = a_{i2}^{(2)}/a_{22}^{(2)}$, $i = 3, \dots , n$ und subtrahiert sie dann von der jeweils $i$-ten Zeile, so erhält man die Matrix $A^{(3)}$ mit neuen Elementen in der dritten, vierten usw. Zeile. Unter der Voraussetzung, daß alle im Verlauf der Rechnung auftretenden Pivotelemente $a_{pp}^{(p)}$ von Null verschieden sind, können wir die Rechnung fortsetzen und erhalten schließlich nach $n$ Schritten die obere Dreiecksmatrix

$$A^{(n)} = \begin{bmatrix} a_{11}^{(1)} & a_{12}^{(1)} & a_{13}^{(1)} & \cdots & a_{1n}^{(1)} \\ & a_{22}^{(2)} & a_{23}^{(2)} & \cdots & a_{2n}^{(2)} \\ & & a_{33}^{(3)} & \cdots & a_{3n}^{(3)} \\ & \mathbf{0} & & & \vdots \\ & & & & a_{nn}^{(n)} \end{bmatrix}$$

und die aus den Multiplikatoren $m_{ik}$ gebildete untere Dreiecksmatrix

$$
M = \begin{bmatrix}
1 & & & & \\
m_{21} & 1 & & \mathbf{0} & \\
m_{31} & m_{32} & 1 & & \\
\vdots & & & \ddots & \\
m_{n1} & m_{n2} & m_{n3} & \cdots & 1
\end{bmatrix} \, ,
$$

wobei die Hauptdiagonale von $\mathbf{M}$ noch durch die Multiplikatoren $m_{ii} = a_{ii}^{(i)}/a_{ii}^{(i)} = 1$ ergänzt ist. Die geschilderte Rechenvorschrift ist nun gerade der "klassische" *Gaußsche*
*Algorithmus*, wenn man noch die rechte Seite $\mathbf{b}$ des linearen Gleichungssystems zur
$(n + 1)$–ten Spalte der Matrix $\mathbf{A}^{(1)}$ erklärt: $\mathbf{A}^{(1)} := [\mathbf{A} \mid \mathbf{b}]$, und sie mit umrechnet.

Um den Zusammenhang mit den verketteten Eliminationsalgorithmen herzustellen,
wollen wir als erstes zeigen, daß die mit dem Gaußschen Algorithmus gebildeten Matri-
zen $\mathbf{M}$ und $\mathbf{A}^{(n)}$ algebraisch identisch sind mit den Matrizen $\mathbf{L}$ und $\mathbf{R}$ des verketteten Banachiewicz–Algorithmus. Betrachten wir dazu dessen Bildungsgesetz bei reihen-
weiser Rechnung:

$$
r_{pk} = a_{pk} - \sum_{j=1}^{p-1} l_{pj} r_{jk} \, , \quad k = p, \dots, n
$$

$$
l_{pp} = 1 \tag{2.4.17}
$$

$$
l_{ip} = \left( a_{ip} - \sum_{j=1}^{p-1} l_{ij} r_{jp} \right)/r_{pp} \, , \quad i = p+1, \dots, n
$$
$$
p = 1, 2, \dots, n \, , \tag{2.4.18}
$$

so sehen wir sofort, daß die Behauptung richtig ist für die erste Spalte von $\mathbf{L}$ und $\mathbf{M}$ und
die erste Zeile von $\mathbf{R}$ und $\mathbf{A}^{(n)}$:

$$
r_{1k} = a_{1k} = a_{1k}^{(1)} \, , \qquad k = 1, \dots, n
$$

$$
l_{11} = 1 = m_{11} \, ; \quad l_{i1} = a_{i1}/r_{11} = a_{i1}^{(1)}/a_{11}^{(1)} = m_{i1} \, , \qquad i = 2, \dots, n \, .
$$

Betrachten wir jetzt das Element $a_{pk}^{(p)}, k \geqslant p$ der Matrix $\mathbf{A}^{(n)}$ bzw. das Element $m_{ip}$,
$i \geqslant p$ der Matrix $\mathbf{M}$, wobei $p \geqslant 2$ sein soll, so gilt dafür:

$$a_{pk}^{(p)} = a_{pk}^{(p-1)} - m_{p,p-1}\, a_{p-1,k}^{(p-1)} =$$

$$= a_{pk}^{(p-2)} - m_{p,p-2}\, a_{p-2,k}^{(p-2)} - m_{p,p-1}\, a_{p-1,k}^{(p-1)} = \qquad (2.4.19\,\text{a})$$

$$\vdots$$

$$= a_{pk}^{(1)} - \sum_{j=1}^{p-1} m_{pj}\, a_{jk}^{(j)}$$

bzw.

$$m_{pp} = a_{pp}^{(p)}/a_{pp}^{(p)} = 1 \; ,$$

$$m_{ip} = a_{ip}^{(p)}/a_{pp}^{(p)} = \left( a_{ip}^{(p-1)} - m_{i,p-1}\, a_{p-1,p}^{(p-1)} \right)/a_{pp}^{(p)} =$$

$$= \left( a_{ip}^{(p-2)} - m_{i,p-2}\, a_{p-2,p}^{(p-2)} - m_{i,p-1}\, a_{p-1,p}^{(p-1)} \right)/a_{pp}^{(p)} =$$

$$\vdots \qquad\qquad\qquad (2.4.19\,\text{b})$$

$$= \left( a_{ip}^{(1)} - \sum_{j=1}^{p-1} m_{ij}\, a_{jp}^{(j)} \right)/a_{pp}^{(p)} \; .$$

Das ist aber das gleiche allgemeine Bildungsgesetz wie in Gl. (2.4.17), und unter Beachtung von Gl. (2.4.18) folgt daraus, daß $a_{pk}^{(p)} = r_{pk}$ und $m_{ip} = l_{ip}$ ist, daß also tatsächlich

$$\mathbf{M}_{\text{Gauß}} = \mathbf{L}_{\text{Banachiewicz}} \; , \qquad \mathbf{A}_{\text{Gauß}}^{(n)} = \mathbf{R}_{\text{Banachiewicz}}$$

ist. Man muß jedoch beachten, daß die Gleichheit nur im algebraischen Sinne streng gilt; sie gilt numerisch nur dann, wenn die Skalarprodukte in Gl. (2.4.17) einfach genau und nicht etwa mit doppelt genau akkumulierender Gleitkommarechnung bestimmt werden.

Der beschriebene, zum Banachiewicz–Algorithmus äquivalente Gaußsche Algorithmus ist das populärste Eliminationsverfahren. In ähnlicher Weise wie dort lassen sich aber auch der Crout– bzw. der Cholesky–Algorithmus unverkettet formulieren. Der Rechenablauf ist prinzipiell der gleiche mit dem Unterschied, daß in jedem Eliminationsschritt die jeweilige Pivotzeile erst durch das Pivotelement $a_{pp}^{(p)}$ bzw. $\sqrt{a_{pp}^{(p)}}$ dividiert wird und dann erst die folgenden Zeilen umgeformt werden und der Multiplikator $m_{pp}$ nicht den Wert 1, sondern den Wert des jeweiligen Pivotelements erhält. Die gesamte Rechnung läßt sich auch in place durchführen; für die Gauß–Cholesky–Elimination sei der Algorithmus hier angegeben:

```
comment Gauß–Cholesky–Elimination mit unverkettetem Aufbau der Dreiecks-
        matrizen bei in place–Rechnung;
for p := 1 step 1 until n do
begin
        a[p,p] := √a[p,p]; pivot := 1/a[p,p];
        for k := p+1 step 1 until n do a[p,k] := a[p,k] × pivot;
        for i := p+1 step 1 until n do
        begin
                multiplikator := a[i,p] × pivot; a[i,p] := multiplikator;
                for k := p+1 step 1 until n do
                        a[i,k] := a[i,k] – multiplikator × a[p,k];
        end i–Schleife;
end p–Schleife;
```

Zählt man wiederum die Rechenoperationen, so erhält man mit den Werten aus Gl. (2.1.8) und der Annahme von 20 Maschinenoperationen für eine komplexe Wurzelberechnung den Wert von

$$\frac{8}{3}\, n^3 + 2n^2 + \frac{79}{3}\, n \qquad\qquad\qquad (2.4.20)$$

Maschinenoperationen, also etwas weniger als beim verketteten Cholesky–Algorithmus, vgl. Gl. (2.4.14b).

Die Bestimmung der Determinante von $\mathbf{A}$ geschieht in gleicher Weise wie bei den verketteten Algorithmen, s. Gl. (2.4.15).


### 2.4.5 Vergleich der Eliminationsprinzipien

Nachdem in den vorhergehenden Abschnitten mehr die Einzelheiten der verschiedenen Eliminationsverfahren betrachtet wurden, wollen wir jetzt eine etwas allgemeinere Darstellung der drei Prinzipien

> blockweise verkettete Elimination, Gln. (2.4.11), (2.4.12), (2.4.13)
> reihenweise verkettete Elimination, Gln. (2.4.16), (2.4.17)
> unverkettete Elimination, Gln. (2.4.18), (2.4.19)

kurz diskutieren, welche die Gemeinsamkeiten bzw. Unterschiede besser zeigt. Nehmen wir dazu an, es seien bereits $p$ Eliminationsschritte durchgeführt. Das Ergebnis läßt sich dann durch drei Matrizen $\mathbf{L}^{(p)}$, $\mathbf{R}^{(p)}$ und $\mathbf{G}^{(p)}$ charakterisieren, von denen die Matrix $\mathbf{L}^{(p)}$ sämtliche schon berechneten Elemente der unteren Dreiecksmatrix $\mathbf{L}$, die Matrix $\mathbf{R}^{(p)}$ sämtliche schon berechneten Elemente der oberen Dreiecksmatrix $\mathbf{R}$ und die Matrix $\mathbf{G}^{(p)}$ alle weiteren noch zur Verfügung stehenden Elemente enthält. Teilt man weiterhin die Koeffizientenmatrix $\mathbf{A}$ in der angegebenen Weise auf:

$$A = \left[\begin{array}{c|c} A_{[p]} & A_{12} \\ \hline A_{21} & A_{22} \end{array}\right],$$

so ergibt sich folgendes Bild:

*Blockweise verkettete Elimination:*

$$L^{(p)} = \left[\begin{array}{c|c} L_{[p]} & 0 \\ \hline 0 & 0 \end{array}\right], \quad R^{(p)} = \left[\begin{array}{c|c} R_{[p]} & 0 \\ \hline 0 & 0 \end{array}\right], \quad G^{(p)} = \left[\begin{array}{c|c} 0 & A_{12} \\ \hline A_{21} & A_{22} \end{array}\right],$$

$$(2.4.21)$$

*Reihenweise verkettete Elimination:*

$$L^{(p)} = \left[\begin{array}{c|c} L_{[p]} & 0 \\ \hline U^{(p)} & 0 \end{array}\right], \quad R^{(p)} = \left[\begin{array}{c|c} R_{[p]} & V^{(p)} \\ \hline 0 & 0 \end{array}\right], \quad G^{(p)} = \left[\begin{array}{c|c} 0 & 0 \\ \hline 0 & A_{22} \end{array}\right],$$

$$(2.4.22)$$

*Unverkettete Elimination:*

$$L^{(p)} = \left[\begin{array}{c|c} L_{[p]} & 0 \\ \hline U^{(p)} & 0 \end{array}\right], \quad R^{(p)} = \left[\begin{array}{c|c} R_{[p]} & V^{(p)} \\ \hline 0 & 0 \end{array}\right], \quad G^{(p)} = \left[\begin{array}{c|c} 0 & 0 \\ \hline 0 & W^{(p)} \end{array}\right].$$

$$(2.4.23)$$

Dabei bedeuten $L_{[p]}$ bzw. $R_{[p]}$ die p–reihigen schon fertigen Hauptabschnitte von $L$ bzw. $R$, und die Teilmatrizen $U^{(p)}$ bzw. $V^{(p)}$ enthalten die übrigen schon fertigen Elemente der Dreieckszerlegung. Bei der in place–Rechnung muß man sich $L^{(p)}$, $R^{(p)}$ und $G^{(p)}$ sozusagen "ineinandergeschachtelt" vorstellen, s. Bild 2.4.1. Die im vorigen Abschnitt bei der Herleitung des Gaußschen Algorithmus eingeführte Matrix $A^{(p)}$ stellt sich in Gl. (2.4.23) dann als Summe von $R^{(p)}$ und $G^{(p)}$ dar. Die einzelnen Teilmatrizen von $L^{(p)}$, $R^{(p)}$ und $G^{(p)}$ sind nun nicht unabhängig, durch Vergleich mit den entsprechenden Eliminationsalgorithmen verifiziert man leicht die folgenden Beziehungen:

$$L_{[p]} R_{[p]} = A_{[p]}, \quad U^{(p)} = A_{21} R_{[p]}^{-1}, \quad V^{(p)} = L_{[p]}^{-1} A_{12},$$

$$W^{(p)} = A_{22} - U^{(p)} V^{(p)} = A_{22} - A_{21} (L_{[p]} R_{[p]})^{-1} A_{12} = \qquad\qquad (2.4.24)$$

$$= A_{22} - A_{21} A_{[p]}^{-1} A_{12}.$$

Die Beziehungen zeigen die algebraische Äquivalenz der verschiedenen Eliminationsprinzipien, denn mit Hilfe von $L_{[p]}$ und $R_{[p]}$ lassen sich $U^{(p)}$, $V^{(p)}$ und $W^{(p)}$ eindeutig aus $A_{12}, A_{21}$ und $A_{22}$ berechnen und umgekehrt. Ihr wesentlicher Unterschied besteht aber darin, daß die blockweise verkettete Elimination nur eine Dreieckszerlegung der Hauptabschnitte $A_{[p]}$ liefert, die in Banachiewicz–, Crout– oder Cholesky–Form durchgeführt werden kann, während die reihenweise verketteten Verfahren unter Zerstörung von $A_{12}$ und $A_{21}$ zusätzlich die Matrizen $U^{(p)}$ und $V^{(p)}$ und die unverketteten Verfahren darüber hinaus noch unter Zerstörung von $A_{22}$ die Matrizen $W^{(p)}$ liefern. Für die numerische Rechnung sind diese Unterschiede nun von entscheidender Bedeutung, denn wie wir im nächsten Abschnitt sehen werden, hat das Vorhandensein oder Nichtvorhandensein einer dieser Matrizen schwerwiegende Konsequenzen für die Pivotsuche, die aus Gründen der numerischen Stabilität immer durchgeführt werden muß. Man kann bei Koeffizientenmatrizen mit ganz spezieller Struktur, etwa bei positiv definiten Matrizen, zwar auf eine Pivotsuche verzichten; solche speziellen Strukturen liegen bei den in der Netzwerktheorie auftretenden Matrizen aber nicht vor, wenn es sich nicht gerade um ausschließlich aus ohmschen Widerständen aufgebaute Netze handelt [43].


### 2.4.6 Pivotsuche

Die bisher betrachteten Eliminationsverfahren setzen nach Satz 2.4/2 voraus, daß alle Hauptabschnittsmatrizen $A_{[p]}$, $p = 1, 2, \dots, n-1$ der Koeffizientenmatrix $A$ regulär sind. Diese Voraussetzung ist gleichbedeutend mit der Forderung, daß sämtliche im Verlauf der Rechnung auftretenden Diagonalelemente $a_{pp} = a_{pp}^{(p)} = l_{pp}\, r_{pp}$ von Null verschieden sind, wie man einerseits unmittelbar aus der Konstruktion der Algorithmen und andererseits aus der Beziehung

$$a_{11} = a_{11} = \det(A_{[1]}), \quad a_{pp} = \det(A_{[p]})/\det(A_{[p-1]}) \tag{2.4.25}$$

ablesen kann, die z.B. in [34] oder [44 Bd. I] bewiesen ist und aus der sich auch die bereits in Gl. (2.4.15) angegebene Determinantenbeziehung

$$\det(A) = \det(A_{[n]}) = a_{nn}\det(A_{[n-1]}) = \dots = \prod_{p=1}^{n} a_{pp}$$

ergibt. Für eine beliebige reguläre Matrix kann man aber nicht erwarten, daß auch alle Hauptabschnitte regulär sind. Das zeigt etwa das Beispiel

$$A = \begin{bmatrix} 0 & 0 & \dots & 0 & 1 \\ 0 & 0 & \dots & 1 & 0 \\ \vdots & \vdots & & \vdots & \vdots \\ 0 & 1 & \dots & 0 & 0 \\ 1 & 0 & \dots & 0 & 0 \end{bmatrix},$$

für das $A_{[1]}, A_{[2]}, \dots, A_{[n-1]}$ singulär und nur $A_{[n]} = A$ regulär ist; eine Elimination mit einem der bisher vorgestellten Verfahren wäre hierfür also nicht möglich.

Wir wollen jetzt zeigen, daß man in solchen Fällen durch geeignete Zeilen- bzw. Spaltenvertauschungen von $A$ dennoch zum Ziel gelangen kann; zusammen mit Satz 2.4/2 liefert dies dann auch den Beweis des allgemeinen Satzes 2.4/1. Dazu formulieren wir zuerst den folgenden Hilfssatz:

*Satz 2.4/3:*

Ist $A$ eine reguläre Matrix, so existieren immer Permutationsmatrizen $P_1, Q_2, P_3, Q_3$ so, daß das Element $b_{11}$ von $B = P_1 A$ bzw. das Element $c_{11}$ von $C = AQ_2$ bzw. das Element $d_{11}$ von $D = P_3 A Q_3$ von Null verschieden ist. Dabei kann als Permutationsmatrix auch die Einheitsmatrix auftreten.

Der Beweis ist offenkundig, denn gälten diese Behauptungen nicht, so wäre die erste Spalte von $A$ eine Nullspalte bzw. die erste Zeile von $A$ eine Nullzeile und damit $A$ singulär.

Nehmen wir jetzt an, $A$ sei von der Ordnung $n$ und regulär und für ihre Hauptabschnittsmatrizen gelte $A_{[1]}, \dots, A_{[p]}$ regulär, $A_{[p+1]}$ singulär, und betrachten wir z.B. den unverketteten Gauß–Banachiewicz–Algorithmus Gl. (2.4.19), so lassen sich die ersten $p$ Eliminationsschritte wie üblich durchführen, aber nicht mehr der $(p+1)$–te, da wegen Gl. (2.4.25) jetzt $a^{(p+1)}_{p+1,\,p+1} = 0$ ist. Mit den Bezeichnungen aus Gl. (2.4.23) haben wir also den folgenden Zustand:

$$A = L^{(p)} A^{(p)} = \begin{bmatrix} L_{[p]} & \vdots & 0 \\ \hline U^{(p)} & \vdots & E \end{bmatrix} \begin{bmatrix} R_{[p]} & \vdots & V^{(p)} \\ \hline 0 & \vdots & W^{(p)} \end{bmatrix}. \tag{2.4.26}$$

Wegen der daraus folgenden Determinantenbeziehung

$$\det(A) = \det(L_{[p]}) \det(E) \det(R_{[p]}) \det(W^{(p)}) \neq 0$$

ist aber $W^{(p)}$ regulär, daher existieren nach Satz 2.4/3 $(n-p)$–reihige Permutationsmatrizen $S^{(p)}$ und $T^{(p)}$ so, daß $[S^{(p)} W^{(p)} T^{(p)}]_{11} \neq 0$ ist. Konstruiert man damit die $n$–reihigen Permutationsmatrizen

$$P^{(p)} = \begin{bmatrix} E & \vdots & 0 \\ \hline 0 & \vdots & S^{(p)} \end{bmatrix}. \qquad Q^{(p)} = \begin{bmatrix} E & \vdots & 0 \\ \hline 0 & \vdots & T^{(p)} \end{bmatrix}$$

und führt unter Beachtung von Gl. (2.4.2) die Transformation

$$P^{(p)} A Q^{(p)} = P^{(p)} L^{(p)} P^{(p)'} \cdot P^{(p)} A^{(p)} Q^{(p)} \equiv \overline{L}^{(p)} \overline{A}^{(p)}$$

durch, so ergibt sich

$$\bar{L}^{(p)} = \left[\begin{array}{c|c} L_{[p]} & 0 \\ \hline S^{(p)}U^{(p)} & E \end{array}\right], \qquad \bar{A}^{(p)} = \left[\begin{array}{c|c} R_{[p]} & V^{(p)}T^{(p)} \\ \hline 0 & S^{(p)}W^{(p)}T^{(p)} \end{array}\right], \qquad (2.4.27)$$

also ist $\bar{a}^{(p+1)}_{p+1,\,p+1} = [S^{(p)}W^{(p)}T^{(p)}]_{11} \neq 0$, und man kann die Elimination jetzt für die transformierte Matrix $P^{(p)}AQ^{(p)}$ fortsetzen. Falls erforderlich, läßt sich eine solche Transformation offensichtlich in jedem Eliminationsschritt durchführen, und man erhält dann für den allgemeinen Fall

$$P^{(n)}\cdot\,\ldots\,\cdot P^{(1)}\,AQ^{(1)}\cdot\,\ldots\,\cdot Q^{(n)} = LR\,, \qquad (2.4.28)$$

wobei einige oder sogar alle der $P^{(p)}, Q^{(p)}$ auch gleich der Einheitsmatrix sein können. Nun ist ein Produkt von Permutationsmatrizen aber wiederum eine Permutationsmatrix; setzt man

$$P^{(n)}\cdot\,\ldots\,\cdot P^{(1)} = P\,, \qquad Q^{(1)}\cdot\,\ldots\,\cdot Q^{(n)} = Q\,, \qquad (2.4.29)$$

so erhält man die Zerlegung $PAQ = LR$ oder $A = P'LRQ'$, womit unter Beachtung der im vorigen Abschnitt gezeigten Äquivalenz aller Eliminationsverfahren auch der allgemeine Satz 4.2/1 bewiesen ist.

Offensichtlich sind die Permutationsmatrizen $P$ und $Q$ nicht eindeutig festgelegt, denn im z.B. p—ten Eliminationsschritt kann man die p—te Zeile bzw. Spalte unter Umständen mit sämtlichen noch nicht zur Elimination benutzten Zeilen bzw. Spalten vertauschen; unter Einschluß des Nichtvertauschens, d.h. $P^{(p)} = E$ bzw. $Q^{(p)} = E$ hat man also $n-p+1$ verschiedene Permutationsmöglichkeiten jeweils für Zeilen bzw. Spalten. Bei einer n—reihigen Koeffizientenmatrix $A$ existieren also im Höchstfall n! Zeilenpermutationsmatrizen $P$ und n! Spaltenpermutationsmatrizen $Q$. Es läßt sich nun zeigen [42], daß die im allgemeinen *numerisch günstigste* Vertauschungsstrategie darin besteht, in *jedem* Eliminationsschritt das *betragsgrößte* noch verfügbare Element in die jeweilige Pivotposition, d.h. in die Diagonalposition, zu bringen, also auch dann gegebenenfalls eine Vertauschung vorzunehmen, wenn das ursprüngliche Diagonalelement von Null verschieden ist. Sind mehrere Elemente mit gleichem Maximalbetrag vorhanden, so kann man z.B. das zuerst gefundene verwenden. Dieses Vorgehen wird als *vollständige Pivotsuche* bezeichnet. Bei der unverketteten Elimination ist eine vollständige Pivotsuche sehr einfach durchzuführen, da sämtliche noch verfügbaren Elemente in Form der jeweiligen Teilmatrix $W^{(p)}$ in Gl. (2.4.23) bzw. Gl. (2.4.26) schon in Bereitschaft stehen und daher diese Teilmatrix nur noch abgesucht werden muß. Trotz dieser scheinbaren Einfachheit ist der Rechenaufwand dafür bei komplexen Matrizen aber doch recht erheblich; bei einer n—reihigen Matrix erfordert die gesamte Suche $n^3/3 + n^2/2 + n/6$ Betragsbildungen und genau so viele Vergleiche, nach Gl. (2.1.8) also rund $4n^3$ Maschinenoperationen oder etwa das 1.5—fache des Aufwandes für die eigentliche Elimination, s. Gl. (2.4.14). Dieser Aufwand läßt sich bei geeigneter Programmierung der komplexen Betragsbildung allerdings erheblich reduzieren, wie im nächsten Abschnitt noch gezeigt wird.

Ganz anders sieht es jedoch bei den verketteten Eliminationsverfahren aus, denn zur Durchführung einer vollständigen Pivotsuche müßte hier die Matrix $W^{(p)}$ erst zusätzlich berechnet werden. Bei blockweise verketteter Elimination entsprechend Gl. (2.4.24) müßte dies mittels der Beziehung $W^{(p)} = A_{22} - A_{21} A_{[p]}^{-1} A_{12}$ für alle Werte von $p$ erfolgen, wozu bei einer $n$–reihigen Matrix $A$ rund $3n^4$ Maschinenoperationen erforderlich wären, und bei reihenweise verketteter Elimination gemäß $W^{(p)} = A_{22} - U^{(p)}V^{(p)}$, wozu insgesamt immer noch mehr als $2n^4/3$ Maschinenoperationen benötigt würden. Wir sehen daraus, daß die weitverbreitete Ansicht, die verketteten Eliminationsverfahren erlaubten keine vollständige Pivotsuche, streng genommen unrichtig ist (was wegen der algebraischen Äquivalenz aller Eliminationsverfahren auch verwunderlich wäre); richtig ist allerdings, daß eine solche Pivotsuche wegen des unvertretbar großen Rechenaufwandes dort nicht praktikabel ist. Nun zeigt aber Satz 2.4/3, daß immer auch eine reine Zeilenvertauschung $PA$, d.h. $Q = E$, oder eine reine Spaltenvertauschung $AQ$, d.h $P = E$, ausreicht, um die Dreieckszerlegung einer regulären Matrix durchführen zu können. Eine solche *partielle Pivotsuche* verlangt, daß man in jedem Schritt entweder die erste Spalte oder die erste Zeile der jeweiligen Teilmatrix $W^{(p)}$ nach dem betragsgrößten Element absucht und dann die entsprechenden Zeilen– bzw. Spaltenvertauschungen vornimmt. Das erstgenannte Vorgehen wird als *Spaltenpivotsuche*, das letztgenannte als *Zeilenpivotsuche* bezeichnet. Bei den unverketteten Algorithmen nach Gl. (2.4.23) und Gl. (2.4.26) ist die praktische Durchführung einer partiellen Pivotsuche unmittelbar möglich, während bei den verketteten Verfahren die abzusuchende Spalte bzw. Zeile wiederum erst noch berechnet werden muß. Man überlegt sich aber leicht, daß bei der reihenweisen Verkettung diese Berechnung keinen zusätzlichen Aufwand bedeutet, denn die berechnete Spalte bzw. Zeile kann in die Matrix $U^{(p+1)}$ bzw. $V^{(p+1)}$ übernommen werden. Zur Erläuterung wollen wir die Spaltenpivotsuche bei der reihenweise verketteten Cholesky–Zerlegung einmal näher betrachten. Legen wir der Einfachheit halber eine Koeffizientenmatrix der Ordnung $n = 5$ zugrunde, so ergibt sich bei in place–Rechnung nach z.B. zwei Eliminationsschritten die folgende Speicherplatzbelegung:

$$L^{(2)} + R^{(2)} + G^{(2)} \triangleq \left[\begin{array}{cc|ccc} r_{11} = l_{11} & r_{12} & r_{13} & r_{14} & r_{15} \\ l_{21} & r_{22} = l_{22} & r_{23} & r_{24} & r_{25} \\ \hline l_{31} & l_{32} & a_{33} & a_{34} & a_{35} \\ l_{41} & l_{42} & a_{43} & a_{44} & a_{45} \\ l_{51} & l_{52} & a_{53} & a_{54} & a_{55} \end{array}\right] .$$

Im dritten Eliminationsschritt berechnen wir jetzt die Spaltenelemente

$$u_{i3} = a_{i3} - \sum_{j=1}^{2} l_{ij} r_{j3} , \qquad i = 3, 4, 5$$

und suchen davon das betragsgrößte aus. Nehmen wir an, es sei $u_{53}$, so vertauschen wir die dritte mit der fünften Zeile, erklären damit $\sqrt{u_{53}}$ zum Pivotelement und berechnen jetzt entsprechend Gl. (2.4.16) die Elemente

$$r_{33} = l_{33} = \sqrt{u_{53}} \, ,$$

$$r_{34} = \left( a_{54} - \sum_{j=1}^{2} l_{5j} r_{j4} \right) / r_{33} \, , \qquad\qquad r_{35} = \left( a_{55} - \sum_{j=1}^{2} l_{5j} r_{j5} \right) / r_{33} \, ,$$

$$l_{43} = \left( a_{43} - \sum_{j=1}^{2} l_{4j} r_{j3} \right) / r_{33} = u_{43}/r_{33}, \quad l_{53} = \left( a_{33} - \sum_{j=1}^{2} l_{3j} r_{j3} \right) / r_{33} = u_{33}/r_{33},$$

mit denen wir die Elemente $a_{33}, a_{34}, a_{35}$ bzw. $a_{43}, a_{53}$ überschreiben; wir erhalten also jetzt die Speicherplatzbelegung

$$L^{(3)} + R^{(3)} + G^{(3)} \triangleq \left.\begin{array}{ccc|cc} r_{11} = l_{11} & r_{12} & r_{13} & r_{14} & r_{15} \\ l_{21} & r_{22} = l_{22} & r_{23} & r_{24} & r_{25} \\ l_{51} & l_{52} & r_{33} = l_{33} & r_{34} & r_{35} \\ \hline l_{41} & l_{42} & l_{43} & a_{44} & a_{45} \\ l_{31} & l_{32} & l_{53} & a_{34} & a_{35} \end{array}\right.$$

sowie die Zeilenpermutationsmatrix

$$P^{(3)} = \begin{bmatrix} 1 & 0 & 0 & 0 & 0 \\ 0 & 1 & 0 & 0 & 0 \\ 0 & 0 & 0 & 0 & 1 \\ 0 & 0 & 0 & 1 & 0 \\ 0 & 0 & 1 & 0 & 0 \end{bmatrix} \, ,$$

welche die Vertauschung der dritten mit der fünften Zeile beschreibt. Aus diesem Beispiel ist wohl ohne weiteres das allgemeine Prinzip zu erkennen.

Das Vorgehen bei Spaltenpivotsuche läßt sich ohne Schwierigkeiten auch auf die Zeilenpivotsuche übertragen; es werden hier zuerst die Zeilenelemente $v_{33}, v_{34}, v_{35}$ berechnet, dann die Spalten so vertauscht, daß das betragsgrößte dieser Elemente in die Diagonalposition $a_{33}$ kommt, und anschließend die neue Zeile von $R$ und die neue Spalte von $L$ berechnet.

Neben der beschriebenen Cholesky–Elimination sind natürlich auch die Banachie-wicz– bzw. die Crout–Elimination mit partieller Pivotsuche möglich. Die Rechnung verläuft dabei ganz analog, nur wird jetzt $u_{53}$ selbst zum Pivotelement erklärt und die Divisionen bei der Berechnung der $r_{pk}$ bzw. der $l_{ip}$ entfallen, vgl. Abschnitt 2.4.3. Zur Illustration sei nochmals die bereits früher untersuchte Matrix

$$A = \begin{bmatrix} 4 & -2 & 2 \\ 0 & 1 & 2 \\ 2 & -2 & 8 \end{bmatrix}$$

betrachtet. Hierfür liefert die Cholesky–Elimination mit vollständiger Pivotsuche die (exakte) Zerlegung

$$
P_1 A Q_1 =
\begin{bmatrix} 0 & 0 & 1 \\ 1 & 0 & 0 \\ 0 & 1 & 0 \end{bmatrix}
A
\begin{bmatrix} 0 & 1 & 0 \\ 0 & 0 & 1 \\ 1 & 0 & 0 \end{bmatrix} =
$$

$$
=
\begin{bmatrix} 4/\sqrt{2} & & \\ 1/\sqrt{2} & 7/\sqrt{14} & \\ 1/\sqrt{2} & -1/\sqrt{14} & 3/\sqrt{7} \end{bmatrix}
\begin{bmatrix} 4/\sqrt{2} & 1/\sqrt{2} & -1/\sqrt{2} \\ & 7/\sqrt{14} & -3/\sqrt{14} \\ & & 3/\sqrt{7} \end{bmatrix} ,
$$

die Cholesky–Elimination mit Spaltenpivotsuche die Zerlegung

$$
P_2 A =
\begin{bmatrix} 1 & 0 & 0 \\ 0 & 1 & 0 \\ 0 & 0 & 1 \end{bmatrix}
A =
$$

$$
=
\begin{bmatrix} 2 & & \\ 0 & 1 & \\ 1 & -1 & 3 \end{bmatrix}
\begin{bmatrix} 2 & -1 & 1 \\ & 1 & 2 \\ & & 3 \end{bmatrix}
$$

und die Cholesky–Elimination mit Zeilenpivotsuche schließlich die Zerlegung

$$
A Q_3 =
A
\begin{bmatrix} 1 & 0 & 0 \\ 0 & 0 & 1 \\ 0 & 1 & 0 \end{bmatrix} =
$$

$$
=
\begin{bmatrix} 2 & & \\ 0 & 2/\sqrt{2} & \\ 1 & 7/\sqrt{2} & j3/\sqrt{2} \end{bmatrix}
\begin{bmatrix} 2 & 1 & -1 \\ & 2/\sqrt{2} & 1/\sqrt{2} \\ & & j3/\sqrt{2} \end{bmatrix} .
$$

Wie man sieht, führt in diesem Beispiel die vollständige Pivotsuche je zwei Zeilen- und Spaltenvertauschungen durch, die Spaltenpivotsuche keine und die Zeilenpivotsuche eine Spaltenvertauschung.

Es sei noch erwähnt, daß die Vertauschungen nicht vom Eliminationsverfahren, sondern ausschließlich von der verwendeten Pivotsuche abhängen; der Leser kann am obigen Beispiel leicht selbst verifizieren, daß die Banachiewicz– oder die Crout–Zerlegung die gleichen Vertauschungen durchführen wie die entsprechende Cholesky–Zerlegung.

Ergibt sich bei Verwendung irgend einer Art von Pivotsuche im z.B. $p$–ten Eliminationsschritt ein Pivotelement zu Null, so ist die Koeffizientenmatrix $A$ singulär; bei vollständiger Pivotsuche kann man darüber hinaus noch schließen, daß $A$ den Rang $\mathrm{rang}(A) = p - 1$ besitzt. Der Rang ist hierbei allerdings im numerischen Sinne zu verstehen, denn infolge von Rundungsfehlern und insbesondere von Stellenauslöschungen kann eine mathematisch reguläre Matrix numerisch durchaus als singulär erscheinen und umgekehrt, was man z.B. leicht an dem sehr einfachen Gleichungssystem (2.3.5) sehen kann, das bei

Gleitkommarechnung mit weniger als 23 Mantissenbit bzw. 7 Dezimalziffern und korrekter Rundung für alle Eliminationsverfahren numerisch singulär wird, obwohl es mathematisch regulär ist. Der numerische Rang, den man besser als Pseudo–Rang bezeichnen sollte [45], hängt nun sowohl vom Eliminationsverfahren und der Art der Pivotsuche als auch von einer eventuellen Skalierung und schließlich auch von Wortlänge und Rundungsverhalten der Rechenmaschine ab, er ist also keine Eigenschaft der Matrix selbst. Um die Gefahr numerisch sinnloser Ergebnisse möglichst zu vermindern, sollte man eine Matrix immer dann als numerisch singulär betrachten, wenn ein Pivotelement betragsmäßig kleiner als eine gewisse Schranke $\epsilon$ wird; bei einer Binärmaschine mit einer Mantissenlänge von $t$ Bit ist die Wahl

$$\epsilon \approx 2^{-t} \, \| A \| \approx 10^{-0.3t} \, \| A \| \qquad\qquad (2.4.30a)$$

i.a. gut brauchbar, wobei $\| A \|$ irgend eine Matrixnorm ist. Bei vollständiger Pivotsuche kann man dafür

$$\epsilon \approx 10^{-0.3t} \, n \, \mathrm{Max} \, | a_{ik} | \qquad\qquad (2.4.30b)$$

verwenden, und bei partieller Pivotsuche den Ausdruck

$$\epsilon \approx 10^{-0.3t} \, n \cdot (\text{Pivotbetrag des ersten Eliminationsschritts}) \, , \qquad (2.4.30c)$$

vorausgesetzt, die Matrix ist vernünftig skaliert, s. Abschnitt 2.7.


### 2.4.7 Programmtechnische Gesichtspunkte

Die oben beschriebenen Pivotsuchverfahren zeigen noch einige Schönheitsfehler bezüglich ihrer Programmierung, da sie einmal die explizite Durchführung von Zeilen- bzw. Spaltenvertauschungen und zum anderen die explizite Berechnung der Permutationsmatrizen $P$ bzw. $Q$ nach Gl. (2.4.29) verlangen. Diese Nachteile lassen sich aber leicht umgehen, wenn man die Zeilen und Spalten in ihren ursprünglichen Positionen beläßt und, ähnlich wie in Abschnitt 1.1.8 für die Netzwerkmatrizen beschrieben, die Vertauschungen durch geeignete Adressmodifikationen ersetzt. Man benötigt dazu bei Spaltenpivotsuche eine Pivotzeilenliste $LP[1:n]$, bei Zeilenpivotsuche eine Pivotspaltenliste $LQ[1:n]$ und bei vollständiger Pivotsuche diese beiden Listen. Den Elementen dieser Listen werden dann diejenige Zeilen- bzw. Spaltennummern der Originalmatrix zugewiesen, die in den entsprechenden Eliminationsschritten jeweils das Pivotelement enthalten. Am einfachsten erzeugt man die Listen in der Weise, daß man sie anfangs der Rechnung als $LP[i] :=$ $:= LQ[i] := i, i = 1, 2, ..., n$ initialisiert und in jedem Eliminationsschritt ihre Elemente dem Ergebnis der Pivotsuche entsprechend vertauscht. Sei im z.B. $p$–ten Eliminationsschritt das "Diagonalelement" $a_{pp}$ im Kreuzungspunkt von $\mu$–ter Zeile und $\nu$–ter Spalte gelegen, so hat man die Vertauschungen $LP[p] \leftrightarrow LP[\mu], LQ[p] \leftrightarrow LQ[\nu]$ vorzunehmen. Bei dieser Vorgehensweise ergibt sich auch das notwendige Überspringen der bereits als Pivotzeilen bzw. -spalten verwendeten Zeilen und Spalten ganz automatisch, wenn man im p–ten Schritt nur die Zeilen mit den Indizes $LP[i]$, $i = p, \ldots, n$ und die Spalten mit den Indizes $LQ[k]$, $k = p, \ldots, n$ für Pivotsuche und anschließende Eliminationsrechnung verwendet. Der Algorithmus für die Elimination mit vollständiger Pivotsuche lautet damit bei in place–Rechnung:

```
begin comment LR–Zerlegung mit vollständiger Pivotsuche;
comment Initialisierung der Pivotlisten;
for i := 1 step 1 until n do LP[i] := LQ[i] := i;
comment Eigentliche Rechnung;
for p := 1 step 1 until n do
begin
        comment Vollständige Pivotsuche;
        maxelement := 0;
        for i := p step 1 until n do
        for k := p step 1 until n do
        begin
                aa := |a[LP[i], LQ[k]] |;
                if aa > maxelement then
                                        begin
                                                maxelement := aa;
                                                maxzeile := i;
                                                maxspalte := k;
                                        end;
        end;
        if maxelement ≤ ε then goto NUMERISCH SINGULÄR;
        vertausche (LP[p], LP[maxzeile]);
        vertausche (LQ[p], LQ[maxspalte]);
        pivotzeile := LP[p];
        pivotspalte := LQ[p];
        diagonalelement := a[pivotzeile, pivotspalte];
        comment Jetzt folgt ein Eliminationsschritt für die Elemente
                a[LP[i], LQ[k]], i, k := p, ..., n nach irgend einem
                Eliminationsalgorithmus;
        .
        .
        . ;
end p–Schleife;
end Zerlegungsalgorithmus;
```

Die oben beschriebene Listentechnik erlaubt es auch, die bei der Rückrechnung benötigten Elementevertauschungen sehr einfach und ohne Verwendung von Zwischenspeicher durchzuführen. Man hat dazu in den Algorithmen (2.4.5) und (2.4.6) lediglich die Indizes geeignet zu modifizieren. Mit diesen Adressmodifikationen lauten dann die Vorwärtssubstitution nach Gl. (2.4.5) bzw. die Rückwärtssubstitution nach Gl. (2.4.6) folgendermaßen:

$$z_{LQ[i]} = \left( b_{LP[i]} - \sum_{j=1}^{i-1} a^{(n)}_{LP[i],LQ[j]} z_{LQ[j]} \right) / l_{ii} \, , \qquad i = 1, ..., n \, , \qquad (2.4.31)$$

$$x_{LQ[i]} = \left( z_{LQ[i]} - \sum_{j=i+1}^{n} a^{(n)}_{LP[i],LQ[j]} x_{LQ[j]} \right) / r_{ii} \, , \qquad i = n, ..., 1 \, , \qquad (2.4.32)$$

mit

$$l_{ii} = 1 \qquad\qquad r_{ii} = a^{(n)}_{LP[i],LQ[i]} \qquad \text{bei Banachiewicz–Elimination,}$$

$$l_{ii} = a^{(n)}_{LP[i],LQ[i]} \, , \qquad r_{ii} = 1 \qquad\qquad \text{bei Crout–Elimination,}$$

$$l_{ii} = r_{ii} = a^{(n)}_{LP[i],LQ[i]} \qquad\qquad\qquad \text{bei Cholesky–Elimination} \, ,$$

wobei $a^{(n)}_{\mu,\nu}$ für die an ihren Originalplätzen belassenen Elemente der vollständig zerlegten Koeffizientenmatrix steht und die in Abschnitt 2.4.2 aus formalen Gründen eingeführten Vektoren c und y nicht mehr auftreten.

Weiterhin folgt für die Determinante von A der Ausdruck

$$\det(A) = (-1)^{ZVT+SVT} \cdot \prod_{i=1}^{n} a_{LP[i],LQ[i]} \, ; \qquad (2.4.33)$$

dabei besitzt $a_{\mu,\nu}$ die von der Art der Elimination abhängige, durch Gl. (2.4.15) definierte Bedeutung und ZVT bzw. GVT gibt die Anzahl der insgesamt durchgeführten Zeilen- bzw. Spalten"vertauschungen" an. Diese Formel ist für die numerische Rechnung jedoch nicht geeignet, da $\det(A)$ sehr leicht den zulässigen Zahlenbereich der Rechenanlage unter- oder überschreiten kann. Man berechnet stattdessen besser den Logarithmus der Determinante oder, da für eine spätere Konditionsanalyse doch nur der Betrag der Determinante benötigt wird, dessen Logarithmus:

$$\log(|\det(A)|) = \sum_{i=1}^{n} \log(|a_{LP[i],LQ[i]}|) \, , \qquad (2.4.34)$$

wodurch man sich die Auswertung komplexer Logarithmen erspart. Eine andere Art der Determinantenberechnung, die auf einer halblogarithmischen Darstellung von Gleitkommazahlen beruht, findet man in [30, S. 93] oder in [41].

Ein ernstes Problem für komplexe lineare Gleichungssysteme stellt der außerordentlich große Rechenaufwand von mehr als $11n^3/3$ Maschinenoperationen für die vollständige Pivotsuche dar, das ist das rund $1.5$–fache des Aufwands von asymptotisch $8n^3/3$ Maschinenoperationen für die eigentliche Eliminationsrechnung. Dieser Aufwand wird im wesentlichen verursacht durch die komplexen Betragsbildungen mit jeweils elf Maschinenoperationen; da die Beträge aber nur zu Vergleichszwecken benötigt werden, so würde dazu auch eine nicht allzu grobe Näherung völlig ausreichen. Eine solche Betragsnäherung läßt sich nun durch Linearisieren von Gl. (2.1.4) sehr einfach gewinnen; setzt man dazu $z = x + jy, u = \text{Max}(|x|, |y|), v = \text{Min}(|x|, |y|), \eta = v/u$ und approximiert die Betragsfunktion $|z| = u(1 + \eta^2)^{1/2}, 0 \leqslant \eta \leqslant 1$ durch einen Ausdruck der Form

$$\mu(z) = u + sv = u(1 + s\eta)$$

im Tschebyscheffschen Sinne:

$$\underset{0 \leqslant \eta \leqslant 1}{\text{Max}} \quad |\mu(z)/u - |z|/u| = \min,$$

so erhält man für den Parameter $s$ den Wert

$$s = (\sqrt{2} - 1)^{1/2} + 1/\sqrt{2} - 1 \approx 0.351$$

und damit die folgende Näherungsformel für den Betrag einer komplexen Zahl:

$$\mu(x + jy) := \text{if } |x| > |y| \ \underline{\text{then}} \ |x| + 0.351 \times |y|$$
$$\underline{\text{else}} \ |y| + 0.351 \times |x| ; \quad . \tag{2.4.35}$$

Diese Näherungsformel besitzt einen absoluten bzw. relativen Fehler von

$$-0.0635u \leqslant \mu(z) - |z| \leqslant 0.0635u$$

$$-0.045 \ \leqslant \ \frac{\mu(z) - |z|}{|z|} \ \leqslant 0.06 \quad ;$$

die Genauigkeit ist für den vorgesehenen Zweck völlig ausreichend, und man benötigt nur noch zwei Maschinenoperationen anstelle der elf in Gl. (2.1.4). Diese Einsparung wird sich allerdings nur dann voll in der Rechenzeit niederschlagen, wenn man die Näherungsformel sorgfältig in Maschinencode programmiert; die Codierung in einer höheren Programmiersprache wird in der Regel nicht den vollen Erfolg zeigen.[1] Zusammen mit den rund $8n^3/3$ Maschinenoperationen für die eigentliche Elimination benötigt man jetzt nur noch insgesamt rund $10n^3/3$ Maschinenoperationen oder etwa halb so viel wie bei vollständiger Pivotsuche mit exakter Betragsberechnung.

Abschließend ist noch eine Bemerkung erforderlich über die bei der Cholesky–Zerlegung benötigte Berechnung der Quadratwurzel einer komplexen Zahl. Arbeitet man in einer Programmiersprache, die unmittelbar einen Datentyp COMPLEX nicht enthält,

---

[1] Für eine Rechenanlage PDP 11/20 ergab die CABS–Funktion des DOS V10 FORTRAN–Systems ein Rechenzeitverhältnis von $5.06:1$ gegenüber einer MACRO–Assembler–Codierung von Gl. (2.4.35) und ein Verhältnis von $2.62:1$ gegenüber einer FORTRAN–Codierung.

so muß man diese Operation als Prozedur selbst codieren. Der naheliegende Ansatz, dabei erst von der Komponenten- in die Polarform überzugehen und dann die Radizierung dort vorzunehmen, ist nun sowohl aus Aufwands- als auch aus Genauigkeitsgründen nicht zu empfehlen, denn er verlangt die Berechnung einer Arcustangens–, einer Cosinus– und einer Sinus–Funktion. Besser ist es, von dem Ansatz

$$(x + jy)^{1/2} = \xi + j\eta$$

direkt auszugehen; nach einer elementaren Rechnung erhält man daraus

$$\xi = \left[\frac{x + |z|}{2}\right]^{1/2} , \qquad \eta = \frac{y}{2\xi} .$$

Für $x > 0$ ist diese Formel unmittelbar geeignet, für negative Werte von $x$ tritt jedoch die Gefahr der Stellenauslöschung bei der Berechnung von $\xi$ auf, so daß man hierbei besser die Wurzel aus $-z$ bestimmt. Damit erhält man den folgenden Algorithmus:

$$p := \sqrt{(|x| + |x + jy|)/2}; \quad q := y/(p + p), \quad v := \text{sign}(y);$$

$$\underline{\text{if}} \ x = 0 \wedge y = 0 \ \underline{\text{then}} \ \xi := \eta := 0 \qquad\qquad\qquad (2.4.36)$$

$$\underline{\text{else if}} \ x > 0 \ \underline{\text{then}} \ \underline{\text{begin}} \ \xi := p; \ \eta := q \ \underline{\text{end}}$$

$$\underline{\text{else}} \ \underline{\text{begin}} \ \xi := v \times q; \ \eta := v \times p \ \underline{\text{end}}; \ .$$

Die komplexe Betragsbildung muß dabei unbedingt wie in Gl. (2.4.1) erfolgen, unter gar keinen Umständen wie in Gl. (2.4.35), da die Genauigkeit der Wurzelberechnung entscheidend in die Genauigkeit der Cholesky–Elimination eingeht. Um die volle Maschinenpräzision auszuschöpfen, empfiehlt es sich u.U., im Anschluß an Gl. (2.4.36) noch einen Newton–Raphson–Schritt vorzusehen:

$$\xi := (\xi + z/\xi)/2 .$$

Der zusätzliche Aufwand dafür von 15 Maschinenoperationen ist in der Regel vertretbar.


## 2.5 Iterative Verbesserung der Lösungsgenauigkeit

### 2.5.1 Restkorrekturverfahren

Ist das Gleichungssystem schlecht konditioniert, so kann die mittels eines Eliminationsverfahrens berechnete Lösung zu ungenau sein. In vielen Fällen läßt sich dann aber iterativ eine Folge immer genauerer Lösungsvektoren erhalten. Wir wollen dieses *Restkorrekturverfahren* [24] hier nur beschreiben, ohne in die Theorie der Iterationsverfahren tiefer einzudringen; eine ausführliche Behandlung dieses Gebiets findet man z.B. in [24, 31, 32, 34, 46, 54].

Geht man von der mittels LR–Zerlegung und Rückrechnung gewonnenen *numerischen* Lösung $\widetilde{\mathbf{x}}$ eines linearen Gleichungssystems $\mathbf{Ax} = \mathbf{b}$ aus, so läßt sich zeigen, s. Abschnitt 2.3.3, daß $\widetilde{\mathbf{x}}$ als die *exakte* Lösung eines *gestörten* Gleichungssystems

$$(\mathbf{A} + \mathbf{F}_1 + \mathbf{F}_2)\,\widetilde{\mathbf{x}} \equiv \mathbf{b} \qquad (2.5.1)$$

betrachtet werden kann, wobei die Matrix $\mathbf{F}_1$ die bei der LR–Zerlegung und die Matrix $\mathbf{F}_2$ die bei der Rückrechnung begangenen numerischen Fehler beschreiben soll. Bezeichnet man das numerische Ergebnis der LR–Zerlegung mit $\widetilde{\mathbf{L}}$ bzw. $\widetilde{\mathbf{R}}$, so gilt also

$$\widetilde{\mathbf{L}}\widetilde{\mathbf{R}} = \mathbf{A} + \mathbf{F}_1 \; . \qquad (2.5.2)$$

Dabei seien der Einfachheit halber die bei der Pivotsuche vorgenommenen Zeilen- und Spaltenvertauschungen bereits in $\mathbf{A}$ enthalten, so daß wir die Permutationsmatrizen $\mathbf{P}$ und $\mathbf{Q}$ nicht immer mitzuführen brauchen. Mit den Bezeichnungen aus Gl. (2.3.39) gilt demzufolge

$$\mathbf{F}(\mathbf{A}) = \mathbf{F}_1 \; , \quad \mathbf{f}(\mathbf{b}) = -\mathbf{F}_2\widetilde{\mathbf{x}} = -\mathbf{F}_2(\mathbf{A} + \mathbf{F}_1 + \mathbf{F}_2)^{-1}\mathbf{b} \; . \qquad (2.5.3)$$

Zur weiteren Vereinfachung wollen wir die beiden Fehlermatrizen in einer einzigen zusammenfassen:

$$\mathbf{F} = \mathbf{F}_1 + \mathbf{F}_2 \; . \qquad (2.5.4)$$

Diese Matrix läßt sich abschätzen, vgl. [24, 25, 37, 38, 42]; wir werden solche Abschätzungen aber nicht benötigen. Bezeichnet man nun die exakte Lösung des Gleichungssystems mit

$$\mathbf{x} \equiv \mathbf{A}^{-1}\mathbf{b} \; , \qquad (2.5.5)$$

so läßt sich der Fehler $\mathbf{x} - \widetilde{\mathbf{x}}$ der numerischen Lösung $\widetilde{\mathbf{x}} = (\mathbf{A} + \mathbf{F})^{-1}\mathbf{b}$ folgendermassen ausdrücken:

$$\mathbf{x} - \widetilde{\mathbf{x}} = \mathbf{A}^{-1}[\mathbf{b} - \mathbf{A}\widetilde{\mathbf{x}}] = \mathbf{A}^{-1}[\mathbf{E} - \mathbf{A}(\mathbf{A} + \mathbf{F})^{-1}]\mathbf{b} \; . \qquad (2.5.6)$$

Mit Hilfe der Identität

$$\mathbf{E} - \mathbf{M}(\mathbf{M} + \mathbf{N})^{-1} \equiv \mathbf{N}(\mathbf{M} + \mathbf{N})^{-1} \qquad (2.5.7)$$

und Übergang zur Norm erhält man daraus wieder die Abschätzung Gl. (2.3.33). Setzt man jetzt $\mathbf{x}^{(1)} \equiv \widetilde{\mathbf{x}}$ und führt den *Residuenvektor* $\mathbf{r}^{(1)}$ durch

$$\mathbf{r}^{(1)} = \mathbf{b} - \mathbf{A}\mathbf{x}^{(1)} = [\mathbf{E} - \mathbf{A}(\mathbf{A} + \mathbf{F})^{-1}]\mathbf{b} \equiv \mathbf{F}(\mathbf{A} + \mathbf{F})^{-1}\mathbf{b} = \mathbf{F}\widetilde{\mathbf{x}} \qquad (2.5.8)$$

ein, so kann man die folgende Iterationsvorschrift konstruieren:

$$r^{(s)} := b - Ax^{(s)} + d^{(s)} \qquad\qquad\qquad\qquad\qquad\qquad (2.5.9\,a)$$

$$\left.\begin{array}{l} \delta x^{(s)} := (\widetilde{L}\widetilde{R})^{-1}r^{(s)} \equiv (A + F)^{-1}r^{(s)} \\[2ex] x^{(s+1)} := x^{(s)} + \delta x^{(s)} + e^{(s+1)} \end{array}\right\} \quad s = 1, 2, \dots , \qquad \begin{array}{l}(2.5.9\,b)\\[2ex](2.5.9\,c)\end{array}$$

wobei die Vektoren $d^{(s)}$ und $e^{(s+1)}$ die bei der numerischen Ausrechnung der jeweiligen Gleichung begangenen Rundungsfehler erfassen sollen. Es wird dabei vorausgesetzt,
daß zur Auswertung von Gl. (2.5.9 a) die ursprüngliche Koeffizientenmatrix $A$ noch zur
Verfügung steht, die man bei in place–Elimination deshalb vorher retten muß, und daß
Gl. (2.5.9 b) durch Rückrechnung des jeweiligen $r^{(s)}$ mit den Dreiecksmatrizen $\widetilde{L}$ bzw.
$\widetilde{R}$ ausgewertet wird. Aus Gl. (2.5.9) ergibt sich nun unmittelbar:

$$\begin{aligned} r^{(s)} &= b - A[x^{(s-1)} + \delta x^{(s-1)} + e^{(s)}] + d^{(s)} = \\[1.5ex] &= b - Ax^{(s-1)} - A(A + F)^{-1}r^{(s-1)} - Ae^{(s)} + d^{(s)} = \\[1.5ex] &= r^{(s-1)} - d^{(s-1)} - A(A + F)^{-1}r^{(s-1)} - Ae^{(s)} + d^{(s)} = \\[1.5ex] &= Br^{(s-1)} + d^{(s)} - d^{(s-1)} - Ae^{(s)} , \end{aligned} \qquad (2.5.10)$$

wobei die Abkürzung

$$B \equiv E - A(A + F)^{-1} \equiv F(A + F)^{-1} \equiv FA^{-1}(E + FA^{-1})^{-1} \qquad (2.5.11)$$

eingeführt wurde, und als allgemeine Lösung dieser inhomogenen linearen Differenzen-
gleichung erhält man durch sukzessives Einsetzen der Ausdrücke für $r^{(s)}, r^{(s-1)}, \dots, r^{(1)}$
schließlich die Beziehung

$$r^{(s+1)} = B^s r^{(1)} + \sum_{j=1}^{s} B^{s-j}[d^{(j+1)} - d^{(j)} - Ae^{(j+1)}] , \quad s = 1, 2, \dots . \qquad (2.5.12)$$

Führt man jetzt den Lösungsfehler $\Delta x^{(s)} \equiv x - x^{(s)}$ ein, wobei $x$ wieder die exakte
Lösung bedeuten soll, so ergibt sich auf gleiche Weise

$$\Delta x^{(s)} = C \, \Delta x^{(s-1)} - (A + F)^{-1}d^{(s-1)} - e^{(s)} , \qquad (2.5.13)$$

wobei die Matrix $C$ definiert ist als

$$C \equiv E - (A + F)^{-1}A \equiv (A + F)^{-1}F \equiv (E + A^{-1}F)^{-1}A^{-1}F , \qquad (2.5.14)$$

und daraus folgt wiederum als allgemeine Lösung

$$\Delta x^{(s+1)} = C^s \, \Delta x^{(1)} - \sum_{j=1}^{s} C^{s-j} [e^{(j+1)} + (A + F)^{-1} d^{(j)}] \, , \quad s = 1, 2, \dots \, . \tag{2.5.15}$$

Gl. (2.5.12) drückt den Residuenvektor $r^{(s+1)}$ nach $s$ Iterationen durch den Residuenvektor $r^{(1)} = b - Ax^{(1)} = [E - A(A + F)^{-1}]b \equiv Bb$ der Eliminationslösung aus, und Gl. (2.5.15) den Lösungsfehler $\Delta x^{(s+1)} \equiv x - x^{(s+1)}$ nach $s$ Iterationen durch den Fehler $\Delta x^{(1)} \equiv x - x^{(1)} = A^{-1}Bb$ der Eliminationslösung. Nimmt man jetzt an, daß sämtliche Einzelfehlervektoren $d^{(s)}$ bzw. $e^{(s)}$ durch Vektoren $d$ bzw. $e$ nach oben abgeschätzt werden können:

$$\|d^{(s)}\| \leqslant \|d\| \, , \quad \|e^{(s)}\| \leqslant \|e\| \quad \text{für alle } s \, ,$$

so erhält man durch Übergang zur Norm für Gl. (2.5.12) die Abschätzung

$$\|r^{(s+1)}\| \leqslant \|B\|^s \, \|r^{(1)}\| + [2 \, \|d\| + \|A\| \, \|e\|] \, \frac{1 - \|B\|^s}{1 - \|B\|} \tag{2.5.16}$$

und für Gl. (2.5.15):

$$\|\Delta x^{(s+1)}\| \leqslant \|C\|^s \|\Delta x^{(1)}\| + [\|(A + F)^{-1}\| \, \|d\| + \|e\|] \, \frac{1 - \|C\|^s}{1 - \|C\|} \, . \tag{2.5.17}$$

Setzt man weiter $\|B\| < 1, \|C\| < 1$ voraus, so konvergiert die Folge der Residuenvektoren offensichtlich gegen einen Vektor $r^{(\infty)}$ mit der Norm

$$\|r^{(\infty)}\| \leqslant \frac{2\|d\| + \|A\| \, \|e\|}{1 - \|B\|} \tag{2.5.18}$$

und die Folge der Iterationslösungen gegen einen Vektor $x^{(\infty)}$, der gegenüber der exakten Lösung $x$ einen Fehler von

$$\|\Delta x^{(\infty)}\| \equiv \|x - x^{(\infty)}\| \leqslant \frac{\|(A + F)^{-1}\| \, \|d\| + \|e\|}{1 - \|C\|} \tag{2.5.19}$$

aufweist.

Durch Präzisieren der Voraussetzungen $\|B\| < 1, \|C\| < 1$ können wir jetzt auch eine hinreichende Bedingung bezüglich $F$ für die Konvergenz des Iterationsverfahrens gewinnen. Betrachten wir dazu z.B. die Matrix $B$, Gl. (2.5.11), so folgt daraus unter Beachtung von Gl. (2.3.35):

$$\|B\| \leqslant \frac{\|FA^{-1}\|\,\|E\|}{1 - \|FA^{-1}\|} \leqslant \frac{n\|FA^{-1}\|}{1 - \|FA^{-1}\|} \ ,$$

wobei der Faktor  n  sicherstellt, daß die letzte Ungleichung für sämtliche Matrixnormen gilt. Dieser Ausdruck ist sicher kleiner als eins für

$$\|FA^{-1}\| \leqslant \|F\|\,\|A^{-1}\| < \frac{1}{1+n} \tag{2.5.20a}$$

bzw. bei Verwendung einer anderen als der Euklid- oder der Maximumnorm für

$$\|F\|\,\|A^{-1}\| < 1/2 \ , \quad \|\cdot\| \neq \|\cdot\|_E \ , \quad \|\cdot\|_M \ . \tag{2.5.20b}$$

Die Forderung  $\|C\| < 1$  führt auf die gleiche Bedingung, die sich auch folgendermassen schreiben läßt:

$$\kappa(A)\,\|F\|/\|A\| < \frac{1}{1+n} \quad \text{bzw.} \quad \kappa(A)\,\|F\|/\|A\| < 1/2 \ , \tag{2.5.20c,d}$$

wobei die Normen bzw. Konditionszahlen  $\kappa$  entsprechend zu wählen sind.


### 2.5.2 Rundungsfehleranalyse

Um jetzt weiterzukommen, benötigen wir Abschätzungen für  **d**  und  **e**. Solche Abschätzungen können nicht mehr mit den bisherigen Mitteln gewonnen werden, vielmehr muß dazu eine Rundungsfehleranalyse durchgeführt werden. Das ist zwar mit ziemlich elementaren Überlegungen möglich, aber etwas langwierig; wir wollen daher nur die notwendigen Ergebnisse aus der Literatur [25, 26, 27, 28 Bd. II, 36, 37, 42, 45] übernehmen. Der Rundungsfehleranalyse liegt dabei das folgende Fehlermodell zugrunde:

*Rundungsfehlermodell für Gleitkommaarithmetik*

Es werde eine Rechenanlage verwendet, deren Arithmetik eine normalisierte Gleitkommazahl mit  t  Mantissenbit darstellt. Es seien  a, b  zwei *reelle* Zahlen, und es bezeichne  gl($c$)  die maschineninterne Darstellung der reellen Zahl  c. Wird weiterhin vorausgesetzt, daß sämtliche nachstehend auftretenden Zahlen im zulässigen Zahlenbereich der Rechenanlage liegen, so gilt:

$$gl(a) = a(1 + \epsilon_1) \ , \quad gl(b) = b(1 + \epsilon_1) \ ,$$
$$gl(a \pm b) = (a \pm b) + (|a| + |b|)\,\epsilon_2 \ ,$$
$$gl(a \times b) = (a \cdot b)(1 + \epsilon_3) \ ,$$
$$gl(a/b) = (a/b)(1 + \epsilon_4) \ , \tag{2.5.21}$$

mit den Fehlerschranken

$$|\epsilon_1| \leqslant 2^{-t}, \quad |\epsilon_2|, \ |\epsilon_3|, \ |\epsilon_4| \leqslant 2 \cdot 2^{-t}.$$

Man beachte, daß für Multiplikation und Division immer der relative Fehler abgeschätzt wird, für die Addition bzw. Subtraktion jedoch nur dann, wenn beide Summanden das gleiche bzw. entgegengesetztes Vorzeichen besitzen. Weiterhin liefert dieses Fehlermodell nur eine "worst case"–Abschätzung, da es die bei umfangreicheren Rechnungen i.a. auftretende teilweise Rundungsfehlerkompensierung infolge des im statistischen Mittel gleichwahrscheinlichen Auftretens von positiven und negativen Einzelfehlern nicht erfassen kann. Das bedeutet, das die im folgenden angegebenen Fehlerschranken für speziell konstruierte Beispiele zwar näherungsweise angenommen werden können, im Mittel den tatsächlich auftretenden Rundungsfehler aber weit überschätzen. Das oben angegebene Fehlermodell liefert aber immer eine Aussage über das *grundsätzliche* Fehlerverhalten einer numerischen Rechnung.

Zur Vereinfachung der Überlegungen sei ab sofort ohne besondere Erwähnung vorausgesetzt, daß für die Ordnung n der vorkommenden Matrizen

$$n < 0.1 \cdot 2^t \approx 10^{0.3t-1} \tag{2.5.22}$$

gilt, dann gilt nämlich ebenfalls [25] die im weiteren verwendete Ungleichung

$$(1 \pm 2^{-t})^n < 1 \pm 1.06\,n\,2^{-t}. \tag{2.5.23}$$

Die wichtigste Rechnung beim Arbeiten mit Vektoren und Matrizen ist die Bestimmung von Skalarprodukten; wir wollen uns also zuerst dieser Aufgabe zuwenden. Es sei $s = a_1 b_1 + ... + a_n b_n$ ein Skalarprodukt aus reellen Zahlen $a_i, b_i$. Berechnet man dieses in der üblichen Weise mit Hilfe der Rechenvorschrift

```
s := 0;
for i := 1 step 1 until n do s := s + a [i] × b[i]; ,
```

so läßt sich zeigen [25], daß für das Ergebnis gilt:

$$\tilde{s} \equiv gl(a_1 b_1 + ... + a_n b_n) = a_1 b_1 (1 + \sigma_1) + ... + a_n b_n (1 + \sigma_n) =$$

$$= s + (|a_1 b_1| + ... + |a_n b_n|)\eta \tag{2.5.24}$$

mit den Schranken

$$|\sigma_j| < 2.12(n + 2 - j)2^{-t}, \quad j = 1,...,n; \quad |\eta| < 2.12\,n\,2^{-t}. \tag{2.5.25 a,b}$$

Die schärfere erste Darstellung mit den Einzelfehlern $\sigma_j$ zeigt, daß der Wert für $\tilde{s}$ von der Summationsreihenfolge abhängt und daß die zuerst summierten Terme den größten Fehlerbeitrag liefern; daraus folgt die wohlbekannte Regel, eine Summation immer mit den betragsmäßig kleinsten Summanden zu beginnen.

Die Schranken (2.5.25) gelten für einfach genaue Maschinenarithmetik. Berechnet man das gleiche Skalarprodukt jedoch in doppelt genauer Arithmetik und konvertiert das doppelt genaue Ergebnis wieder in die einfach genaue Zahlendarstellung, d.h. arbeitet man nach der Rechenvorschrift

```
double precision dps;
dps := double (0);
for i := 1 step 1 until n do dps := dps + double (a[i]) × double (b [i]);
s := single (dps); ,
```

so erhält man für $\tilde{s}$ ebenfalls die Darstellungen aus Gl. (2.5.24), jetzt aber mit den Schranken

$$|\sigma_j| < 2.12(n+2-j)2^{-2t}, \quad j = 1,...,n , \qquad (2.5.26\,a)$$

$$|\eta| < (1 + 2.12n\,2^{-t})2^{-t} < 1.212 \cdot 2^{-t} . \qquad (2.5.26\,b)$$

Während bei einfach genauer Rechnung also eine Fehlerschranke auftritt, die proportional ist zur Anzahl $n$ der Terme des Skalarprodukts, ist die Fehlerschranke bei doppelt genauer Rechnung lediglich von der Größenordnung des einfach genauen Maschinenfehlers und wird im wesentlichen verursacht durch die Konversion des doppelt genauen Zwischenergebnisses auf einfache Präzision, und zwar auch dann, wenn die Eingangsdaten $a_i$ und $b_i$ nur einfach genau vorliegen.

Es muß betont werden, daß der in Gl. (2.5.24) auftretende Ausdruck

$$(|\,a_1b_1\,| + ... + |\,a_nb_n\,|)\eta$$

in der Praxis meist viel zu pessimistisch ist; eine Abschätzung der Form

$$\tilde{s} = s + (\text{Max}_i\, |\,a_ib_i\,|)\eta \qquad (2.5.27)$$

mit den Werten für $\eta$ aus Gl. (2.5.25b) bzw. Gl. (2.5.26b) ist viel realistischer. Ein solches Verhalten zeigt z.B. auch das schon früher diskutierte Skalarprodukt von Gl. (2.1.14).

Die bisher angegebenen Fehlerschranken gelten nur für *reelle* Gleitkommarechnungen. Für die komplexen Grundoperationen werden in [26] entsprechende Schranken angegeben, allerdings nur für eine ganz spezielle Maschinenarithmetik. Statt der dort vorgenommenen ziemlich komplizierten Überlegungen wollen wir mehr heuristisch vorgehen; bedenkt man nämlich, daß sich die komplexen Grundoperationen aus maximal acht Maschinenoperationen zusammensetzen, und zwar bei der komplexen Division Gl. (2.1.9), so erscheint es unter Beachtung der Fehlerfortpflanzungsgesetze als nicht unangemessen, die Fehlerschranken in den Gln. (2.5.21), (2.5.25) und (2.5.26) im Prinzip beizubehalten und dort lediglich den Maschinenfehler von $2^{-t}$ auf $8 \cdot 2^{-t} \equiv 2^{3-t}$ heraufzusetzen. Das ist auch verträglich mit den Ergebnissen aus [26], wo für die komplexe Division anstelle der sich aus unserer Annahme ergebenden Fehlerschranke $|\epsilon_4| \leqslant 16 \cdot 2^{-t}$ eine Schranke von $10 \cdot 2^{-t}$ hergeleitet wurde.

Unter Verwendung der oben angestellten Überlegungen können wir jetzt Rundungs-fehlerabschätzungen für Matrizenprodukte gewinnen. Betrachtet man dazu das Produkt $\mathbf{UV}$ zweier multiplizierbarer, aber sonst beliebiger *komplexer* Matrizen, so führt eine einfache Rechnung unter Verwendung von Gl. (2.5.24) und der Cauchy–Schwarz–Bun-jakowskischen Ungleichung [34] zu dem Ergebnis:

$$\| \mathrm{gl}(\mathbf{UV}) - \mathbf{UV} \|_E \leqslant \begin{cases} 17\,\mathrm{n}\,2^{-t} \|\mathbf{U}\|_E \|\mathbf{V}\|_E & \text{für einfach genaue Rechnung} \\[2ex] 10 \cdot 2^{-t} \|\mathbf{U}\|_E \|\mathbf{V}\|_E & \text{für doppelt genaue Rechnung} \end{cases},$$

$$(2.5.28)$$

wobei die Faktoren $8 \cdot 2.12$ bzw. $8 \cdot 1.212$ der Einfachheit halber durch 17 bzw. 10 ersetzt wurden.

Unter Verwendung dieser Ergebnisse können wir jetzt die Fehlervektoren $\mathbf{d}$ und $\mathbf{e}$ in Gl. (2.5.18) bzw. Gl. (2.5.19) abschätzen. Wie man Gl. (2.5.9 a) entnimmt, ist $\mathbf{d}$ der Grenzwert der bei der Berechnung von $\mathbf{b} - \mathbf{Ax}^{(s)}$ entstehenden Rundungsfehlervekto-ren; ist nun die Eliminationslösung $\mathbf{x}^{(1)} \equiv \widetilde{\mathbf{x}}$ nicht bereits hoffnungslos falsch, so wer-den alle $\mathbf{Ax}^{(s)}$ von der gleichen Größenordnung wie $\mathbf{b}$ sein, und man kann folgender-maßen abschätzen:

$$\|\mathbf{d}\|_2 \approx \| \mathrm{gl}(\mathbf{b} - \mathbf{Ax}) - (\mathbf{b} - \mathbf{Ax})\|_2 \leqslant 2\| \mathrm{gl}(\mathbf{Ax}) - \mathbf{Ax}\|_2 \,,$$

woraus sich bei Beachtung von Gl. (2.5.28) weiter ergibt:

$$\|\mathbf{d}\|_2 \leqslant \begin{cases} 34\mathrm{n}2^{-t}\|\mathbf{A}\|_E \|\mathbf{x}\|_2 & \text{für einfach genaue Rechnung} \\[2ex] 20 \cdot 2^{-t}\|\mathbf{A}\|_E \|\mathbf{x}\|_2 & \text{für doppelt genaue Rechnung} \end{cases}. \qquad (2.5.29)$$

Entsprechend folgt aus Gl. (2.5.9 c) unter der praktisch immer erfüllten Annahme $\|\delta\mathbf{x}^{(s)}\|_2 < \|\mathbf{x}^{(s)}\|_2$ für $\mathbf{e}$ die Abschätzung $\|\mathbf{e}\|_2 \leqslant 2 \cdot 2^{-t} \|\mathbf{x}\|_2$; damit kann man $\|\mathbf{e}\|_2$ und $\|\mathbf{A}\|_E\|\mathbf{e}\|_2$ gegenüber $\|\mathbf{d}\|_2$ vernachlässigen, womit sich für Gl. (2.5.18) bzw. Gl. (2.5.19) schließlich ergibt:

$$\|\mathbf{r}^{(\infty)}\|_2 \leqslant \frac{\|\mathbf{A}\|_E \|\mathbf{x}\|_2}{1 - \|\mathbf{B}\|_E} \cdot 2\vartheta \,, \qquad (2.5.30)$$

$$\|\Delta\mathbf{x}^{(\infty)}\|_2 \leqslant \frac{\|\mathbf{A}\|_E \|\mathbf{x}\|_2}{1 - \|\mathbf{C}\|_E} \| (\mathbf{A} + \mathbf{F})^{-1}\|_E \cdot \vartheta \qquad (2.5.31)$$

mit

$$\vartheta = \begin{cases} 34\mathrm{n}2^{-t} & \text{für einfach genaue Rechnung} \\[2ex] 20 \cdot 2^{-t} & \text{für doppelt genaue Rechnung} \end{cases}. \qquad (2.5.32)$$

Nimmt man jetzt noch

$$\| \mathbf{B} \|_E \ll 1, \quad \| \mathbf{C} \|_E \ll 1, \quad \| (\mathbf{A} + \mathbf{F})^{-1} \|_E \equiv \| \mathbf{A}^{-1} (\mathbf{E} + \mathbf{F} \mathbf{A}^{-1})^{-1} \|_E \approx$$

$$\approx \sqrt{n} \| \mathbf{A}^{-1} \|_E \cdot \vartheta$$

an, so folgt weiter:

$$\| \mathbf{r}^{(\infty)} \|_2 \leqslant 2 \| \mathbf{A} \|_E \| \mathbf{x} \|_2 \cdot \vartheta \, , \qquad\qquad (2.5.33)$$

$$\| \Delta \mathbf{x}^{(\infty)} \|_2 / \| \mathbf{x} \|_2 \leqslant \sqrt{n} \, \kappa_E(\mathbf{A}) \cdot \vartheta \approx \sqrt{n} \, \mathrm{cond}(\mathbf{A}) \cdot \vartheta \qquad\qquad (2.5.34)$$

mit irgend einer Konditionszahl cond(A). Diese Genauigkeitsabschätzungen lassen sich noch verschärfen [25, 47], wobei man allerdings Schranken für die Fehlermatrix **F** benötigt; wir wollen darauf aber nicht näher eingehen, da die Gln. (2.5.32), (2.5.33) und (2.5.34) bereits das wesentliche zeigen. Als erstes ist festzustellen, daß die Berechnung der Residuenvektoren $\mathbf{r}^{(s)}$ nach Gl. (2.5.9 a) *unbedingt mit doppelter Wortlänge* erfolgen muß, da man sonst bei schlecht konditionierten Matrizen i.a. keine Genauigkeitsverbesserung durch die Nachiteration erwarten kann. Dabei muß die *gesamte* Residuenberechnung doppelt genau durchgeführt werden, man darf also nicht lediglich die Skalarprodukte in $\mathbf{A} \mathbf{x}^{(s)}$ doppelt genau berechnen, dann konvertieren und einfach genau subtrahieren. Die Rechenvorschrift muß demnach folgendermaßen aussehen:

```
for i := 1 step 1 until n do
begin
        double precision complex dpr;
        dpr := double (b [i]);
        for k := 1 step 1 until n do dpr := dpr − double (a[i,k]) × double (x[k]);
        r[i] := single(dpr);
end;                     .                                              (2.5.35)
```

Als nächstes zeigt der Vergleich der Schranken in Gl. (2.5.33) und (2.5.34), daß eine kleine Norm von $\mathbf{r}^{(\infty)}$ nicht zwangsläufig auch einen kleinen relativen Fehler der Iterationslösung $\mathbf{x}^{(\infty)}$ nach sich zieht; vielmehr kann für $\kappa_E(\mathbf{A}) \approx \mathrm{cond}(\mathbf{A}) \gg 1$ der Lösungsfehler durchaus recht groß sein, auch wenn die Restkorrektur–Iteration zu einem sehr kleinen Residuenvektor konvergiert. Solche Fälle lassen sich konstruieren, wir werden später ein Beispiel dafür sehen, sie sind in der Praxis aber außerordentlich selten. Im allgemeinen konvergiert die Iteration tatsächlich zu einer Lösung, deren Fehler eher in der Größenordnung von

$$\| \mathbf{x} - \mathbf{x}^{(\infty)} \| / \| \mathbf{x}^{(\infty)} \| \approx n 2^{-t} \qquad\qquad (2.5.36)$$

liegt, vorausgesetzt, man berechnet die Residuen entsprechend Gl. (2.5.35). Streng läßt sich ohne besondere Annahmen über das zugrundeliegende Gleichungssystem allerdings zur zeigen, daß im Falle der Konvergenz die Iteration zu einem Lösungsvektor führt, dessen *Residuum* von der Größenordnung der Maschinengenauigkeit ist; numerisch braucht dieser Lösungsvektor aber weder eindeutig zu sein noch nahe bei dem exakten Lösungsvektor zu liegen.

Es sei noch erwähnt, daß man in den Schranken Gl. (2.5.33) und Gl. (2.5.34) auch andere als die Euklid–Normen verwenden kann.

### 2.5.3 Praktische Durchführung des Restkorrekturverfahrens

Wie bei jedem Iterationsverfahren benötigt man auch für die praktische Durchführung des Restkorrekturverfahrens einmal ein Konvergenzkriterium und zum anderen ein Abbruchkriterium. Zur Gewinnung solcher Kriterien könnte man theoretisch sowohl die Residuenvektoren $\mathbf{r}^{(s)}$ als auch die Korrekturvektoren $\delta\mathbf{x}^{(s)}$ heranziehen, da im Falle der Konvergenz die Normen beider monoton fallende Folgen bilden sollten; die Erfahrung zeigt aber, daß die Residuenvektoren nicht dazu verwendet werden können, da in der Regel bereits die Eliminationslösung ein Residuum in der Größenordnung der Schranke (2.5.33) aufweist und die Residuen dann natürlich nicht mehr monoton kleiner werden können, sondern vielmehr ziemlich unruhig um diesen Endwert oszillieren. Demgegenüber zeigen die Korrekturvektoren i.a. einen recht glatten Verlauf, so daß man diese dazu heranziehen sollte. Aus der Konvergenz der Korrekturvektoren gegen sehr kleine Werte kann man aber leider ebensowenig auf einen zwangsläufig kleinen Lösungsfehler schließen wie aus dem entsprechenden Verhalten der Residuenvektoren. Das läßt sich einfach zeigen; aus den Gln. (2.5.9), (2.5.10), (2.5.11) und (2.5.14) erhält man nämlich

$$\delta\mathbf{x}^{(s+1)} = \mathbf{C}\,\delta\mathbf{x}^{(s)} - (\mathbf{A}+\mathbf{F})^{-1}[\mathbf{d}^{(s)} - \mathbf{d}^{(s+1)} + \mathbf{A}\mathbf{e}^{(s+1)}]\,, \tag{2.5.37}$$

und das ist im Prinzip der gleiche Ausdruck wie derjenige für den Lösungsfehler in Gl. (2.5.13), nur mit einem wesentlich günstigeren Rundungsfehlerterm gegenüber dem dortigen Term $-(\mathbf{A}+\mathbf{F})^{-1}[\mathbf{d}^{(s)} + (\mathbf{A}+\mathbf{F})\mathbf{e}^{(s+1)}]$; ändern sich nämlich die $\mathbf{x}^{(s)}$ nur noch wenig, so werden sich auch die $\mathbf{d}^{(s)}$ in Gl. (2.5.9 a) nur noch wenig unterscheiden, so daß dann die Differenzen $\mathbf{d}^{(s)} - \mathbf{d}^{(s+1)}$ nahe bei Null liegen werden. Damit ist mit grosser Wahrscheinlichkeit zu erwarten, daß die Folge der Korrekturvektoren gegen einen Grenzwert der Größenordnung

$$\|\delta\mathbf{x}^{(\infty)}\| \leqslant n\|\mathbf{x}\|\,2^{-t} \approx n\|\widetilde{\mathbf{x}}\|\,2^{-t} \tag{2.5.38}$$

konvergieren wird, und zwar unabhängig von der Kondition des Gleichungssystems, was sich in der Praxis auch bestätigt, während demgegenüber für den Lösungsfehler nur die Schranke (2.5.34) garantiert werden kann. Ist allerdings das Gleichungssystem so beschaffen, daß die Lösungsfehler $\Delta\mathbf{x}^{(s)}$ tatsächlich gegen den Wert aus Gl. (2.5.36) konvergieren, was bei den in der Praxis vorkommenden Systemen fast immer der Fall sein wird, so sind wegen Gl. (2.5.38) die relativen Lösungsfehler $\|\Delta\mathbf{x}^{(s)}\|/\|\mathbf{x}\|$ dann doch ungefähr proportional zu den $\|\delta\mathbf{x}^{(s)}\|/\|\mathbf{x}\|$. Ein solches Verhalten ist erfahrungsgemäß immer dann sehr wahrscheinlich, wenn die Quotienten

$$q^{(s)} = \|\delta\mathbf{x}^{(s+1)}\|/\|\delta\mathbf{x}^{(s)}\|$$

zumindest am Anfang hinreichend klein sind, etwa $q^{(s)} < 0.5/n$. Wegen $q^{(s)} \approx \|C\| \approx$ $\kappa(A)\|F\|/\|A\|$, s. Gl. (2.5.14), ist dann die hinreichende Bedingung (2.5.20) mit Sicherheit erfüllt. Gilt andererseits $q^{(s)} > 1$, so divergiert theoretisch die Iteration. Da sich bei sehr schlecht konditionierten Gleichungssystemen aber auch im Falle der Konvergenz in den ersten paar Iterationsschritten $q^{(s)}$ mit etwas größerem Wert als eins einstellen können, wählt man aus Sicherheitsgründen besser die Bedingung

$$\|\delta x^{(s)}\|/\|\delta x^{(1)}\| \geq 2 \tag{2.5.39}$$

als Divergenzkriterium. Ist jedoch $q^{(1)}$ deutlich kleiner als eins, etwa $q^{(1)} \leq 0.9$, so läßt sich daraus eine ungefähre Abschätzung der Anzahl $k$ der benötigten Iterationsschritte bestimmen; aus Gl. (2.5.37) und Gl. (2.5.38) folgt nämlich

$$k \approx -\frac{t \log(2) + \log(\|\delta x^{(1)}\|/\|\widetilde{x}\|) - \log(n)}{\log(q^{(1)})} . \tag{2.5.40}$$

Diese Abschätzung ist allerdings sehr unzuverlässig und überschätzt oftmals die Anzahl der notwendigen Iterationen erheblich; es empfiehlt sich stattdessen, die Iteration abzubrechen, sobald

$$\|\delta x^{(k)}\|/\|\widetilde{x}\| \leq n\,2^{-t} \approx n\,10^{-0.3t} \tag{2.5.41}$$

gilt. Als Vektornorm verwendet man dabei am günstigsten die unter Verwendung der Näherung Gl. (2.4.35) berechnete Betragssummennorm $\|\cdot\|_1$. Um zu vermeiden, daß bei Nichterreichen der Grenze (2.5.41) die Iteration in eine Endlosschleife läuft, sollte man aber in jedem Fall die Anzahl der Schritte begrenzen.

Zum Schluß wollen wir uns noch die Anzahl der notwendigen Rechenoperationen überlegen. Im ungünstigsten Fall ist die Ausführungszeit für eine doppelt genaue Multiplikation ungefähr gleich derjenigen von vier einfach genauen Maschinenoperationen; aus Gl. (2.5.9) und Gl. (2.1.8) ergibt sich damit unter Berücksichtigung des Aufwandes zur Berechnung von $\|\delta x^{(s)}\|_1$ ein Gesamtaufwand von

$$32\,n^2 + 17\,n \tag{2.5.42a}$$

Maschinenoperationen pro Iterationsschritt oder rund das $\left(\dfrac{8}{n+5}\right)$-fache des Aufwands für die Cholesky–Elimination mit vollständiger Pivotsuche. Nimmt man dagegen an, daß eine doppelt genaue Gleitkommaoperation die gleiche Ausführungszeit wie eine einfach genaue benötigt, so erhält man

$$16\,n^2 + 17\,n \tag{2.5.42b}$$

Maschinenoperationen pro Iterationsschritt oder das rund $\left(\dfrac{4}{n+4}\right)$-fache des Eliminationsaufwandes. Obwohl bei diesen Überlegungen der Rechenaufwand für die übrigen

Programmschritte nicht berücksichtigt sind, sind die angegebenen Verhältnisse in der Praxis doch realistisch. Man sieht daraus, daß der Rechenaufwand für einige wenige Iterationsschritte durchaus vertretbar ist, daß er bei sehr vielen Iterationsschritten aber doch ganz erheblich werden kann. Es stellt sich damit die grundsätzliche Frage, ob man bei einer gegebenen ungenauen Eliminationslösung überhaupt iterieren soll oder ob die Lösungsgenauigkeit in einem noch genauer zu spezifizierenden Sinne mit der in der Regel ebenfalls vorhandenen Ungenauigkeit der Eingangsdaten des Gleichungssystems "verträglich" ist und man die ungenaue Lösung daher akzeptieren kann. Wir werden auf diese Frage in Abschnitt 2.8 nochmals zurückkommen und dort sehen, daß in der Tat ein solches Entscheidungskriterium existiert.

### 2.5.4 Numerische Beispiele

Zur Erläuterung des oben gesagten wollen wir jetzt die numerische Lösung eines komplexen Gleichungssystems der Ordnung $n = 7$ betrachten, dessen Koeffizientenmatrix bzw. rechte Seite folgendermaßen aussehen:

$$A(g) = \begin{bmatrix} g-74 & g+80 & g+18 & g-11 & g-4 & g-8 & g \\ g+14 & g-69 & g+21 & g+28 & g & g+7 & g \\ g+66 & g-72 & g-5 & g+7 & g+1 & g+4 & g \\ g-12 & g+66 & g-30 & g-23 & g+3 & g-3 & g \\ g+3 & g+8 & g-7 & g-4 & g+1 & g & g \\ g+4 & g-12 & g+4 & g+4 & g & g+1 & g \\ g-518 & g+560 & g+126 & g-77 & g-28 & g-56 & g+1 \end{bmatrix}, \quad b(g) = \begin{bmatrix} 7g+1 \\ 7g+1 \\ 7g+1 \\ 7g+1 \\ 7g+1 \\ 7g+1 \\ 7g+8 \end{bmatrix},$$

$$(2.5.43)$$

wobei $g$ ein Parameter ist, der beliebige reelle oder komplexe Werte annehmen kann. Wie man sich leicht überzeugt, hat dieses Gleichungssystem die exakte Lösung $x = [1\ 1\ 1\ 1\ 1\ 1\ 1]'$. Die Koeffizientenmatrix wurde von Zielke [48] durch Verallgemeinerung einer von Bauer [30, S. 132] angegebenen reellen Testmatrix gewonnen; für $|g| \gg 1$ hat sie die Konditionszahl $\kappa_Z(A) \approx 504\,|g|^2$.

Wir wollen zuerst den Fall $g_1 = j\,1300$ untersuchen und das entsprechende Gleichungssystem auf einer Rechenanlage mit $t = 24$ Mantissenbit lösen; damit ergibt sich dann für die Schranken (2.5.32), (2.5.33), (2.5.38) und (2.5.34):

$$2^{-t} = 6 \cdot 10^{-8}, \quad \vartheta = 1.2 \cdot 10^{-6}, \quad \kappa_Z(A) = 8.5 \cdot 10^8,$$

$$\|r^{(\infty)}\|_1 / \|A\|_Z \|x\|_1 \approx \|r^{(\infty)}\|_1 / \|b\|_1 \leqslant 2.4 \cdot 10^{-6},$$

$$\|\delta x^{(\infty)}\|_1 / \|\tilde{x}\|_1 \leqslant 4.2 \cdot 10^{-7}, \quad \|\Delta x^{(\infty)}\|_1 / \|x\|_1 \leqslant 2.7 \cdot 10^3.$$

Wegen der außerordentlich schlechten Kondition und der entsprechend großen Schranke für den relativen Lösungsfehler erscheint es auf den ersten Blick ziemlich hoffnungslos,

das System auf dieser Rechenanlage lösen zu wollen, und tatsächlich zeigt auch die mit
dem Cholesky–Verfahren gewonnene Eliminationslösung

$$\widetilde{x} = [3.00-j1.95 \mid 2.97-j2.08 \mid 2.94-j2.28 \mid 3.31-j2.27 \mid 3.99-j3.54 \mid$$

$$1.71-j9.10 \mid -10.92+j12.09]'; \quad \|\Delta\widetilde{x}\|_1/\|x\|_1 = 5.96$$

kaum eine Ähnlichkeit mit der exakten Lösung, obwohl der Residuenvektor $\|r^{(1)}\|_1 = \|b - A\widetilde{x}\|_1 = 7.8 \cdot 10^{-3}$ klein ist und $\|r^{(1)}\|_1/\|b\|_1 = 1.2 \cdot 10^{-7}$ die entsprechende
Schranke bereits um den Faktor 20 unterschreitet. Diese Erscheinung ist typisch, da die
Elimination eine Lösung mit einem kleinen Residuum erzwingt, wie wir oben gesehen
haben. Führt man nun die Restfehleriteration durch, so konvergiert sie aber doch gegen
die exakte Lösung, und sogar überraschend schnell, denn es ist $q \approx 0.5$, und die Abbruchschranke von $4.2 \cdot 10^{-7}$ entsprechend Gl. (2.5.41) ist bereits nach $k = 29$ Iterationen erreicht. Der Lösungsvektor $x^{(29)}$ hat dann einen Realteil, der erst in der siebten
Dezimalen von Eins abweicht, und einen Imaginärteil in der Größenordnung von $10^{-7}$;
der relative Lösungsfehler beträgt dann $3.8 \cdot 10^{-7}$ und liegt somit in der Größenordnung der Schranke (2.5.36). Den genauen Verlauf der Iteration zeigt Bild 2.5.1 (links),
wo die Werte von $\|r^{(s)}\|_1/\|b\|_1$ (Kurve 1), $\|\delta x^{(s)}\|_1/\|\widetilde{x}\|_1$ (Kurve 2) und $\|\Delta x^{(s)}\|_1/\|x\|_1$ (Kurve 3) für 200 Iterationen in halblogarithmischer Darstellung über dem Itera-
tionsschritt $s$ aufgetragen sind. Man sieht, daß die Iteration für $s \geq 29$ "steht" und daß
die auf $\|b\|_1$ bezogenen Residuen im Bereich $1 \leq s \leq 150$ durchweg in der Größen-
ordnung des bereits von der Eliminationslösung erreichten Wertes von $\approx 10^{-7}$ liegen.

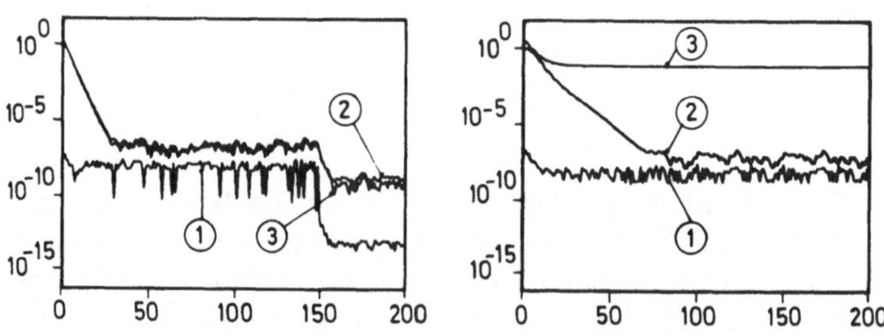

Bild 2.5.1. Restfehleriteration für $g_1 = j1300$ (links) und $g_2 = 0.7 + j1300$ (rechts)
Kurve 1: $\|r^{(s)}\|_1/\|b\|_1$; Kurve 2: $\|\delta x^{(s)}\|_1/\|\widetilde{x}\|_1$; Kurve 3: $\|\Delta x^{(s)}\|_1/\|x\|_1$

Der ziemlich abrupte Abfall der Kurven bei $s = 150$ rührt daher, daß sich dort zufällig
eine besonders günstige Einzelfehlerverteilung einstellt, die sich im Verlauf der weiteren
Iteration stabilisiert. Diese Erscheinung ist insbesondere bei kleineren Gleichungssyste-
men öfters zu beobachten, wobei sogar der Fall $\|r^{(s)}\| = 0$ und $\|\delta x^{(s)}\| = 0$ auftreten
kann; allerdings ist der in diesem Beispiel ebenfalls zu beobachtende Effekt einer gleich-
zeitigen Verkleinerung von $\|\Delta x^{(s)}\|$ nicht typisch.

Betrachten wir jetzt dasselbe System für $g_2 = 0.7 + j1300$, so sind Konditionszahl
und Fehlerschranken dafür sicherlich die gleichen wie oben; wegen der extrem schlechten
Kondition dürfen wir aber nicht überrascht sein über ein unterschiedliches Verhalten, und

in der Tat ist jetzt auch die Eliminationslösung

$$\tilde{x} = [-1.56-j1.19 \mid -1.33-j0.90 \mid -0.96-j0.46 \mid -4.55-j4.91 \mid -11.09-j13.13 \mid$$

$$10.90+j14.36 \mid 15.59+j6.23]' \; ; \quad \| \Delta\tilde{x} \|_1 / \| x \|_1 = 9.42$$

womöglich noch falscher als im ersten Beispiel. Trotzdem konvergiert aber auch hier die Iteration, allerdings völlig anders als dort. Zum einen ist die Konvergenz wegen $q \approx 0.8$ beträchtlich langsamer, zum anderen, und das ist sehr viel wesentlicher, konvergiert jetzt die Iteration gegen einen Lösungsvektor, dessen Fehler in der Größenordnung von $10^{-1}$ liegt, obwohl die Residuen und die Korrekturen genau wie im ersten Beispiel bis auf etwa $10^{-9}$ heruntergehen. Der genaue Iterationsverlauf ist rechts in Bild 2.5.1 dargestellt; man sieht daraus, daß der Lösungsvektor $x^{(s)}$ bereits nach rund 35 Schritten steht, während die Abbruchschranke von $4.2 \cdot 10^{-7}$ erst nach 67 Schritten erreicht ist. Ab diesem Wert ändern sich die ersten sechs Dezimalziffern von $x^{(s)}$ nicht mehr:

$$x^{(s)} = \begin{bmatrix} 0.997269 \\ 0.997530 \\ 0.997944 \\ 0.993812 \\ 0.986211 \\ 1.011667 \\ 1.015528 \end{bmatrix} + j \begin{bmatrix} 0.051123 \\ 0.051136 \\ 0.051157 \\ 0.050945 \\ 0.050556 \\ 0.051860 \\ -0.306779 \end{bmatrix}, \; \| \Delta x^{(s)} \|_1 / \| x \|_1 = 8.823 \cdot 10^{-2}, \; s \geqslant 67.$$

Die Schranke von $2.7 \cdot 10^3$ für den relativen Lösungsfehler wird zwar bei weitem nicht erreicht, immerhin hat aber die Iterationslösung doch einen um den Faktor $\approx 2.3 \cdot 10^5$ größeren Fehler als im ersten Beispiel.

Wie schon erwähnt, gelten diese Ergebnisse für die Cholesky–Elimination mit vollständiger Pivotsuche. Führt man entsprechende Rechnungen mit der unverketteten Banachiewicz–Elimination durch, so ergeben sich für das erste Beispiel praktisch die gleichen Resultate, für das zweite Beispiel divergiert jedoch die Iteration, was wegen der geringeren numerischen Stabilität dieses Verfahrens auch nicht überraschend ist.

Um keine falschen Schlüsse aufkommen zu lassen, muß aber ausdrücklich betont werden, daß die obigen Beispiele bewußt bösartig konstruiert sind. Treten solche Systeme in der Praxis wirklich auf, so werden sie bei Vorgabe der Pivotschranken nach Gl.(2.4.30) in aller Regel bereits bei der Elimination als numerisch singulär gemeldet, was bedeutet, daß man sie mit der verwendeten Wortlänge nicht lösen kann. Um die wirklichen Verhältnisse wenn auch nur sehr grob zu simulieren, wurden jeweils 100 komplexe Gleichungssysteme der Ordnung $n = 20, 30$ und 40 gelöst und nachiteriert, deren Koeffizientenmatrizen und rechte Seiten aus gleichverteilten Zufallszahlen im Intervall $[-1, +1]$ konstruiert wurden. Bei Verwendung der Cholesky–Elimination mit vollständiger Pivotsuche wurde für $n = 20$ in 98 Fällen die Iteration bereits nach einem Schritt und sonst in zwei Schritten beendet, für $n = 30$ wären die entsprechenden Zahlen 86 und 14, und für $n = 40$ wurde 82 und 18 gefunden. Für die Banachiewicz–Elimination mit Spaltenpivotsuche sind die Ergebnisse erwartungsgemäß etwas schlechter, aber nicht sehr viel; für $n = 40$ z.B. kamen 77 Systeme mit einem und 23 Systeme mit zwei Iterationsschritten aus.

## 2.6 Maschinenunabhängige Darstellung der Fehlerschranken

Sowohl in den Pivotschranken nach Gl. (2.4.30) als auch in der Abbruchschranke Gl.
(2.5.41) wird der Term $2^{-t}$ explizit verlangt. In der Regel kennt man die Mantissenlänge $t$ der verwendeten Maschine, so daß man damit auch die Maschinenpräzision $2^{-t}$
unmittelbar einsetzen kann; nachteilig ist dabei aber, daß dadurch die Programme maschinenabhängig werden. Will man die Programme ohne Änderung auf verschiedenen Maschinen laufen lassen, so wäre eine maschinenunabhängige Darstellung der Schranken
wünschenswert. Das ist nun, sogar auf zwei Arten, sehr einfach möglich. Zum einen läßt
sich nämlich die Maschinenpräzision durch ein kleines Programm direkt bestimmen, und
zum anderen kann man Bedingungen der Form

$$\underline{\text{if}} \ x \leqslant y \times 2^{-t} \ \underline{\text{then}} \ \ldots ; , \quad x, y \geqslant 0 \tag{2.6.1}$$

ohne weiters auch maschinenunabhängig formulieren. Setzt man eine Binärarithmetik
mit normalisierter Gleitkommadarstellung voraus, für die also $0.5 \leqslant \text{Mantisse} < 1$ gilt,
so überlegt man sich leicht, daß bei stellenabschneidender Arithmetik die Zahl $\epsilon_a = 2^{-t}$
und bei rundender Arithmetik die Zahl $\epsilon_r = 2^{-(t+1)}$ jeweils die größte Zahl ist, die bei
$t$ Mantissenbit gerade nicht mehr von Eins unterschieden werden kann, für die also
$gl(1 + z) = 1$ gilt, wobei $gl(\ldots)$ wiederum die interne Darstellung einer Gleitkommazahl
bedeuten soll. Durch einen einfachen Suchprozeß läßt sich diese Zahl aber bestimmen:

$$
\begin{aligned}
&t := 0; \ z := 1; \\
\text{MARKE:} \quad &t := t + 1; \ z := z/2; \\
&\underline{\text{if}} \ 1 + z > 1 \ \underline{\text{then}} \ \underline{\text{goto}} \ \text{MARKE}; .
\end{aligned}
\tag{2.6.2}
$$

Bei Stellenabschneiden sind $t$ und $z =: \epsilon_a$ bereits die gesuchten Größen. Um jetzt zu
prüfen, ob eine Maschine rundet oder abschneidet, kann man sich die offensichtliche Tatsache zunutze machen, daß die Summe $S = gl(1/2 + 1/4 + \ldots + 1/2^{t+1})$ bei Rundung zu
einem Wert $\geqslant 1$ aufgerundet wird, während bei Stellenabschneiden der Wert eins niemals erreicht werden kann; man kann demnach den folgenden Algorithmus verwenden:

$$
\begin{aligned}
&s := 0; \ q := 1; \\
&\underline{\text{for}} \ i := 1 \ \underline{\text{step}} \ 1 \ \underline{\text{until}} \ t + 1 \ \underline{\text{do}} \ \underline{\text{begin}} \ q := q/2; \ s := s + q \ \underline{\text{end}}; \\
&\underline{\text{if}} \ s < 1 \ \underline{\text{then}} \ \langle \text{Stellenabschneiden} \rangle \ \underline{\text{else}} \ \langle \text{Runden} \rangle; .
\end{aligned}
\tag{2.6.3}
$$

Zeigt dieser Algorithmus an, daß die Maschinenarithmetik rundet, so sind der durch Gl.
(2.6.2) gewonnene Wert von $t$ um eins zu vermindern und der Wert von $z$ zu verdoppeln. Nun ist ein Faktor Zwei bei den in Betracht kommenden Schranken mit Sicherheit
nicht wesentlich; man kann also immer eine Bedingung der Form $x \leqslant y \cdot 2^{-t}$ ersetzen
durch die Bedingung $gl(y + x/y) = 1$ oder besser, weil divisionsfrei, durch die Bedingung
$gl(y + x) = y$, womit wir folgende maschinenunabhängige Darstellung von Gl. (2.6.1) erhalten:

$$\underline{\text{if}} \ y + x = y \ \underline{\text{then}} \ \ldots ; , \tag{2.6.4}$$

die in ihrer Einfachheit wohl nicht mehr zu übertreffen ist.

## 2.7 Skalierung linearer Gleichungssysteme

Wie wir in den vorigen Abschnitten gesehen haben, ist die Lösung eines linearen Gleichungssystems immer dann numerisch kritisch, wenn die Konditionszahlen der Koeffizientenmatrix groß sind. Es ist nun naheliegend, die Kondition des gegebenen Systems durch Transformation in ein äquivalentes System

$$\mathbf{GAH}\xi = \mathbf{Gb}, \quad \mathbf{x} = \mathbf{H}\xi \tag{2.7.1}$$

zu verbessern, wobei die nichtsingulären Matrizen $\mathbf{G}$ und $\mathbf{H}$ entsprechend der Forderung

$$\mathrm{cond}(\mathbf{GAH}) \leqslant \mathrm{cond}(\mathbf{A}) \tag{2.7.2}$$

zu bestimmen sind. Dieses Vorgehen wird als *Skalierung* oder *Präkonditionierung* bezeichnet. Aus Aufwandsgründen ist der Fall besonders interssant, daß $\mathbf{G}$ und $\mathbf{H}$ reelle positive Diagonalmatrizen sind:

$$\mathbf{G} = \mathrm{diag}(g_i), \quad \mathbf{H} = \mathrm{diag}(h_i), \quad g_i, \quad h_i > 0, \text{ reell };$$

die optimale Skalierung bezüglich einer Konditionszahl $\mathrm{cond}(\mathbf{A})$ ist dann offensichtlich erreicht, wenn man Matrizen $\mathbf{G}_0, \mathbf{H}_0 \in \{\mathbf{D}\}$ mit $\{\mathbf{D}\}$ als Menge der positiven Diagonalmatrizen so finden kann, daß

$$\mathrm{cond}(\mathbf{G}_0 \mathbf{A} \mathbf{H}_0) = \min_{\mathbf{G}, \mathbf{H} \in \{\mathbf{D}\}} \mathrm{cond}(\mathbf{GAH}) \leqslant \mathrm{cond}(\mathbf{A}) \tag{2.7.3}$$

gilt. Dieses allgemeine Problem ist nun für beliebige Konditionszahlen überraschend schwierig und auch nur unter bestimmten Voraussetzungen für $\mathbf{A}$ zu lösen [50,51,52], wobei außerdem der Rechenaufwand meist so groß ist, daß diese Lösungen in der Praxis ausscheiden. Man wird sich daher mit leicht berechenbaren Skalierungen zufrieden geben, auch wenn sie nicht ganz optimal sind. Bevor wir aber dazu übergehen, wollen wir erst noch überlegen, welchen Einfluß eine Skalierung auf den Eliminationsprozeß hat. Ein Schlüssel dazu liefert der folgende

*Satz 2.7/1:*

Liefert irgend ein Eliminationsverfahren *bei vorher festgelegter Pivotwahl* die Dreieckszerlegung $\mathbf{A} = \mathbf{LR}$ einer Matrix $\mathbf{A}$, so liefert das gleiche Eliminationsverfahren bei gleicher Pivotwahl für die skalierte Matrix $\mathbf{GAH}$ mit Diagonalmatrizen $\mathbf{G}$ und $\mathbf{H}$ die Dreieckszerlegung

$$\mathbf{GAH} = (\mathbf{GLS})(\mathbf{S}^{-1}\mathbf{RH}) \tag{2.7.4a}$$

mit

$$\mathbf{S} = \mathbf{G}^{-1} \qquad \text{für die Banachiewicz–Elimination,}$$

$\mathbf{S} = \mathbf{H}$ für die Crout–Elimination, $\qquad\qquad$ (2.7.4b)

$\mathbf{S} = (\mathbf{G}^{-1}\mathbf{H})^{1/2}$ für die Cholesky–Elimination,

und $(\mathbf{G}^{-1}\mathbf{H})^{1/2} \equiv \mathrm{diag}(\sqrt{h_i/g_i})$ .

Besitzt weiterhin $\mathbf{A}$ im p–ten Eliminationsschritt die Dreiecksmatrizen $\mathbf{L}^{(p)}$ und $\mathbf{R}^{(p)}$, so besitzt $\mathbf{GAH}$ im gleichen Eliminationsschritt die Dreiecksmatrizen $\mathbf{GL}^{(p)}\mathbf{S}$ und $\mathbf{S}^{-1}\mathbf{R}^{(p)}\mathbf{H}$. Diese Äquivalenz gilt streng allerdings nur algebraisch; infolge unterschiedlicher Rundungsfehler kann sie numerisch gestört sein.

Den Beweis erhält man leicht durch Anschreiben der einzelnen Zerlegungsalgorithmen einmal für $\mathbf{A}$ und zum anderen für $\mathbf{GAH}$. Aufgrund dieses Satzes könnte es so scheinen, als ob eine Skalierung außer eventuell unterschiedlichen Rundungsfehlern keinen Einfluß auf die Elimination habe. Das ist aber nicht zutreffend, denn tatsächlich beeinflußt bei irgend einer Art von Pivotsuche eine Skalierung wesentlich die jeweilige Auswahl der Pivotelemente. Das sieht man sofort an einem Beispiel: Die Matrix

$$\mathbf{A} = \begin{bmatrix} 10^2 & 10^{-5} & -10^6 & -10^{-8} \\ -10^6 & 1 & 0 & 10^{-5} \\ 10^{-3} & -10^{-8} & 10^2 & -10^{-12} \\ -10^{10} & 10^3 & 10^{14} & 1 \end{bmatrix} \qquad\qquad (2.7.5)$$

ergibt sowohl bei partieller als auch bei vollständiger Pivotsuche mit Sicherheit eine andere Pivotreihenfolge als die (fast optimal) skalierte Matrix

$$\bar{\mathbf{A}} = \begin{bmatrix} 10^7 & & & \\ & 10^3 & & \\ & & 10^{11} & \\ & & & 10^{-1} \end{bmatrix} \mathbf{A} \begin{bmatrix} 10^{-9} & & & \\ & 10^{-3} & & \\ & & 10^{-13} & \\ & & & 10 \end{bmatrix} = \begin{bmatrix} 1 & 0.1 & -1 & -1 \\ -1 & 1 & 0 & 0.1 \\ 0.1 & -1 & 1 & -1 \\ -1 & 0.1 & 1 & 1 \end{bmatrix} .$$

Eine explizite Skalierung durch direkte Multiplikation einer Matrix mit den Skalierungsmatrizen ist nun numerisch nicht ganz unproblematisch, da hierdurch zusätzliche Rundungsfehler eingeschleppt werden können, die u. U. schwerwiegende Folgen nach sich ziehen. Das gilt insbesondere dann, wenn z.B. die Elemente $a_{ik}$ von $\mathbf{A}$ im Rahmen der Maschinengenauigkeit exakt dargestellt werden können, d.h. $\mathrm{gl}(a_{ik}) \equiv a_{ik}$, aber nicht mehr die Elemente der skalierten Matrix. Man kann in diesem Zusammenhang leicht Beispiele konstruieren, bei denen durch bloßes Skalieren eine numerisch reguläre Matrix numerisch singulär wird. Um solche Effekte zu vermeiden, wird meist vorgeschlagen, als Skalenfaktoren nur Potenzen der Gleitkommabasis, in der Regel also Potenzen von zwei, zu verwenden, da hierdurch nur der Exponent und nicht auch die Mantisse einer Gleitkommazahl berührt wird. Ein solches Vorgehen verlangt jedoch immer Logarithmierungen bei der Berechnung der Skalierungsfaktoren und ist deshalb ziemlich aufwendig. Glücklicherweise erlaubt aber Satz 2.7/1 auch eine *implizite* Skalierung, die diese Nachteile sämtlich vermeidet. Der Satz sagt nämlich aus, daß sich alle Zwischen- und Endergebnisse, die während der Elimination einer skalierten Matrix auftreten, bei gleicher Pivotwahl von den entsprechenden Ergebnissen bei der Elimination der unskalierten Matrix nur um wohlbekannte Zahlenfaktoren unterscheiden; man kann daher die eigentliche Eliminationsrechnung mit den Elementen der unskalierten Matrix durchführen und die Skalierungsfaktoren nur zur Suche der jeweiligen Pivotelemente verwenden. Algorithmisch bedeutet dies, daß man die Pivotsuche etwa im p—ten Eliminationsschritt statt für die Elemente $|a_{ik}^{(p)}|$ für die Elemente $g_i |a_{ik}^{(p)}| h_k$ durchführt. Betrachtet man z.B. den in Abschnitt 2.4.7 angegebenen Algorithmus zur vollständigen Pivotsuche, so muß dort zur Durchführung einer impliziten Skalierung lediglich die erste Anweisung im dritten Block geändert werden, die jetzt folgendermaßen auszusehen hat:

```
aa := g[LP[i]] × |a[LP[i], LQ[k]]| × h[LQ[k]] ;   .
```

Wir wollen dieses wichtige Ergebnis nochmals in folgender Weise formulieren:

*Satz 2. 7/2:*

Hat eine Matrix **A** bei *impliziter* Skalierung mittels reeller Diagonalmatrizen und dadurch festgelegter Pivotwahl die Dreieckszerlegung $\mathbf{A} = \bar{\mathbf{L}}\bar{\mathbf{R}}$, so sind $\bar{\mathbf{L}}$ und $\bar{\mathbf{R}}$ sowie sämtliche Zwischenergebnisse algebraisch und numerisch gleich den entsprechenden Dreiecksmatrizen bzw. Zwischenergebnissen, die man bei gleichem Zerlegungsalgorithmus und gleicher Pivotwahl für die Zerlegung der unskalierten Matrix **A** erhält.

Neben dem Vorteil, daß keine zusätzlichen Rundungsfehler eingeschleppt werden, zeigt die implizite Skalierung also den weiteren Vorteil, daß dabei weder die rechte Seite noch der Lösungsvektor skaliert zu werden brauchen, was bei der expliziten Skalierung nach Gl. (2.7.1) offensichtlich erforderlich ist. Aus diesem Grund wird sie in der Praxis häufig benutzt, ohne daß man sich oftmals der durch die obigen Sätze beschriebenen Äquivalenzrelationen bewußt ist.

Kehren wir jetzt aber zum eigentlichen Problem der Bestimmung geeigneter Skalierungen für beliebige Matrizen zurück. Ein guter Ansatz dazu ist die *Äquilibrierung.* Unter einer Zeilenäquilibrierung versteht man dabei die Bestimmung einer positiven Diagonalmatrix **G** so, daß in **GA** sämtliche Zeilen bezüglich irgend einer Vektornorm gleiche Werte annehmen, unter einer Spaltenäquilibrierung die Bestimmung einer positiven Diagonalmatrix **H** so, daß in **AH** sämtliche Spalten bezüglich irgend einer Vektornorm gleiche Werte annehmen, und unter einer vollständigen Äquilibrierung schließlich die Bestimmung positiver Diagonalmatrizen **G** und **H** so, daß in **GAH** sämtliche Zeilen bezüglich einer Vektornorm sowie sämtliche Spalten bezüglich einer nicht notwendigerweise gleichen Vektornorm dieselben Werte annehmen. Da es dabei nicht auf die absoluten Werte ankommt, normiert man die Zeilen bzw. Spalten üblicherweise in der jeweiligen Vektornorm auf den Wert eins; wir wollen im folgenden eine Äquilibrierung auch in diesem Sinne verstehen. Diese Art der Skalierung findet ihre Begründung in folgendem

*Satz 2. 7/3* (van der Sluis [53]):
Bezeichnet man mit $\|\cdot\|_*$ eine beliebige Matrixnorm mit Ausnahme der Spektralnorm, s. Gln. (2.3.11) bis (2.3.14), und betrachtet man $\kappa_{\sigma *}(\mathbf{A}) = \|\mathbf{A}\|_\sigma \|\mathbf{A}^{-1}\|_*$ als

eine Konditionszahl von $A$, so gilt für positive Diagonalmatrizen $G = \mathrm{diag}(g_i)$ bzw. $H = \mathrm{diag}(h_i)$:

a)  $\kappa_{Z*}(GA)$ ist minimal, falls in $GA$ sämtliche Zeilen bezüglich der $l_1$–Vektornorm Gl. (2.3.37) äquilibriert sind,

b)  $\kappa_{S*}(AH)$ ist minimal, falls in $AH$ sämtliche Spalten bezüglich der $l_1$–Vektornorm äquilibriert sind,

c)  $\kappa_{M*}(GA)$ ist minimal, falls in $GA$ sämtliche Zeilen bezüglich der $l_\infty$–Vektornorm Gl. (2.3.9) äquilibriert sind,

d)  $\kappa_{M*}(AH)$ ist minimal, falls in $AH$ sämtliche Spalten bezüglich der $l_\infty$–Vektornorm äquilibriert sind.

$$(2.7.6\,\mathrm{a{-}d})$$

In [53] werden noch einige weitere Fälle erfaßt, die aber hier ohne Interesse sind. Zum Beweis des Satzes betrachtet man eine entsprechend der Forderung des jeweiligen Falles bereits äquilibrierte Matrix und zeigt dann, daß jede Störung der Äquilibrierung die zugehörige Konditionszahl vergrößert [53], [54, S. 160]. Es ist in diesem Zusammenhang bemerkenswert, daß ähnlich einfache Beziehungen für die Euklidsche Matrixnorm nicht gelten.

Die praktische Berechnung der Skalenfaktoren $g_i$ bzw. $h_i$ entsprechend dieses Satzes ist äußerst einfach:

$$\text{Für Fall a):}\quad g_i = 1/\sum_k |a_{ik}|\,,\qquad i = 1, ..., n\,, \qquad\qquad (2.7.7\,\mathrm{a})$$

$$\text{Für Fall b):}\quad h_k = 1/\sum_i |a_{ik}|\,,\qquad k = 1, ..., n\,, \qquad\qquad (2.7.7\,\mathrm{b})$$

$$\text{Für Fall c):}\quad g_i = 1/\mathop{\mathrm{Max}}_k\,(|a_{ik}|)\,,\qquad i = 1, ..., n\,, \qquad\qquad (2.7.7\,\mathrm{c})$$

$$\text{Für Fall d):}\quad h_k = 1/\mathop{\mathrm{Max}}_i\,(|a_{ik}|)\,,\qquad k = 1, ..., n\,. \qquad\qquad (2.7.7\,\mathrm{d})$$

Führt man eine partielle Pivotsuche bei der Elimination durch, so sind diese Äquilibrierungen in der Regel ausreichend, wobei es sich unbedingt empfiehlt, für Spaltenpivotsuche eine Zeilen- und für Zeilenpivotsuche eine Spaltenäquilibrierung der Koeffizientenmatrix vorzunehmen, da hierdurch die wahren Größenverhältnisse der jeweils für die Pivotsuche verwendeten Matrixreihen zum Vorschein kommen. Führt man jedoch eine vollständige Pivotsuche durch, so läßt sich größtmögliche numerische Stabilität nur für eine ebenfalls vollständige Äquilibrierung garantieren. Man könnte nun versuchen, dazu sowohl die Zeilen als auch die Spalten bezüglich irgend einer Vektornorm, etwa der $l_1$– oder der $l_2$–Norm , zu äquilibrieren; ein solcher Prozeß ist aber mit Ausnahme für die $l_\infty$–Vektornorm nur iterativ möglich, etwa entsprechend dem für die $l_1$–Norm nachstehend skizzierten Algorithmus, und deshalb sehr aufwendig.

$\langle 1 \rangle$:  $g_i := 1$, $h_k := 1$, $i, k = 1, ..., n$ ;

$\langle 2 \rangle$:  $\underline{\text{for}}$ $i := 1$ $\underline{\text{step}}$ $1$ $\underline{\text{until}}$ $n$ $\underline{\text{do}}\,\underline{\text{begin}}$ $p_i := g_i \times \sum_k h_k |a_{ik}|$ ; $g_i := g_i/p_i$ $\underline{\text{end}}$ ;

$\langle 3 \rangle$: $\underline{\text{for}}\ k := 1\ \underline{\text{step}}\ 1\ \underline{\text{until}}\ n\ \underline{\text{do}}\ \underline{\text{begin}}\ q_k := h_k \times \sum_i g_i |a_{ik}|;\ h_k/q_k\ \underline{\text{end}};$

$\langle 4 \rangle$: Falls in $\langle 2 \rangle$ sämtliche $p_i$ und in $\langle 3 \rangle$ sämtliche $q_k$ gleich eins sind, so ist die Äquilibrierung beendet, sonst gehe nach $\langle 2 \rangle$; .

$$(2.7.8)$$

Obwohl aus theoretischen Erwägungen eine vollständige $l_1-$ oder $l_2-$Äquilibrierung günstiger ist als eine $l_\infty-$Äquilibrierung, wird man trotzdem in der Praxis letztere ihrer Einfachheit wegen vorziehen; die Rechenvorschrift dafür lautet nämlich:

$$g_i = 1/\underset{k}{\text{Max}}\,(|a_{ik}|)\,, \qquad i = 1, ..., n\,,$$

$$h_k = 1/\underset{i}{\text{Max}}\,(g_i\,|a_{ik}|)\,, \quad k = 1, ..., n\,.$$

$$(2.7.9)$$

Es läßt sich zeigen, daß die so bestimmten Skalenfaktoren bezüglich der Konditionszahl $\kappa_{M*}(A)$ optimal sind; es gilt nämlich

$$\kappa_{M*}(GAH) \leqslant \text{Min}(\kappa_{M*}(GA)\,, \quad \kappa_{M*}(AH))\,. \qquad (2.7.10)$$

Neben diesen rechentechnisch äußerst einfachen Äquilibrierungsvorschriften existieren aber noch weitere Ansätze zur Konditionsverbesserung linearer Gleichungssysteme. Da erfahrungsgemäß Koeffizientenmatrizen, die Elemente von sehr unterschiedlicher Grössenordnung enthalten, leicht zu numerischer Instabilität Veranlassung geben, ist es naheliegend, solche Skalierungen zu suchen, die das Verhältnis des betragsgrößten zum betragskleinsten von Null verschiedenen Element einer solchen Matrix möglichst klein machen. Ein solches Vorgehen ist von besonderem Interesse gerade auch bei netzwerktheoretischen Anwendungen, da das geschilderte Verhalten leicht eintreten kann, wenn man Netzwerke in der Nähe ihrer Resonanzfrequenzen analysieren will; im Extremfall können dann bei Serienresonanz einzelne Zweigleitwerte sogar gegen Unendlich gehen. Mathematisch bedeutet diese Art der Skalierung, Skalenfaktoren $g_i > 0, h_k > 0$ so zu finden, daß

$$\frac{\underset{i,k}{\text{Max}}(g_i\,|a_{ik}|\,h_k)}{\underset{i,k}{\text{Minp}}(g_i\,|a_{ik}|\,h_k)} = \text{min} \qquad (2.7.11)$$

gilt, wobei Minp($...$) andeuten soll, daß nur die von Null verschiedenen Elemente berücksichtigt werden. Diese Forderung ist offensichtlich gleichbedeutend mit der Forderung

$$M \equiv \underset{i,k}{\text{Max}}(g_i\,|a_{ik}|\,h_k) = \text{min}\,,$$

$$m \equiv \underset{i,k}{\text{Minp}}(g_i\,|a_{ik}|\,h_k) = \text{max}\,.$$

$$(2.7.12\,\text{a})$$

Da bei Multiplikation sämtlicher $g_i$ und $h_k$ mit einem Zahlenfaktor die linke Seite von Gl. (2.7.11) ihren Wert nicht ändert, kann man ohne Beschränkung der Allgemeinheit die Zusatzforderungen

$$g_i \, | \, a_{ik} \, | \, h_k \geqslant 1 \quad \text{für alle} \quad a_{ik} \neq 0 \, ,$$

$$g_i \, | \, a_{ik} \, | \, h_k = 1 \quad \text{für mindestens ein} \quad a_{ik}$$

(2.7.12b)

stellen, damit gilt $m = 1$ in Gl. (2.7.12a), und durch Logarithmieren (zu beliebiger Basis) erhält man schließlich mit den Abkürzungen $u_i = \log(g_i)$, $v_k = \log(h_k)$, $\alpha_{ik} = \log(| a_{ik} |)$ für $a_{ik} \neq 0$ und $w = \log(M)$ das lineare Optimierungsproblem:

$$w = \min,$$

$$\left. \begin{array}{l} u_i + v_k + \alpha_{ik} \geqslant 0 \\[2mm] u_i + v_k + \alpha_{ik} - w \leqslant 0 \end{array} \right\} \quad \text{für alle} \ i, \ k \ \text{mit} \ a_{ik} \neq 0 \tag{2.7.13}$$

Dieses Problem könnte prinzipiell mit irgend einem Standardverfahren der linearen Optimierung, etwa dem Simplex– oder dem Duoplex–Algorithmus [33, 55], gelöst werden; wegen der großen Anzahl von Nebenbedingungen (Restriktionen) würde dies jedoch sehr aufwendig. Dazu käme der außerordentlich hohe Speicherplatzbedarf; man kann sich nämlich leicht ausrechnen, daß zum Abspeichern des sog. Simplex–Tableaus mehr als $4n^3$ Speicherzellen benötigt würden, also mehr als $2n$–mal so viel wie zur Abspeicherung der Koeffizientenmatrix $A$ selbst. Rein aus Speicherplatzgründen sind also die klassischen Verfahren der linearen Optimierung in der Praxis nicht diskutabel. Nun existiert aber ein von Fulkerson und Wolfe [56] angegebener Algorithmus, der eine ganzzahlige Näherungslösung für Gl. (2.7.13) liefert, wenn man dort die $\alpha_{ik}$ zur nächsten ganzen Zahl aufrundet, d.h. die Größen $\widetilde{\alpha}_{ik} = \text{entier}(\alpha_{ik} + 0.5)$ einführt und die Matrixelemente $a_{ik} = 0$ besonders kennzeichnet. Dieser Algorithmus benötigt nur noch rund $n^2$ Speicherplätze zum Abspeichern der Matrix $[\widetilde{\alpha}_{ik}]$ und einiger Hilfsgrößen, die aber immer noch zusätzlich bereitgestellt werden müssen. Weiterhin hat er den Nachteil, daß man anfangs $n^2$ Logarithmen und am Schluß $2n$ Potenzen berechnen muß, da man ja nur die Logarithmen der Skalenfaktoren erhält. Daran ändert sich auch nichts, wenn man dem Vorschlag in [57, S. 145] entsprechend die $\widetilde{\alpha}_{ik}$ als jeweilige Gleitkommaexponenten der $| a_{ik} |$ wählt; man hat dann nur den schon erwähnten Vorteil, bei expliziter Skalierung keine Rundungsfehler einzuschleppen. Nun ist es aber ein leichtes, den Algorithmus so umzuformen, daß man auch unmittelbar mit den Matrixelementen $a_{ik}$ arbeiten und dementsprechend auch direkt die Skalenfaktoren erhalten kann, wenn man wiederum das Prinzip der impliziten Skalierung verwendet; die Rechnung verläuft dabei völlig in place und die Matrix $A$ wird nicht verändert. In dieser modifizierten Form soll der Fulkerson–Wolfe–Algorithmus im Anschluß beschrieben werden, ohne ihn jedoch zu beweisen; der in [56] angegebene Beweis für die ursprüngliche Form läßt sich leicht auch auf die modifizierte Form übertragen. Der Algorithmus besteht im wesentlichen aus einer Startphase, in der die Anfangswerte

$$g_i^{(0)} = 1/\underset{k}{\text{Minp}}(| a_{ik} |), \quad h_k^{(0)} = 1/\underset{i}{\text{Minp}}(g_i^{(0)} | a_{ik} |), \quad i, k = 1, \dots, n$$

für die Skalenfaktoren bestimmt werden, welche offensichtlich die Restriktionen aus Gl. (2.7.12b) erfüllen, und aus einer Iterationsphase, in der diese Werte solange verändert werden, bis sich das betragsgrößte Element der mit den momentanen Skalenfaktoren des jeweiligen Iterationsschritts gewichteten Matrix ohne gleichzeitige Verkleinerung des betragskleinsten Elements nicht mehr weiter verkleinern bzw. das betragskleinste Element ohne gleichzeitige Vergrößerung des betragsgrößten nicht mehr weiter vergrößern läßt. Wie in [56] gezeigt ist, kommt diese Iteration nach endlich vielen Schritten, deren Anzahl sich aber vorher nicht abschätzen läßt, zum Stehen und liefert eine Näherung für die Optimallösung, deren Genauigkeit in der Praxis völlig ausreicht. Das Verfahren erfordert in jedem Iterationsschritt ziemlich kompliziert aussehende Markierungen gewisser Zeilen und Spalten, die sich durch Einführen zweier Indexlisten programmtechnisch jedoch sehr einfach realisieren lassen. Um nicht durch für das Grundprinzip unwesentliche Details zu verwirren, wird der Algorithmus im folgenden größtenteils verbal formuliert; es dürfte aber nicht schwerfallen, ihn danach in eine höhere Programmsprache umzusetzen. Eine FORTRAN–Fassung als Teil des Unterprogramms AEQLIB findet man im Anhang; um den Vergleich zu erleichtern, werden die dort vorkommenden Anweisungsnummern auch im folgenden als Sprungmarken gewählt.

```
begin comment Fulkerson–Wolfe–Algorithmus;
comment Bestimmung der Startwerte;
4000: g_i := 1/Minp(|a_ik|), i = 1, ..., n;  h_k := 1/Minp(g_i|a_ik|), k = 1, ..., n;
              k                                        i
comment Iteration;
      70: w := Max(g_i|a_ik|h_k);  if w < 2 then goto 320;
              i,k
          Lösche sämtliche Zeilen- und Spaltenmarkierungen;
          Markiere diejenige Zeile mit  1, in der der zuerst gefundene Wert von
          w liegt; kmax := Index derjenigen Spalte, in der dieses  w  liegt;
     110: markz := 0; comment markz bzw. marks sind Flaggen, die angeben,
                          ob eine Zeile oder eine Spalte neu markiert
                          wurde;
          for i := 1 step 1 until n do
          if i–te Zeile mit  1 markiert then
          begin
               Markiere diese Zeile mit  2;
               Markiere sämtliche unmarkierten Spalten mit  1, die im Schnitt-
               punkt mit dieser Zeile ein Element  g_i|a_ik|h_k > 2 besitzen;
               markz := 1;
          end;
          if markz = 0 then goto 210;
          marks := 0;
          for k := 1 step 1 until n do
          if k–te Spalte mit  1 markiert then
          begin
               Markiere diese Spalte mit  2;
               Markiere sämtliche unmarkierten Zeilen mit  1, die im Schnitt-
```

$$\boxed{\begin{aligned}
&\qquad\qquad\text{punkt mit dieser Spalte ein Element } g_i\,|\,a_{ik}\,|\,h_k < w/2 \text{ besitzen;}\\
&\qquad\qquad \text{marks} := 1;\\
&\quad \underline{\text{end}};\\
&\quad \underline{\text{if}}\ \text{marks} = 1\ \underline{\text{then}}\ \underline{\text{goto}}\ 110;\\
&210:\ \underline{\text{if}}\ \text{kmax–te Spalte irgendwie markiert}\ \underline{\text{then}}\ \underline{\text{goto}}\ 320;\\
&220:\ q := \mathop{\text{Minp}}_{\mu,\nu}(g_\mu\,|\,a_{\mu\nu}\,|\,h_\nu),\ \ p := \mathop{\text{Minp}}_{\rho,\sigma}(g_\rho\,|\,a_{\rho\sigma}\,|\,h_\sigma),\\[4pt]
&\qquad\qquad \mu \in \{\text{Indizes aller markierten Zeilen}\},\\
&\qquad\qquad \nu \in \{\text{Indizes aller unmarkierten Spalten}\},\\
&\qquad\qquad \rho \in \{\text{Indizes aller unmarkierten Zeilen}\},\\
&\qquad\qquad \sigma \in \{\text{Indizes aller markierten Spalten}\};\\[4pt]
&\qquad \underline{\text{if}}\ p = 0\ \underline{\text{then}}\ p := 1;\ \ qq := \text{Max}(2, \text{Min}(q, \sqrt{w/p}));\\
&\qquad \underline{\text{for}}\ i := 1\ \underline{\text{step}}\ 1\ \underline{\text{until}}\ n\ \underline{\text{do}}\ \underline{\text{if}}\ \text{i–te Zeile markiert}\ \underline{\text{then}}\ g_i := g_i/qq;\\
&\qquad \underline{\text{for}}\ k := 1\ \underline{\text{step}}\ 1\ \underline{\text{until}}\ n\ \underline{\text{do}}\ \underline{\text{if}}\ \text{k–te Spalte markiert}\ \underline{\text{then}}\\
&\qquad\qquad\qquad\qquad\qquad\qquad\qquad\qquad\qquad\qquad h_k := h_k \times qq;\\[4pt]
&\qquad \underline{\text{goto}}\ 70;\ \ \underline{\text{comment}}\ \text{Ende der Iteration};\\
&\underline{\text{comment}}\ \text{Vollständige Äquilibrierung bezüglich der Maximumnorm};\\
&\quad 320:\ g_i := 1/\mathop{\text{Max}}_k(|\,a_{ik}\,|\,h_k),\ i = 1,\dots,n;\ \ h_k := 1/\mathop{\text{Max}}_i(g_i\,|\,a_{ik}\,|),\ k = 1,\dots,n;\\
&\underline{\text{end}}\ \text{Fulkerson–Wolfe–Algorithmus};
\end{aligned}}$$

Dieser Algorithmus läßt sich, wie übrigens auch die anderen Verfahren, ohne weiteres auch zur Äquilibrierung rechteckiger Matrizen verwenden; hat man etwa eine Matrix der Größe $m \times n$, so sind dafür lediglich überall die oberen Summationsgrenzen der i–Schleifen von n in m zu ändern.

Bei der Anwendung dieses Verfahrens ist jedoch eine gewisse Vorsicht geboten. Es arbeitet nur dann im Sinne seiner Anwendung optimal, wenn sämtliche Matrixelemente "echt", d.h. für das zu berechnende Problem wesentlich sind. In der Regel entstehen die Matrixelemente aber als Ergebnis einer vorhergehenden Rechnung; infolge von Rundungsfehlern können dabei jedoch theoretisch exakt verschwindende Elemente numerisch von der Größenordnung der Maschinenpräzision $2^{-t}$ werden, insbesondere dann, wenn solche Elemente durch Differenzbildungen berechnet werden. Der Fulkerson–Wolfe–Algorithmus wird diese Elemente dann natürlich ebenfalls berücksichtigen und eine Skalierung liefern, die u.U. weit entfernt ist vom theoretisch erreichbaren Optimum. Ein solcher Effekt kann bei den anderen Äquilibrierungen nicht auftreten, da dort im wesentlichen nur mit den betragsgrößten Elementen gearbeitet wird. Will man die Fulkerson–Wolfe–Skalierung also optimal einsetzen, so sollte man die Koeffizientenmatrix vorher möglichst von allen unechten Nichtnull–Elementen reinigen; das ist aber ein recht diffiziler Prozess, der die genaue Kenntnis des Entstehens der Matrixelemente erfordert und für den deshalb keine allgemeinen Regeln angegeben werden können. Ist eine Matrix in diesem Sinne aber "sauber", so liefert die Fulkerson–Wolfe–Skalierung eine u.U. durchschlagende Konditionsverbesserung, wie das Beispiel der Matrix Gl. (2.7.5) zeigt. Diese Matrix hat eine Inverse mit einem stark dominanten Element vom Wert $-5.3 \cdot 10^{11}$; für die Konditionszahl in der Zeilennorm gilt damit $\kappa_Z(\mathbf{A}) \approx 5.3 \cdot 10^{25}$. Betrachtet man hingegen die skalierte Matrix $\overline{\mathbf{A}}$ so gilt dafür $\|\overline{\mathbf{A}}\|_Z = 3.1$, $\|\overline{\mathbf{A}}^{-1}\|_Z = 11.2$ und damit $\kappa_Z(\overline{A}) = 34.7$; die auf den ersten Blick fürchterlich aussehende Matrix (2.7.5) ist in Wirklichkeit also äußerst gut konditioniert. Nun ist dieses Beispiel zwar bewußt konstruiert und man wird in der Praxis meist keine ganz so durchschlagenden Erfolge erzielen können, aber der Einsatz des Algorithmus lohnt sich auf jeden Fall immer bei Matrizen, deren Elemente Größenunterschiede von mehr als etwa $2^{t/2}$ aufweisen.

Es muß noch erwähnt werden, daß bei der Programmierung des Verfahrens gewisse Sondermaßnahmen getroffen werden sollten. Im Verlauf der Anfangswertbestimmung für die Skalenfaktoren kann es vorkommen, daß das betragsgrößte Element der Matrix durch das betragskleinste dividiert wird; ist nun $\Omega$ die größte in der Maschine darstellbare Gleitkommazahl und etwa $\mathrm{Max}(|a_{ik}|) > \sqrt{\Omega}$, $\mathrm{Min}(|a_{ik}|) < \sqrt{\Omega}$, so tritt bei dieser Division ein Gleitkommaüberlauf ein. Dieser Überlauf stört aber die Rechnung nicht, vorausgesetzt, man ordnet dem Ergebnis einen Wert $\Omega^* \leqslant \Omega$ zu, für den $\mathrm{gl}(1/\Omega^*) > 0$ gilt. Eine solche Überlaufbehandlung ist bei einigen, aber nicht bei allen Rechenanlagen entweder fest vorgesehen oder programmierbar [26], wobei es in letzterem Fall allerdings meist schwierig ist, die Meldungen und -zählungen der Überlauffehler nur an genau definierten Stellen im Programm auszuschalten (das gilt zumindest für ALGOL 60 und FORTRAN; in PL/I kann man sich recht elegant mit der ON OVERFLOW ... ; ... REVERT OVERFLOW;–Konstruktion helfen). Es kann deshalb sinnvoll sein, an diesen Stellen die Multiplikationen mittels eines speziellen Unterprogramms auszuführen, das unter der Voraussetzung, daß ein Gleitkommaunterlauf entweder die der Null am nächsten liegende Maschinenzahl oder die Null selbst als Ergebnis liefert, etwa folgendermassen aussehen kann:

```
real procedure rosprd(a,b); value a,b;
begin comment Überlaufstabile Gleitkommamultiplikation;
if |a| < 1 V |b| < 1 then rosprd := a x b
                else begin
                       w := (1/a)/b;
                       rosprd := if |w| ≤ 1/Ω*  then sign(a) x sign(b) x
                                                                    x Ω*

                                                      else  1/w;

                     end;
end rosprd;
```

Da hierfür im ungünstigsten Fall aber vier Maschinenoperationen erforderlich sind, ist es äußerst unökonomisch, diese Prozedur in einer höheren Programmiersprache zu schreiben; wenn man sie nicht umgehen kann, sollte man sie unbedingt in Maschinencode programmieren und die Betragsprüfungen durch Abfragen der Gleitkommaexponenten von a und b ersetzen.

Schließlich soll noch ein weiteres Skalierungsverfahren kurz erwähnt werden, welches die Norm einer Matrix $A$ durch Skalieren mit einer positiven Diagonalmatrix $D$: $\overline{A} = D^{-1}AD$, zu einem Minimum macht. Da dieses Osborne–Verfahren [58], das seine Hauptanwendung bei der Präkonditionierung von Matrizen im Rahmen der Eigenwertberechnung findet, jedoch nur bei nichtsymmetrischen Matrizen Vorteile bringt, ist seine Anwendung in der Netzwerkanalyse äußerst beschränkt, da die vorkommenden Knotenleitwertmatrizen in der Regel eine recht große Symmetrie zeigen, wenn das zugrunde liegende Netzwerk nicht gerade ausschließlich aus den in Abschnitt 1.1.6 und 1.1.7 beschriebenen Mehrtoren besteht. Aus diesem Grund wollen wir darauf nicht weiter eingehen und verweisen den interessierten Leser auf [30, S. 315], [57–60] sowie die in [30, 59] angegebenen ALGOL 60– bzw. die in [60] enthaltenen FORTRAN–Programme.

Zum Schluß wollen wir noch den Rechenaufwand für eine implizite Äquilibrierung abschätzen. Für die partielle $l_1$–Äquilibrierung nach Gl. (2.7.7a,b) berechnet man unter Verwendung der Betragsnäherung Gl. (2.4.35) dazu leicht einen Aufwand von jeweils $3n^2 + n$ Maschinenoperationen, und für die vollständige $l_\infty$–Äquilibrierung nach Gl. (2.7.9) einen Aufwand von $5n^2 + 2n$ Maschinenoperationen. Infolge der iterativen Rechenvorschrift ist der Aufwand für die Fulkerson–Wolfe–Äquilibrierung in dieser einfachen Form aber leider nicht anzugeben, man kann nur die allgemeine Abschätzung $15n^2 + 4n + \lambda n$ erhalten, in der $\lambda$ für die a priori nicht bestimmbare Anzahl der insgesamt durchgeführten Suchprozesse zur Zeilen- und Spaltenmarkierung steht. Experimentell wurden bei der Skalierung einer größeren Zahl von Matrizen verschiedener Ordnung n, deren durch komplexe Zufallszahlen erzeugte Elemente im Bereich $10^{-20} \leqslant |a_{ik}| \leqslant 10^{20}$ lagen, $\lambda$–Werte von $0 \leqslant \lambda \lesssim 80n$ gefunden; der Rechenaufwand war dabei also in keinem Fall größer als das etwa 6–fache des Grundaufwands von rund $15n^2$ Maschinenoperationen. Obwohl diese Angaben nicht unbedingt als repräsentativ angesehen werden sollten, geben sie doch einen ungefähren Anhaltspunkt für die in der Praxis zu erwartenden Rechenzeiten bei der Fulkerson–Wolfe–Skalierung. Für sämtliche untersuchten Beispiele war die Rechenzeit des vorgeschlagenen Algorithmus im übrigen erheblich geringer als diejenige einer FORTRAN–Übersetzung des nach der Originalform arbeitenden Programms aus [61].

Wie wir zu Beginn festgestellt haben, verursacht die implizite Skalierung während der Elimination noch einen zusätzlichen Aufwand von zwei Gleitkommamultiplikationen pro Betragsvergleich bei der Pivotsuche. Bei partieller Pivotsuche bedeutet das einen Zusatzaufwand von insgesamt $n^2 + n$ und bei vollständiger Pivotsuche von $2n^3/3 + n^2 + n/3$ Maschinenoperationen, jeweils für unverkettete Elimination. Im Vergleich zu den rund $8n^3/3$ Operationen für die Banachiewicz– bzw. Crout– und die rund $10n^3/3$ Operationen für die Cholesky–Faktorisierung erscheint dieser Zusatzaufwand jedoch in jedem Fall als tragbar.

## 2.8 Verträglichkeit einer Lösung mit Datenfehlern des linearen Gleichungssystems

Bisher nahmen wir meist stillschweigend an, daß die Eingangsdaten eines linearen Gleichungssystems, also die Elemente der Koeffizientenmatrix und der rechten Seite, exakt gegeben seien. Das trifft bei praktischen Problemen aber nur in den seltensten Fällen zu, denn entweder entstehen diese Daten durch eine vorangehende Rechnung mit unvermeidlichen numerischen Fehlern, oder sie ergeben sich aus ebenfalls zwangsläufig fehlerbehafteten Messungen im weitesten Sinne. Die letztlich zur Verfügung stehenden Daten eines linearen Gleichungssystems stellen also in aller Regel nur Näherungswerte für das wirkliche Problem dar; entsprechend ist die berechnete Lösung auch nur eine Näherung der wahren Lösung. Die Güte dieser Näherung wird offenbar von zwei Faktoren bestimmt, nämlich einmal von den Datenfehlern und zum anderen von den durch den Lösungsalgorithmus selbst verursachten numerischen Fehlern. Je nach Art des Problems können die beiden Fehlerquellen nun durchaus verschiedene Konsequenzen für den Anwender haben, denn ist das Gleichungssystem z.B. empfindlich gegenüber Eingangsdatenfehlern und sind diese nicht vernachlässigbar, so ist mit den vorhandenen Daten prinzipiell nur eine begrenzt genaue Approximation des wirklichen Problems zu erzielen, und große Anstrengungen zur Erzielung einer hohen numerischen Genauigkeit, etwa durch eine Nachiteration, erscheinen daher als nicht sehr sinnvoll. Sind dagegen die Eingangsdaten genau, ist aber das Gleichungssystem schlecht konditioniert, so sind solche Maßnahmen durchaus sinnvoll, da sie dann sicherlich eine bessere Approximation des wirklichen Problems liefern. Oft kennt man die Größenordnung der Eingangsdatenfehler oder kann sie zumindest abschätzen, und es wäre daher ein Kriterium wünschenswert zur Entscheidung, ob eine gegebene Lösung mit diesen Fehlern verträglich ist oder ob man die Lösung noch verbessern sollte. Mathematisch läßt sich die solch einem Kriterium zugrunde liegene Problemstellung folgendermaßen formulieren: Gegeben sei ein lineares Gleichungssystem, dessen n–reihige Koeffizientenmatrix $\mathbf{A}^{(0)}$ bzw. rechte Seite $\mathbf{b}^{(0)}$ in dem Sinne unscharf sind, daß die gegebenen Koeffizienten $a_{ik}^{(0)}$ bzw. $b_i^{(0)}$ Elemente gewisser endlicher abgeschlossener Gebiete $\mathfrak{G}(a_{ik})$ bzw. $\mathfrak{G}(b_i)$ der komplexen Ebene sind:

$$a_{ik}^{(0)} \in \mathfrak{G}(a_{ik}) , \quad b_i^{(0)} \in \mathfrak{G}(b_i) , \quad i,k = 1,\dots,n , \qquad (2.8.1\,\mathrm{a})$$

oder in kompakter Schreibweise

$$\mathbf{A}^{(0)} \in \mathfrak{G}(\mathbf{A}) , \quad b^{(0)} \in \mathfrak{G}(\mathbf{b}) . \qquad (2.8.1\,\mathrm{b})$$

Gesucht ist ein Entscheidungskriterium dafür, ob ein gegebener Vektor $y$ zur möglichen Lösungsmenge dieses Gleichungssystems gehört oder nicht.

Die oben eingeführten Unschärfegebiete können im Prinzip beliebige Form besitzen, wir wollen aber die auch in der Praxis meist realistische Annehme machen, daß es Kreisscheiben mit $a_{ik}^{(0)}$ bzw. $b_i^{(0)}$ als Mittelpunkten und $\alpha_{ik}$ bzw. $\beta_i$ als Radien sind, d.h.

$$\mathfrak{G}(a_{ik}) ::= \left\{ z \mid |z - a_{ik}^{(0)}| \leqslant \alpha_{ik} \right\} , \quad \mathfrak{G}(b_i) ::= \left\{ z \mid |z - b_i^{(0)}| \leqslant \beta_i \right\} ,$$

$$i,k = 1,\dots,n , \qquad (2.8.2)$$

dann sind $\mathfrak{G}(\mathbf{A})$ bzw. $\mathfrak{G}(\mathbf{b})$ die jeweiligen Vereinigungsmengen dieser Kreisscheiben. Nehmen wir weiterhin an, daß sämtliche Matrizen $\mathbf{A} \in \mathfrak{G}(\mathbf{A})$ regulär sind, dann liefert unser Gleichungssystem für jede mögliche Koeffizientenmatrix und jede mögliche rechte Seite eine eindeutige Lösung; die Gesamtmenge der möglichen Lösungen wollen wir mit

$$\mathfrak{G}(x) ::= \left\{ x \mid \mathbf{A}x = \mathbf{b} , \quad \mathbf{A} \in \mathfrak{G}(\mathbf{A}) , \quad \mathbf{b} \in \mathfrak{G}(\mathbf{b}) \right\} \qquad (2.8.3)$$

bezeichnen. Sei jetzt ein beliebiger n–elementiger Spaltenvektor $y$ gegeben, dann erhebt sich die Frage, unter welchen Umständen dieses $y$ ein Element von $\mathfrak{G}(x)$ sein kann oder anders ausgedrückt, unter welchen Umständen $y$ mit dem Gleichungssystem verträglich ist. Dieses *Verträglichkeits-* oder *Kompatibilitätsproblem* wurde erstmals von Oettli und Prager [62] untersucht. Ihr Ergebnis, das trotz seiner Einfachheit durchaus nicht trivial ist, läßt sich folgendermaßen darstellen:

*Satz 2.8/1* (Oettli und Prager [62]):

Erfüllen die Koeffizientenmatrix $\mathbf{A}^{(0)}$ und die rechte Seite $\mathbf{b}^{(0)}$ eines linearen Gleichungssystems die Bedingungen (2.8.2), ist $y$ ein beliebiger n–elementiger Spaltenvektor und ist $\mathbf{r} = \mathbf{b}^{(0)} - \mathbf{A}^{(0)}y$ das Residuum dieses Vektors, so gilt $y \in \mathfrak{G}(x)$ mit $\mathfrak{G}(x)$ entsprechend Gl. (2.8.3) genau dann, wenn für alle $i = 1, ..., n$ gilt:

$$|r_i| \leqslant \beta_i + \sum_{k=1}^{n} a_{ik}\,|y_k|\,. \tag{2.8.4}$$

Das Erfülltsein sämtlicher $n$ Ungleichungen ist notwendig und hinreichend.

Wir wollen jetzt diesen Satz an einem kleinen Beispiel erläutern. Dazu betrachten wir ein lineares Gleichungssystem zweiter Ordnung, dessen Daten folgendermaßen lauten sollen:

$$|a_{11} - 1| \leqslant 0.5,\ |a_{12} - 1| \leqslant 0.3,\ |a_{21} - 1| \leqslant 0.2,\ |a_{12} + 1| \leqslant 0.1,$$

$$|b_1 - 3| \leqslant 0.4,\ |b_2 - 1| \leqslant 0.2\,;$$

die Angabe $|a_{11} - 1| \leqslant 0.5$ usw. soll dabei anzeigen, daß der wahre Wert von $a_{11}$ irgendwo in der Kreisscheibe mit Mittelpunkt $a_{11}^{(0)} = 1$ und Radius $a_{11} = 0.5$ liegt. Für einen Vektor $y = [y_1\ y_2]'$ können wir dann das Kriterium (2.8.4) folgendermaßen ausführlich hinschreiben:

$y \in \mathfrak{G}(x)$ genau dann, wenn:

$$|3 - y_1 - y_2| \leqslant 0.4 + 0.5\,|y_1| + 0.3\,|y_2| \qquad \text{und gleichzeitig}$$

$$|1 - y_1 + y_2| \leqslant 0.2 + 0.2\,|y_1| + 0.1\,|y_2|\,.$$

Man überzeugt sich leicht, daß es erfüllt ist für die Nominallösung $y = x^{(0)} = [2\ 1]'$, aber auch z.B. für die Vektoren $y = [1.620 + j0.943\ \ 0.760 + j0.495]'$ oder $y = [1.374 - j0.213\ \ 0.722 - j0.062]'$, die damit zu diesem Gleichungssystem verträglich sind, nicht jedoch etwa für den Vektor $y = [2\ 0]'$, der sich damit als unverträglich erweist.

Bei der Lösung praktischer Probleme sind in der Regel zumindest Abschätzungen für die $a_{ik}$ und $\beta_i$ bekannt, die man bei Netzwerkaufgaben z.B. aus den zu erwartenden

Bauelementetoleranzen gewinnen kann. Hat man daher eine möglicherweise numerisch ziemlich ungenaue Lösung einmal berechnet, so liefert das Oettli–Prager–Kriterium sofort eine Entscheidung darüber, ob man sie so akzeptieren oder etwa noch nachiterieren soll. Wir sehen also, daß dieses Kriterium die am Ende von Abschnitt 2.5.3 aufgeworfene Frage in sehr einfacher Weise beantwortet.

Ein für numerische Untersuchungen interessanter Spezialfall dieses Kriteriums ist noch erwähnenswert. Betrachtet man die Eingangsdaten $a_{ik}$ und $b_i$ eines Gleichungssystems als exakte Daten, so ist bei deren maschineninterner Darstellung immer noch mit den aus dem Rundungsfehlermodell Gl. (2.5.21) folgenden Unschärfegebieten $|\,gl(a_{ik}) - a_{ik}\,| \leqslant |\,a_{ik}\,| \cdot 2^{-t}$ und $|\,gl(b_i) - b_i\,| \leqslant |\,b_i\,| \cdot 2^{-t}$ zu rechnen. Für diesen Fall folgt daher aus Gl. (2.8.4):

$y \in \mathfrak{G}(x)$ genau dann, wenn für alle $i = 1, \dots, n$ gilt:

$$|\,b_i - \sum_{k=1}^{n} a_{ik}\, y_k\,| \leqslant 2^{-t}\,[\,|\,b_i\,| + \sum_{k=1}^{n} |\,a_{ik}\, y_k\,|\,]\,. \qquad (2.8.5)$$

Erfüllt demnach die Eliminationslösung eines linearen Gleichungssystems diese Ungleichungen, so ist sie in der Regel zu akzeptieren. Man sollte dabei aber immer bedenken, daß bei schlecht konditionierten Gleichungssystemen die Unschärfegebiete $\mathfrak{G}(x_i)$ der einzelnen Lösungskomponenten $x_i$ recht groß sein können, so daß auch anscheinend "unsinnig" aussehende Lösungen durchaus noch im Sinne von Gl. (2.8.5) verträglich sind.[1] Leider läßt sich der Oettli–Prager–Satz nicht ohne weiteres zur Gewinnung von a priori–Aussagen über die Größe der zu erwartenden $\mathfrak{G}(x_i)$ heranziehen. Da diese Gebiete in der Regel keine Kreise mehr sind, sondern sehr unregelmäßige Formen annehmen können, ist letzteres vielmehr ein außerordentlich kompliziertes Problem, das nur mit Hilfe intervallanalytischer Methoden zu behandeln ist [73]. Wie in [62] gezeigt wird, kann man aber immerhin eine Fehlermatrix $\mathbf{F}$ bzw. einen Fehlervektor $\mathbf{f}$ explizit konstruieren, welche die in Gl. (2.3.39) definierte Beziehung $(\mathbf{A} + \mathbf{F})\widetilde{\mathbf{x}} \equiv \mathbf{b} + \mathbf{f}$ erfüllen, falls $\widetilde{\mathbf{x}}$ das Kriterium (2.8.5) erfüllt. Für deren Elemente gilt mit $i, k = 1, \dots, n$:

$$F_{ik} = \frac{|\,a_{ik}\,|\,r_i}{N_i}\,\frac{\widetilde{x}_k^{\,*}}{|\,\widetilde{x}_k\,|}\,, \qquad f_i = -\,\frac{|\,b_i\,|\,r_i}{N_i}\,, \qquad N_i = |\,b_i\,| + \sum_{j=1}^{n} |\,a_{ij}\,\widetilde{x}_j\,|\,, \qquad (2.8.6)$$

wobei $\widetilde{x}_k^{\,*}$ die konjugiert komplexen Elemente bedeuten und $r_i$ die Komponenten des Residuenvektors sind. Die so konstruierten $\mathbf{F}$ bzw. $\mathbf{f}$ sind allerdings nicht eindeutig.

Kann man die Unschärfeschranken sämtlicher Elemente der Koeffizientenmatrix als gleich ansehen und ebenso diejenigen der Elemente der rechten Seite, so lassen sich die

---

[1] Das trifft z.B. auf die Eliminationslösungen der beiden Beispiele aus Abschnitt 2.5.4 zu, die beide mit den entsprechenden Gleichungssystemen verträglich sind. Da im ersten Beispiel sämtliche Eingangsdaten exakt in der Maschine dargestellt werden, führt die Nachiteration auf die im Rahmen der Maschinenpräzision exakte Lösung, während dies im zweiten Beispiel wegen $\mathrm{Re}\,(g) = 0.7$ nicht zutrifft.

n Ungleichungen der Kriterien (2.8.4) bzw. (2.8.5) bei Einführung geeigneter Matrix- und Vektornormen durch eine einzige Ungleichung zwischen Normen ersetzen. Diese Spezialisierung wurde von Rigal und Gaches [63] durchgeführt. Da in der Praxis die Daten aber viel eher gleiche relative Unschärfen als gleiche absolute Unschärfebereiche besitzen, ist diese Annahme, wenn überhaupt, dann nur für Matrizen und Vektoren mit betragsgleichen Elementen erfüllt. Dieser Fall wird aber nur ausnahmsweise auftreten; wir wollen daher diese Überlegungen nicht weiter verfolgen und verweisen den Leser auf [63].

Man sollte sich nochmals genau den Unterschied zwischen den Gln. (2.8.4), (2.8.5) und etwa der ähnlich aussehenden Residuenabschätzung nach Gl. (2.5.33) klarmachen. Letztere liefert eine a priori-Schranke für die Residuen der Eliminationslösung eines linearen Gleichungssystems, in die ausschließlich die aktuell in der Maschine vorhandenen Eingangsdaten des Gleichungssystems eingehen und bei der nur die im Verlauf der Elimination ungünstigstenfalls eintretenden Rundungsfehlereinflüsse abgeschätzt werden, während das Oettli–Prager–Kriterium eine a posteriori-Prüfung gestattet, ob irgend ein beliebiger Vektor, der durchaus nicht aus einer Elimination oder einer sonstigen Lösung des Gleichungssystems zu stammen braucht, mit den potentiell möglichen Eingangsdaten dieses Systems verträglich ist. Es ist also ein Entscheidungskriterium, dessen Aussage in seiner Art etwa vergleichbar ist mit den Aussagen von Stabilitätskriterien für physikalische Systeme [64].

Bei der Realisierung von Gl. (2.8.4) und insbesondere von Gl. (2.8.5) auf einem Digitalrechner sollte man die Residuen unbedingt doppelt genau berechnen, da anderenfalls die dabei möglicherweise auftretenden Rundungsfehler eine zuverlässige Verträglichkeitsprüfung illusorisch machen können. Die einfach genaue Berechnung der n Betragssummen auf der rechten Seite dieser Ungleichungen erfordert etwa den gleichen Rechenaufwand wie eine Rückrechnung, so daß der Gesamtrechenaufwand für diese Beziehungen von gleicher Größenordnung ist wie derjenige für einen Iterationsschritt des Restkorrekturverfahrens.

# 3 Analyse von Netzwerken mit einstellbaren Parametern

Mit Hilfe der bisher beschriebenen Methoden können wir jetzt jedes beliebige lineare zeitinvariante Netzwerk im Frequenzbereich analysieren. Das gilt auch für Netzwerke mit Elementen, deren Werte sich von außen einstellen lassen. Will man die Ströme und Spannungen dabei als Funktion eines solchen einstellbaren Parameters bestimmen, so könnte man für jeden gewünschten Parameterwert im Prinzip eine vollständige Analyse durchführen; da aber die Parametervariation eine in der Praxis recht häufig auftretende Aufgabe ist, etwa bei Toleranzanalysen, so sollte man doch versuchen, den Rechenaufwand durch Benutzung bereits bekannter Lösungswerte möglichst klein zu halten. Ein erster Ansatz dazu bietet das totale Differential; ist $\mathbf{x}$ die Lösung eines linearen Gleichungssystems mit der Koeffizientenmatrix $\mathbf{A}$ und ändert man z.B. deren Element $a_{\mu\nu}$ um einen hinreichend kleinen Betrag $\Delta a_{\mu\nu} = \gamma$, so gilt unter Beachtung von Gl. (2.3.47) für die Änderung von $\mathbf{x}$ näherungsweise:

$$\Delta\mathbf{x} \approx \frac{\partial \mathbf{A}^{-1}}{\partial a_{\mu\nu}}\,\mathbf{b}\cdot\gamma = -\mathbf{A}^{-1}\mathbf{E}_{\mu\nu}\mathbf{A}^{-1}\mathbf{b}\cdot\gamma = -\mathbf{A}^{-1}\mathbf{E}_{\mu\nu}\mathbf{x}\cdot\gamma\,, \qquad (3.1)$$

wobei die Matrix $\mathbf{E}_{\mu\nu}$ in der Position $(\mu,\nu)$ eine Eins und sonst lauter Nullen enthält. Bezeichnet man jetzt mit $\mathbf{e}_\mu$ einen Spaltenvektor, dessen $\mu$–tes Element gleich Eins und alle anderen Elemente gleich Null sind, der also gleich der $\mu$–ten Spalte der Einheitsmatrix ist, so ist offenbar $\mathbf{E}_{\mu\nu}\mathbf{x} \equiv \mathbf{e}_\mu x_\nu$. Führt man noch den Vektor $\mathbf{z} = \mathbf{A}^{-1}\mathbf{e}_\mu$ ein, den man praktisch als Lösung des Gleichungssystems $\mathbf{A}\mathbf{z} = \mathbf{e}_\mu$ berechnet, so folgt schließlich aus Gl. (3.1):

$$\Delta\mathbf{x} \approx -\gamma x_\nu\cdot\mathbf{z}\,, \qquad (3.2)$$

wobei $x_\nu$ die $\nu$–te Komponente des Lösungsvektors $\mathbf{x}$ ist. Wie wir im Anschluß sehen werden, ist diese Näherung nur dann brauchbar, wenn $|\gamma z_\nu| \ll 1$ gilt; da dies insbesondere bei größeren Änderungsbeträgen $\gamma$ jedoch nicht garantiert werden kann, ist Gl. (3.2) in der Praxis nur von bedingtem Wert.

Nun läßt sich aber eine exakte Änderungsformel aus einer Matrizenidentität ableiten, die auch für sich genommen bemerkenswert ist. Ist $\mathbf{A}$ eine reguläre n–reihige quadratische Matrix, $\mathbf{S}$ eine beliebige m–reihige quadratische Matrix und sind $\mathbf{V}$ und $\mathbf{W}'$ (n × m)– bzw. (m × n)–reihige Matrizen, so gelten für die Matrix $\hat{\mathbf{A}} = \mathbf{A} + \mathbf{V}\mathbf{S}\mathbf{W}'$, die nach Zielke [65] als zu $\mathbf{A}$ *benachbart* bezeichnet werden soll, die folgenden Beziehungen:

$$(A + VSW')^{-1} \equiv A^{-1} - A^{-1}V(E + SW'A^{-1}V)^{-1}SW'A^{-1} \equiv \qquad (3.3\,a)$$

$$\equiv A^{-1} - A^{-1}VS(E + W'A^{-1}VS)^{-1}W'A^{-1} = \qquad (3.3\,b)$$

$$= A^{-1} - A^{-1}VS(S + SW'A^{-1}VS)^{-1}SW'A^{-1} = \qquad (3.3\,c)$$

$$= A^{-1} - A^{-1}V(S^{-1} + W'A^{-1}V)^{-1}W'A^{-1}\,, \qquad (3.3\,d)$$

wobei in (3.3 c) $S$ verschieden von der Nullmatrix und in (3.3 d) $S$ regulär sein muß. Diese Beziehungen, die in [65] allgemein bewiesen werden und die auch richtig bleiben, falls $A + VSW'$ singulär wird, weil dann der rechts jeweils in Klammern stehende Term ebenfalls singulär wird, haben eine interessante Geschichte, da von verschiedenen Autoren eine ganze Reihe von Spezialfällen unabhängig voneinander angegeben wurde, ohne daß man anscheinend längere Zeit deren Äquivalenz erkannte. Aus diesem Grund sind die einzelnen Formeln auch unter verschiedenen Namen in der Literatur bekannt, z.B. als Duncan–, Dwyer–, Bartlett– oder am häufigsten als Woodbury–Formel; eine ausführliche Darstellung sämtlicher bekanntgewordener Varianten findet der Leser in der Monografie von Zielke [65]. Wir wollen hier jedoch die Konsequenzen dieser Formeln nicht in voller Breite diskutieren, sondern uns dem Spezialfall zuwenden, daß $S$ zu einem Skalar $\gamma$, $V$ zu einem n–elementigen Spaltenvektor $v$ und $W'$ zu einem ebenfalls n–elementigen Zeilenvektor $w'$ entarten; dann geht z.B. Gl. (3.3 a) in die meist nach Sherman und Morrison benannte Formel

$$(A + \gamma vw')^{-1} \equiv A^{-1} - \gamma \frac{A^{-1}v \cdot w'A^{-1}}{1 + \gamma w'A^{-1}v} \qquad (3.4)$$

über. Betrachtet man nun ein lineares Gleichungssystem $Ax = b$, und nimmt man an, die Koeffizientenmatrix werde in eine benachbarte Matrix $\hat{A} = A + \gamma vw'$ überführt, so folgt aus dieser Formel als Lösung des benachbarten Gleichungssystems:

$$\hat{x} = \hat{A}^{-1}b = x - \gamma \frac{(A^{-1}v)w'x}{1 + \gamma w'(A^{-1}v)} = x - \frac{\gamma zw'x}{1 + \gamma w'z} = x - \frac{\gamma w'x}{1 + \gamma w'z}\,z\,, \qquad (3.5)$$

wobei der Vektor $z$ wie oben die Lösung des Gleichungssystems $Az = v$ ist und die zuletzt durchgeführte Umformung deshalb möglich ist, weil $w'x$ einen Skalar darstellt. Hat man aber das ursprüngliche System bereits mittels einer LR–Zerlegung gelöst, so läßt sich der Vektor $z$ durch eine Rückrechnung mit der rechten Seite $v$ sehr einfach bestimmen; die Berechnung von $\hat{x}$ benötigt damit im komplexen Fall insgesamt nur noch rund $14n^2 + 22n$ Maschinenoperationen anstelle der rund $4n^3 + 10n^2$ Operationen für eine erneute vollständige Lösung des benachbarten Gleichungssystems und ist daher für $n \geqslant 3$ in jedem Fall ökonomischer.

Die Beziehung (3.5) läßt sich noch weiter vereinfachen, wenn man die spezielle Form einer Knotenleitwertmatrix berücksichtigt. Wie wir wissen, besitzt eine solche Matrix eine durch das Zweipolteilnetzwerk festgelegte symmetrische Grundstruktur, und die Symmetrie wird nur durch die eventuell überlagerten Leitwertmatrizen von Mehrpolteilnetzen gestört, vgl. Abschnitt 1.1.5. Ändert man nun den Leitwert etwa des zwischen den Knoten $\mu$ und $\nu$ liegenden Zweipolzweigs um einen Betrag $\Delta y_{\mu\nu} = \gamma$, so bewirkt diese Änderung entsprechend der Strukturregel V4 aus Abschnitt 1.1.8 die Änderung von genau vier Elementen in der Knotenleitwertmatrix:

$$\hat{Y}_{\mu\mu} := Y_{\mu\mu} + \gamma \; ; \quad \hat{Y}_{\mu\nu} := Y_{\mu\nu} - \gamma \; ; \quad \hat{Y}_{\nu\mu} := Y_{\nu\mu} - \gamma \; ; \quad \hat{Y}_{\nu\nu} := Y_{\nu\nu} + \gamma \; . \tag{3.6}$$

Die entsprechend Gl. (3.6) geänderte Knotenleitwertmatrix[1] $\hat{Y}$ ist aber zur ursprünglichen Knotenleitwertmatrix $Y$ benachbart:

$$\hat{Y} = Y + \gamma \mathbf{vv}' \, , \tag{3.7}$$

wobei der Vektor $\mathbf{v}$ jetzt durch

$$v_i = \begin{cases} 1 & \text{für } i = \mu \\ -1 & \text{für } i = \nu \, , \quad i = 1, ..., n \\ 0 & \text{sonst} \end{cases} \tag{3.8}$$

definiert ist; das dyadische Produkt $\mathbf{vv}'$ ergibt dann gerade die gewünschte Änderungsmatrix mit $+1$ in den Positionen $(\mu, \mu)$ und $(\nu, \nu)$, $-1$ in den Positionen $(\mu, \nu)$ und $(\nu, \mu)$, und Null sonst. Infolge der speziellen Form von $\mathbf{v}$ kann man den sich durch Anwendung von Gl. (3.5) ergebenden Ausdruck noch etwas umformen, und man erhält schließlich für die Knotenpotentiale $\hat{U}$ des Netzwerks nach Variation des Zweigleitwerts $y_{\mu\nu}$ in einen Wert $y_{\mu\nu} + \gamma$ den Ausdruck

$$\hat{U} = U - \frac{\gamma(U_{\mu 0} - U_{\nu 0})}{1 + \gamma(z_\mu - z_\nu)} \, z \tag{3.9}$$

mit $YU = I_0$, $Yz = v$, wobei $I_0$ der durch Gl. (1.1.2) bzw. Vorschrift V2 in Abschnitt 1.1.5 definierte und eventuell entsprechend Abschnitt 1.1.10 modifizierte Anregungsvektor ist. Man beachte, daß der Vektor $z$ jetzt gerade die Differenz von $\mu$-ter und $\nu$-ter Spalte der Kehrmatrix $Y^{-1}$ ist. Um also den Einfluß der Variation eines Zweigleitwerts auf die Knotenpotentiale eines Netzwerks zu berechnen, braucht man lediglich den Hilfsvektor $z$ durch Rückrechnung aus den bereits bekannten LR-Faktoren der norminellen Knotenleitwertmatrix $Y$ und dem die Lage des variierten Zweigs im Netzwerk beschreibenden Vektor $\mathbf{v}$ als rechter Seite zu bestimmen, dann den Korrekturfaktor

$$q_{\mu\nu}(\gamma, U, z) = - \frac{\gamma(U_{\mu 0} - U_{\nu 0})}{1 + \gamma(z_\mu - z_\nu)} \tag{3.10a}$$

---

[1] Der Einfachheit halber wollen wir hier und im folgenden die Gesamtknotenleitwertmatrix eines Netzwerks nur noch mit $Y$ und nicht mehr wie in Abschnitt 1 mit $Y_{KG}$ bezeichnen.

zu berechnen und schließlich den Nominalwert $\mathbf{U}$ des Potentialvektors entsprechend

$$\hat{\mathbf{U}} = \mathbf{U} + q_{\mu\nu}(\gamma, \mathbf{U}, \mathbf{z}) \cdot \mathbf{z} \qquad\qquad\qquad (3.10b)$$

zu korrigieren. Da $\mathbf{z}$ nicht vom Variationswert $\gamma$ abhängt, braucht man es bei mehrfacher aufeinanderfolgender Variation des gleichen Netzwerkzweigs auch nur einmal zu berechnen. Man beachte dabei aber, daß sämtliche Variationswerte immer nur auf den Nominalwert des Zweigleitwerts und nicht auf den jeweils vorhergehenden Variationswert zu beziehen sind. Der Rechenaufwand für dieses Vorgehen ist außerordentlich gering; für die erste durchgeführte Variation beträgt er insgesamt $8n^2 + 22n + 29$ Maschinenoperationen und für jede weitere Variation des gleichen Zweigs jeweils $8n + 25$ Operationen.

Die Gln. (3.10) gelten auch, wenn der Leitwert eines zwischen dem Knoten $\mu$ und dem Bezugsknoten $\nu = 0$ liegenden Zweigs variiert wird, falls man $U_{00} \equiv 0$, $z_0 \equiv 0$ setzt. In diesem Fall enthält der Vektor $\mathbf{v}$ nur das eine von Null verschiedene Element $v_\mu = +1$, und $\mathbf{z}$ stellt genau die $\mu$–te Spalte von $\mathbf{Y}^{-1}$ dar.

Als Beispiel für eine Zweigvariation wollen wir die Brückenschaltung aus Bild 3.1 betrachten. Der Zweig $y_{13}$ sei einstellbar; mit dem Nominalwert $y_{13}^{(nom)} = 0$ erhält man dann die angegebene Knotenleitwertmatrix sowie den nominellen Knotenpotentialvektor $\mathbf{U} = [5\ \ 2\ \ 1]'$. Mit $\mu = 1$, $\nu = 3$, d.h. $\mathbf{v} = [1\ \ 0\ \ -1]'$ ergibt sich weiterhin $\mathbf{z} = [4/3\ \ 1/3\ \ -1/3]'$, und daraus folgt für den Korrekturfaktor:

$$q_{13}(\gamma, \mathbf{U}, \mathbf{z}) = -\frac{\gamma(5-1)}{1 + \gamma(4/3 + 1/3)} = -\frac{12\gamma}{3 + 5\gamma}\ .$$

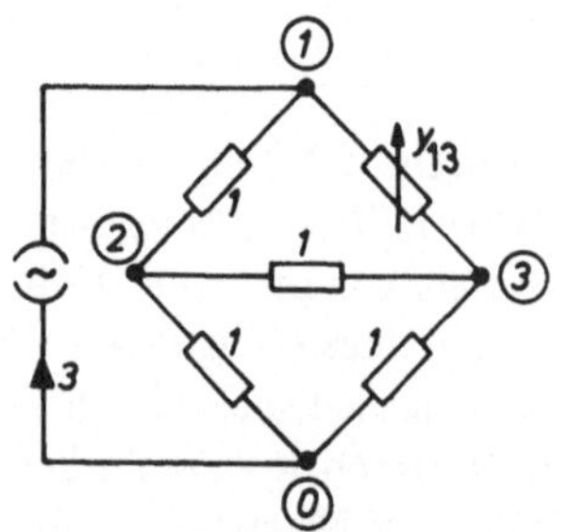


$$y_{13} = 0:\ \mathbf{Y} = \begin{bmatrix} 1 & -1 & 0 \\ -1 & 3 & -1 \\ 0 & -1 & 2 \end{bmatrix};\ \mathbf{I}_0 = \begin{bmatrix} 3 \\ 0 \\ 0 \end{bmatrix}$$

Bild 3.1. Abgleichbare Brückenschaltung

Betrachtet man jetzt die Spannung $\hat{U}_{23} = \hat{U}_{20} - \hat{U}_{30}$ am Diagonalzweig, so folgt dafür mit Gl. (3.10b):

$$\hat{U}_{23} = 2 + q_{13}(\gamma, \mathbf{U}, \mathbf{z})/3 - (1 - q_{13}(\gamma, \mathbf{U}, \mathbf{z})/3) = 1 - \frac{8\gamma}{3 + 5\gamma}\ ,$$

und dieser Ausdruck verschwindet erwartungsgemäß für $\gamma = 1 = \hat{y}_{13}$, da dann die Brücke gerade abgeglichen ist. Hätte man dagegen $\hat{U}_{23}$ durch viermalige Anwendung der aus dem totalen Differential abgeleiteten Näherung (3.2) berechnet, so hätte sich $\hat{U}_{23} \approx 1 - 8\gamma/3$ ergeben und damit die völlig falsche Abgleichbedingung $\gamma = \hat{y}_{13} \approx 3/8$.

Wir müssen jetzt noch den Fall betrachten, daß der Nenner des Korrekturfaktors Gl. (3.10a) verschwindet. In diesem Fall macht die Zweigleitwertvariation die Knotenleitwertmatrix gerade singulär, so daß physikalisch das Netzwerk dann nicht mehr eindeutig definiert ist. In unserem Beispiel tritt das ein für den negativen Leitwert $\hat{y}_{13} = \gamma = = -5/3$, und man überzeugt sich leicht, daß dann die Determinante von $\hat{Y}$ in der Tat verschwindet.

Die beschriebene Technik läßt sich in der angegebenen Form allerdings nicht mehr unmittelbar anwenden, falls man Parameter eines allgemeinen Mehrtors variieren will, da diese meist nicht mehr entsprechend Gl. (3.6) in der Knotenleitwertmatrix verteilt sind. Tritt der zu variierende Parameter nur in einer einzigen Zeile oder Spalte von $Y$ auf, so kann man die Sherman–Morrison–Formel Gl. (3.4) anwenden, wobei $v$ und $w'$ entsprechend zu wählen sind. Ist dies aber nicht der Fall, wie z.B. bei einer spannungsgesteuerten Stromquelle oder einem Gyrator, vgl. Bild 1.1.9, so muß man die Formel auf die gleichzeitige Variation mehrerer Zeilen bzw. Spalten erweitern. Will man bei einer n–reihigen Matrix $A$ z.B. $r \leqslant n$ Zeilen oder Spalten ändern und setzt man

$$\hat{A}_r = A + \sum_{p=1}^{r} v_p w_p' \, , \quad 1 \leqslant r \leqslant n \, ; \quad \hat{x}^{(0)} \equiv x = A^{-1}b \, , \tag{3.11}$$

so erhält man unter Zugrundelegung der Rekursion $\hat{A}_k = \hat{A}_{k-1} + v_k w_k'$ für die z.B. k–te Variation die Korrektur

$$\hat{x}^{(k)} = \hat{x}^{(k-1)} - \frac{w_k' \hat{x}^{(k-1)}}{1 + w_k' z_k^{(k)}} z_k^{(k)} \, ,$$

wobei $z_k^{(k)}$ die für die $k-1$ vorausgegangenen Variationen bereits korrigierte Lösung von $Az_k^{(1)} = v_k$ bedeutet. Schreibt man die entsprechenden Beziehungen für $p = 1, ..., k, ..., r$ hin, so erhält man den folgenden rekursiven Algorithmus:

$$\underline{\text{for}} \ i := 1 \ \underline{\text{step}} \ 1 \ \underline{\text{until}} \ r \ \underline{\text{do}} \ Az_i^{(1)} = v_i \, ; \tag{3.12a}$$

$$\underline{\text{for}} \ p := 2 \ \underline{\text{step}} \ 1 \ \underline{\text{until}} \ r \ \underline{\text{do}}$$

$$\quad \underline{\text{for}} \ i := p \ \underline{\text{step}} \ 1 \ \underline{\text{until}} \ r \ \underline{\text{do}}$$

$$z_i^{(p)} := z_i^{(p-1)} - \frac{w_p' z_i^{(p-1)}}{1 + w_{p-1}' z_{p-1}^{(p-1)}} z_{p-1}^{(p-1)} \, ; \tag{3.12b}$$

$$\underline{\text{for}} \ p := 1 \ \underline{\text{step}} \ 1 \ \underline{\text{until}} \ r \ \underline{\text{do}} \ \hat{x}^{(p)} := \hat{x}^{(p-1)} - \frac{w_p' \hat{x}^{(p-1)}}{1 + w_p' z_p^{(p)}} z_p^{(p)} \, ; \tag{3.12c}$$

$$\hat{x} = \hat{x}^{(r)} \, ; \ .$$

Die Realisierung dieses Algorithmus wird besonders einfach, wenn man, was ohne Beschränkung der Allgemeinheit immer möglich ist, ausschließlich die Variation von Spalten zuläßt, da dann die Vektoren $\mathbf{w}_p'$ nur ein einziges Einselement enthalten; ein Unterprogramm für diesen Fall ist im Anhang angegeben. Als Rechenaufwand benötigt man jetzt $r(8n^2 + 14n)$ Maschinenoperationen für die Rückrechnungen, $\dfrac{(r-1)r}{2}$ $(8n + 9)$ Operationen zur Bestimmung der $z_i^{(p)}$ und $r(8n + 9)$ Operationen zur Berechnung der $\hat{x}^{(p)}$, insgesamt also rund $(4n + 5)r^2 + (8n^2 + 18n + 5)r$ Maschinenoperationen. Daraus folgt, daß der Änderungsalgorithmus (3.12) dann günstiger ist als eine vollständige Neuberechnung des geänderten Gleichungssystems, falls $r \lesssim 0.4n$ ist, anderenfalls ist die Neuberechnung ökonomischer. Es muß jedoch betont werden, daß der Algorithmus in der angegebenen Form nicht immer stabil ist, da trotz regulärer Matrix $\hat{A}_r$ in einzelnen Zwischenschritten ein Nenner $1 + \mathbf{w}_{p-1}' \, \mathbf{z}_{p-1}^{(p-1)}$ verschwinden und damit die Rechnung zusammenbrechen kann, was bedeutet, daß die entsprechende Zwischenmatrix $A_{p-1}$ numerisch singulär ist. Dieser Effekt ist vergleichbar mit dem Zusammenbruch der ohne Pivotsuche durchgeführten Elimination einer regulären Matrix. Während man dort die Rechnung aber immer durch eine Pivotsuche stabilisieren kann, ist das hier nicht so ohne weiteres möglich, wie wir sofort an einem einfachen Beispiel sehen können. Dazu betrachten wir die Knotenleitwertmatrix

$$
\mathbf{Y} = \begin{bmatrix} y - \gamma_1 & -\gamma_2 \\ -\gamma_1 & y - \gamma_2 \end{bmatrix},
$$

die man entweder durch ein Netzwerk aus zwei Leitwerten $y$ und vier spannungsgesteuerten Stromquellen oder entsprechend Bild 1.2.1 bzw. Gl. (1.2.8) mit Hilfe eines Summierverstärkers realisieren könnte, und erregen diese Schaltung mit zwei starren Stromquellen mit Kurzschlußströmen $I_1$ und $I_2$, d.h. mit dem Anregungsvektor $\mathbf{I}_0 = [I_1 \ I_2]'$. Nehmen wir als Nominalwerte der Steuerfaktoren $\gamma_1 = \gamma_2 = 0$ an, so ist dafür der nominelle Knotenpotentialvektor gleich $\mathbf{U} = \dfrac{1}{y} \, [I_1 \ I_2]'$. Ändern wir jetzt die Steuerfaktoren in $\gamma_1 = \gamma_2 = y$, so ist die damit entstandene neue Knotenleitwertmatrix

$$
\hat{\mathbf{Y}}_2 = y\mathbf{E} + \begin{bmatrix} -y \\ -y \end{bmatrix} [1 \ 0] + \begin{bmatrix} -y \\ -y \end{bmatrix} [0 \ 1] = \begin{bmatrix} 0 & -y \\ -y & 0 \end{bmatrix}
$$

zwar regulär, die Zwischenmatrix

$$
\hat{\mathbf{Y}}_1 = y\mathbf{E} + \begin{bmatrix} -y \\ -y \end{bmatrix} [1 \ 0] = \begin{bmatrix} 0 & 0 \\ -y & y \end{bmatrix}
$$

aber singulär. Das zeigt sich auch bei einer Rechnung entsprechend Gl. (3.12), bei der man im einzelnen

$$z_1^{(1)} = - \frac{\gamma_1}{y} \begin{bmatrix} 1 \\ 1 \end{bmatrix}, \quad z_2^{(1)} = - \frac{\gamma_2}{y} \begin{bmatrix} 1 \\ 1 \end{bmatrix}, \quad z_2^{(2)} = - \frac{\gamma_2}{y - \gamma_1} \begin{bmatrix} 1 \\ 1 \end{bmatrix},$$

$$\hat{U}^{(1)} = \frac{1}{y(y - \gamma_1)} \begin{bmatrix} yI_1 \\ \gamma_1 I_1 + (y - \gamma_2)I_2 \end{bmatrix},$$

$$\hat{U}^{(2)} = \frac{1}{y(y - \gamma_1 - \gamma_2)} \begin{bmatrix} (y - \gamma_2)I_1 + \gamma_2 I_2 \\ \gamma_1 I_1 + (y - \gamma_1)I_2 \end{bmatrix}$$

erhält; wie man sieht, verschwindet für $\gamma_1 = 1$ der Nenner der Elemente von $z_2^{(2)}$. Daran ändert sich auch nichts, falls man die beiden Spaltenvariationen in ihrer Reihenfolge vertauscht. Die angesprochene Instabilität des Algorithmus (3.12) ist demnach prinzipieller Natur und nur durch ziemlich komplizierte Maßnahmen zu beheben [65]; aus diesem Grund ist auch von seiner verschiedentlich vorgeschlagenen Verwendung zur Matrixinversion[1] oder zur Lösung linearer Gleichungssysteme dringend abzuraten. Verwendet man ihn dagegen zur Variation von Netzwerkelementen in der oben angegebenen Weise und verschwindet in einem Frequenzpunkt wirklich einer der Nennerausdrücke in Gl. (3.12b) bzw. Gl. (3.12c), so sollte man ihn sofort abbrechen und eine vollständige Neuelimination der geänderten Knotenleitwertmatrix durchführen; irgend welche "Rettungsversuche" sind in jedem Fall so rechenaufwendig, daß sie sich demgegenüber nicht lohnen.

---

[1] In [28, Bd. I] z.B. als Rang–Annulierungsverfahren und in [31] als Jerschowsches Ergänzungsverfahren beschrieben.

# 4 Berechnung der Übertragungsgrößen eines Netzwerks

Betrachtet man ein gegebenes Netzwerk als Teil eines Übertragungssystems, so interessiert man sich vor allem für seine Übertragungsgrößen. Wenn man dazu die allgemeine Ersatzschaltung nach Bild 4.1 zugrunde legt, in der $U_E$ und $G_1$ für den das Netzwerk

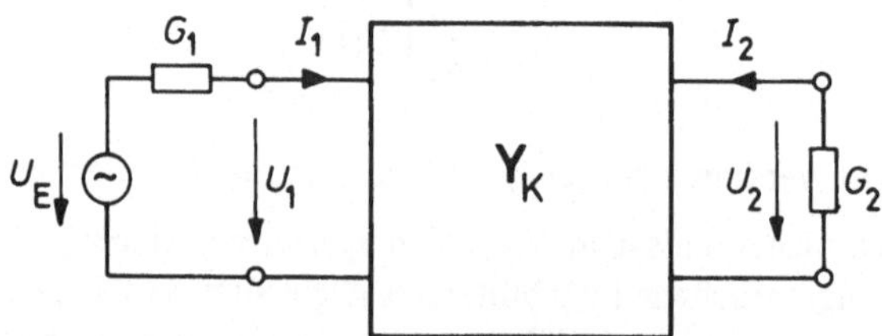

Bild 4.1. Ersatzschaltung eines allgemeinen linearen Übertragungssystems

anregenden Teil des Übertragungssystems und $G_2$ für den das Netzwerk belastenden Teil stehen sollen, so sind die interessierenden Übertragungsparameter folgendermaßen definiert:

Vierpolübertragungsfaktor:
$$A = U_2/U_1 \, , \tag{4.1}$$

Betriebsübertragungsfaktor:
$$A_B = \frac{2 U_2}{U_E} \sqrt{\frac{G_2}{G_1}} \, , \tag{4.2}$$

Eingangsleitwert:
$$Y_{e1} = I_1/U_1 \, , \tag{4.3}$$

Eingangsbetriebsreflexionsfaktor:
$$r_1 = \frac{G_1 - Y_{e1}}{G_1 + Y_{e1}} \, . \tag{4.4}$$

Anstelle der Übertragungsfaktoren werden oft deren Logarithmen betrachtet:

Vierpoldämpfungsmaß:
$$\begin{cases} a = -\ln(|A|) & \text{in Neper} \\ a = -20\log(|A|) & \text{in dezibel} \end{cases} , \tag{4.5}$$

Vierpolwinkelmaß:
$$b = -\arctan\left(\frac{\text{Im}(A)}{\text{Re}(A)}\right) ; \tag{4.6}$$

und entsprechend für den Betriebsübertragungsfaktor. Insbesondere bei Filterschaltungen ist daneben noch die Gruppenlaufzeit von Bedeutung:

Vierpolgruppenlaufzeit:
$$t_{gV} = \frac{db}{d\omega} \, , \qquad (4.7)$$

Betriebsgruppenlaufzeit:
$$t_{gB} = \frac{db_B}{d\omega} \, . \qquad (4.8)$$

Dabei wird für die Betriebsgrößen die Bedingung $0 < |G_1|, |G_2| < \infty$ vorausgesetzt. Eine Diskussion der technischen Bedeutung dieser Größen findet man in Lehrbüchern der Übertragungstechnik; wir wollen hier nur bemerken, daß der Betriebsübertragungsfaktor und der Eingangsbetriebsreflexionsfaktor Elemente der auf $G_1$ und $G_2$ bezogenen Streumatrix $S$ des Vierpols sind [3]:

$$r_1 = S_{11} \, , \qquad A_B = S_{21} \, . \qquad (4.9)$$

Die Berechnung der Übertragungsgrößen geschieht meist in der Weise, daß man erst irgend eine der in Abschnitt 1.2.2 angegebenen Vierpolmatrizen bestimmt und aus deren Elementen dann nach bekannten Regeln der Vierpoltheorie [10, S. 14] die gesuchte Größe berechnet. Dabei macht aber die Gruppenlaufzeit gewisse Schwierigkeiten, da man zu ihrer exakten Berechnung das entsprechende Winkelmaß formelmäßig zur Verfügung haben müßte, um die Frequenzableitung bestimmen zu können. Numerisches Differenzieren des Winkelmaßes ist zwar auch möglich, aber recht aufwendig, da man dazu seinen Wert für jeweils mindestens zwei dicht benachbarte Frequenzpunkte berechnen muß; außerdem ist numerisches Differenzieren bekanntermaßen ein sehr ungenauer Prozeß. Im folgenden soll aber gezeigt werden, daß sich alle Übertragungsgrößen auch im Rahmen einer vollständigen Knotenanalyse bestimmen lassen, wobei für die Gruppenlaufzeit lediglich die Frequenzableitungen der Elemente der Knotenleitwertmatrix, im wesentlichen also die Ableitungen der Zweigleitwerte, benötigt werden, deren Berechnung in der Regel keine großen Schwierigkeiten bereiten dürfte.

Für den allgemeinen Fall wollen wir annehmen, daß das Netzwerk mit der Knotenleitwertmatrix $Y_K$ als Eingangstor das Klemmenpaar $(p, q)$ und als Ausgangstor das Klemmenpaar $(r, s)$ besitzt. Wir erhalten dann für den in Bild 4.1 dargestellten Betriebsfall die in Bild 4.2 angegebene Ersatzschaltung, wenn wir die beiden Abschlußleitwerte $G_1$ bzw. $G_2$ in das Netzwerk hineinnehmen und die eingangsseitige Spannungsquelle in eine Stromquelle mit dem Kurzschlußstrom $I_E = G_1 U_E$ umwandeln. Der Einfachheit halber wollen wir hier und im folgenden voraussetzen, daß sowohl $G_1$ als auch $G_2$ frequenzunabhängig, d.h. rein ohmsch sind; dann ist auch $I_E$ frequenzunabhängig.

Bezeichnen wir die Knotenleitwertmatrix des um die Abschlußleitwerte erweiterten Netzwerks mit $Y$:

$$Y = Y_K + \Gamma; \quad \Gamma_{pp} = \Gamma_{qq} = G_1 \, , \quad \Gamma_{pq} = \Gamma_{qp} = -G_1 \, ,$$
$$\Gamma_{rr} = \Gamma_{ss} = G_2 \, , \quad \Gamma_{rs} = \Gamma_{sr} = -G_2 \, , \quad \Gamma_{ik} = 0 \ \text{für i,k sonst} \, , \qquad (4.10)$$

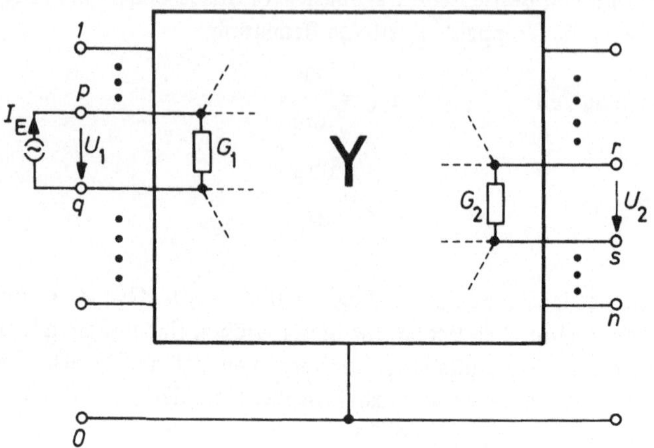

Bild 4.2. Ersatzschaltung des Netzwerks im Betriebsfall

so liefert die vollständige Knotenanalyse mit dem Anregungsvektor

$$\mathbf{I}_0 = [0 \; \ldots \; \mathbf{I}_E \; \ldots \; -\mathbf{I}_E \; \ldots \; 0]'$$
$$\phantom{\mathbf{I}_0 = [0 \; \ldots \;} p \phantom{\ldots} q$$

den Knotenpotentialvektor $\mathbf{U} = \mathbf{Y}^{-1}\mathbf{I}_0$, und es gilt offensichtlich

$$U_1 = U_{pq} \equiv U_{p0} - U_{q0}\,, \qquad U_2 = U_{rs} \equiv U_{r0} - U_{s0}\,. \tag{4.11}$$

Beachtet man jetzt, daß nach Definition $U_E = I_E/G_1$ gilt und daraus die Beziehung $I_1 = (U_E - U_1)G_1 = I_E - G_1 U_1$ folgt, so ergibt sich sofort:

$$Y_{e1} = I_E/(U_{p0} - U_{q0}) - G_1\,, \tag{4.12}$$

$$r_1 = 2(U_{p0} - U_{q0})G_1/I_E - 1\,, \tag{4.13}$$

$$A = (U_{r0} - U_{s0})/(U_{p0} - U_{q0})\,, \tag{4.14}$$

$$A_B = \frac{2(U_{r0} - U_{s0})}{I_E}\sqrt{G_1 G_2}\,, \tag{4.15}$$

woraus man dann auch die entsprechenden Dämpfungs- und Winkelmaße berechnen kann.

Betrachten wir jetzt zur Gruppenlaufzeitberechnung eine allgemeine komplexe Übertragungsfunktion

$$H(j\omega) = \frac{Z(j\omega)}{N(j\omega)} = \frac{R(\omega) + jS(\omega)}{P(\omega) + jQ(\omega)} \tag{4.16}$$

mit reellen Funktionen $R(\omega), S(\omega), P(\omega), Q(\omega)$, so folgt aus dem Ansatz

$$H(j\omega) = |H(j\omega)| \, e^{-jb(\omega)}$$

offensichtlich für das Phasenmaß

$$b(\omega) = -\arctan[S(\omega)/R(\omega)] + \arctan[Q(\omega)/P(\omega)] \, ,$$

und daraus ergibt sich mit den Abkürzungen $\dot{P}(\omega) \equiv \dfrac{dP}{d\omega}$ usw.:

$$\frac{db(\omega)}{d\omega} = \frac{S(\omega)\dot{R}(\omega) - R(\omega)\dot{S}(\omega)}{R^2(\omega) + S^2(\omega)} - \frac{Q(\omega)\dot{P}(\omega) - P(\omega)\dot{Q}(\omega)}{P^2(\omega) + Q^2(\omega)}$$

Dieser Ausdruck läßt sich auch folgendermaßen schreiben:

$$\frac{db(\omega)}{d\omega} = -\mathrm{Im}\left\{ \frac{dZ(j\omega)}{d\omega} \,/Z(j\omega) \right\} + \mathrm{Im}\left\{ \frac{dN(j\omega)}{d\omega} \,/N(j\omega) \right\} =$$

$$= -\mathrm{Im}\left\{ \frac{dH(j\omega)}{d\omega} \,/H(j\omega) \right\} . \tag{4.17}$$

Wendet man diese Beziehung jetzt auf die Gln. (4.14) bzw. (4.15) an, so ergibt sich unter Beachtung der vorausgesetzten Frequenzunabhängigkeit von $G_1, G_2$ und $I_E$:

$$t_{gV}(\omega) = -\mathrm{Im}\left\{ \frac{\dot{U}_{r0} - \dot{U}_{s0}}{U_{r0} - U_{s0}} \right\} + \mathrm{Im}\left\{ \frac{\dot{U}_{p0} - \dot{U}_{q0}}{U_{p0} - U_{q0}} \right\} , \tag{4.18}$$

$$t_{gB}(\omega) = -\mathrm{Im}\left\{ \frac{\dot{U}_{r0} - \dot{U}_{s0}}{U_{r0} - U_{s0}} \right\} . \tag{4.19}$$

Die Berechnung der Spannungsableitungen $\dot{U}_{i0}$ ist nun sehr einfach möglich; differenziert man nämlich die Knotengleichung $I_0 = YU$ nach der Kreisfrequenz, so ergibt sich unter der gleichen Voraussetzung wie oben

$$0 = \frac{dY}{d\omega} \, U + Y \, \frac{dU}{d\omega} \equiv \dot{Y}U + Y\dot{U} \, ,$$

und daraus folgt sofort

$$\dot{U} = -Y^{-1}\dot{Y}U \, . \tag{4.20}$$

Da die Elemente der Knotenleitwertmatrix in jedem Fall formelmäßig in der Rechenanlage gespeichert sein müssen, ist es immer möglich, auch deren Ableitungen in jedem Frequenzpunkt formelmäßig zu berechnen. Will man aber auf höchstmögliche Genauigkeit verzichten, so kann man das Differenzieren auch numerisch durchführen:

$$\dot{Y}(\omega) \approx \frac{Y(\omega + \Delta\omega) - Y(\omega)}{\Delta\omega} \approx \frac{Y(\omega) - Y(\omega - \Delta\omega)}{\Delta\omega} \ ;$$

um Gleitkommaunterlauf zu vermeiden, ist dabei der Frequenzschritt $\Delta\omega$ nicht als absoluter Wert vorzusehen, sondern auf die jeweilige Kreisfrequenz zu beziehen, etwa $\Delta\omega \approx (10 \dots 100) \cdot 2^{-t} \cdot \omega$, vgl. Abschnitt 2.6.

Hat man $\dot{Y}$ für den gerade betrachteten Frequenzpunkt berechnet, so erhält man den Vektor $\dot{U}$ sehr einfach durch eine Rückrechnung der bereits bekannten LR–Zerlegung von $Y$ mit der neuen rechten Seite $-\dot{Y}U$. Die Gruppenlaufzeitberechnung besteht also im wesentlichen aus einer erneuten Rückrechnung und ist daher aufwandsmäßig durchaus vertretbar.

Möchte man die Übertragungsgrößen nicht nur zwischen einem, sondern zwischen mehreren Torpaaren bestimmen, so ist das beschriebene Verfahren mit den jeweils entsprechenden Anregungsvektoren zu wiederholen. Entscheidend dabei ist, daß die LR–Zerlegung der Knotenleitwertmatrix und die Berechnung von $\dot{Y}$ nur einmal durchgeführt werden muß und die übrige Rechnung im wesentlichen nur aus Rückrechnungen besteht.

# 5 Berechnung der Parameterempfindlichkeiten eines Netzwerks

Ein wichtiges Beurteilungskriterium für die technische Brauchbarkeit eines Netzwerks ist die Empfindlichkeit seiner elektrischen Eigenschaften gegenüber Toleranzen seiner Bauelemente. Bezeichnet man die Knotenspannungen, Zweigströme, Übertragungsfaktoren usw. allgemein mit $W_i$ und die Bauelementeparameter, d.h. die Werte der Widerstände, Spulen, Kondensatoren, Steuerfaktoren von Übersetzermehrtoren usw. allgemein mit $P_k$, so definiert man über die linearisierten Näherungsbeziehungen

$$\Delta W_i \approx \sum_k \frac{\partial W_i}{\partial P_k}\, \Delta P_k \; ; \qquad \frac{\Delta W_i}{W_i} \approx \sum_k \frac{\partial \ln(W_i)}{\partial \ln(P_k)}\, \frac{\Delta P_k}{P_k}$$

folgende Empfindlichkeitsmaße (Sensitivities) einer Netzwerkgröße $W_i$ bezüglich eines Netzwerkparameters $P_k$:

$$\text{Absolute Empfindlichkeit:} \qquad S^a(W_i, P_k) = \frac{\partial W_i}{\partial P_k} \; , \tag{5.1}$$

$$\text{Vollrelative Empfindlichkeit:} \qquad S^r(W_i, P_k) = \frac{\partial \ln(W_i)}{\partial \ln(P_k)} = \frac{P_k}{W_i}\, S^a(W_i, P_k) \, . \tag{5.2}$$

Die vollrelativen Empfindlichkeiten einer Netzwerkgröße lassen sich als eine Art lokaler Konditionszahlen des Netzwerks betrachten, vgl. Abschnitt 2.3.3; je größer sie sind, umso kritischer reagiert die betreffende Größe auf Toleranzen der Bauelementewerte.

Da sich sämtliche elektrischen Größen eines Netzwerks eindeutig durch dessen Knotenpotentiale ausdrücken lassen, genügt es für die Empfindlichkeitsanalyse, die absoluten Empfindlichkeiten des Knotenpotentialvektors $U$ bezüglich eines Netzwerkparameters zu berechnen:

$$S^a(U, P_k) = \frac{\partial U}{\partial P_k} \; ; \tag{5.3}$$

die vollrelativen Empfindlichkeiten der Knotenpotentiale ergeben sich dann nach Gl. (5.2) zu

$$S^r(U, P_k) = P_k \cdot \text{diag}(1/U_{i0}) \cdot S^a(U, P_k) \, . \tag{5.4}$$

Von besonderem praktischem Interesse sind die vollrelativen Empfindlichkeiten der Übertragungsfaktoren; mit den Bezeichnungen aus den Gln. (4.14), (4.15) erhält man dafür:

$$S^r(A, P_k) = P_k \cdot \left[ \frac{\partial U_{r0}/\partial P_k - \partial U_{s0}/\partial P_k}{U_{r0} - U_{s0}} - \frac{\partial U_{p0}/\partial P_k - \partial U_{q0}/\partial P_k}{U_{p0} - U_{q0}} \right], \qquad (5.5)$$

$$S^r(A_B, P_k) = P_k \cdot \frac{\partial U_{r0}/\partial P_k - \partial U_{s0}/\partial P_k}{U_{r0} - U_{s0}} + \begin{cases} 0 & \text{für } P_k \neq G_1, G_2 \\[2mm] \dfrac{1}{2} & \text{für } P_k = G_1, G_2 \end{cases}. \qquad (5.6)$$

Diese Werte sind in der Regel komplex, und man kann leicht zeigen, daß ihre Realteile gleich den vollrelativen Empfindlichkeiten der Beträge der Übertragungsfaktoren sind:

$$S^r(|A|, P_k) = \text{Re}[S^r(A, P_k)], \qquad (5.7)$$

$$S^r(|A_B|, P_k) = \text{Re}[S^r(A_B, P_k)]. \qquad (5.8)$$

Die Berechnung des Empfindlichkeitsvektors Gl. (5.3) kann nun ohne weiteres nach dem gleichen Prinzip erfolgen wie die Berechnung der Frequenzableitung Gl. (4.20) für die Gruppenlaufzeit, und man erhält:

$$S^a(U, P_k) \equiv \frac{\partial U}{\partial P_k} = -Y^{-1} \cdot \frac{\partial Y}{\partial P_k} U, \qquad (5.9)$$

wobei die Elemente der Matrix $\partial Y/\partial P_k$ einfach aus den partiellen Ableitungen der entsprechenden Elemente von $Y$ nach dem Parameter $P_k$ bestehen. Der Vektor der absoluten Knotenpotentialempfindlichkeiten ergibt sich also wiederum durch eine simple Rückrechnung mit der bereits vorhandenen LR–Zerlegung der Knotenleitwertmatrix.

Die oben hergeleitete Beziehung ist gut geeignet zur Berechnung sämtlicher Knotenpotentialempfindlichkeiten bezüglich eines Parameters. In der Praxis ist aber der Fall viel häufiger, daß die Empfindlichkeit einer bestimmten Torspannung, d.h. einer bestimmten Knotenpotentialdifferenz, bezüglich vieler oder sämtlicher Parameter des Netzwerks gesucht wird. Bei gedankenloser Verwendung von Gl. (5.9) kann dann der Aufwand infolge der vielen Rückrechnungen doch ziemlich groß werden; durch eine geschickte Umformung läßt es sich aber erreichen, daß auch bei beliebig vielen Empfindlichkeitberechnungen nur eine einzige zusätzliche Rückrechnung benötigt wird.

Nehmen wir an, die zu untersuchende Torspannung sei $U_{rs} \equiv U_{r0} - U_{s0}$, so können wir dafür offensichtlich schreiben:

$$U_{rs} = [0 \ldots +1 \ldots -1 \ldots 0] \cdot U \equiv d'U, \qquad (5.10)$$
$$\phantom{U_{rs} = [0 \ldots} {}_{r} \phantom{\ldots} {}_{s}$$

wobei der Zeilenvektor $\mathbf{d}'$ in der r–ten Position $+1$, in der s–ten Position $-1$ und sonst nur Nullen enthält. Setzt man dies in Gl. (5.9) ein, so ergibt sich

$$S^a(U_{rs}, P_k) = \mathbf{d}' S^a(U, P_k) = -\mathbf{d}' Y^{-1} \frac{\partial Y}{\partial P_k} U = \mathbf{v}' \mathbf{w} \tag{5.11}$$

mit

$$\mathbf{v}' = -\mathbf{d}' Y^{-1}, \qquad \mathbf{w} = \frac{\partial Y}{\partial P_k} U .$$

Für $\mathbf{v}'$ erhält man nach Transponieren:

$$Y' \mathbf{v} = -\mathbf{d} ; \tag{5.12}$$

der Vektor $\mathbf{v}$ kann also formal aufgefaßt werden als der Knotenpotentialvektor eines durch $-\mathbf{d}$ angeregten Netzwerks mit der Knotenleitwertmatrix $Y'$. Man beachte aber, daß dies wirklich nur eine formale Betrachtung ist, denn der "Anregungsvektor" $\mathbf{d}$ enthält ja keine Ströme, sondern dimensionslose Zahlen, so daß $\mathbf{v}$ die Dimension eines Widerstandes aufweist. Trotzdem wird Gl. (5.12) in der Literatur meist als Netzwerkanalye interpretiert und das Netzwerk mit der Knotenleitwertmatrix $Y'$ als das *adjungierte* Netzwerk bezeichnet [7, 9]. Es unterscheidet sich nur dann vom ursprünglichen, wenn dieses irgendwelche Mehrtore mit unsymmetrischen Leitwertmatrizen, etwa gesteuerte Quellen, enthält. Man braucht nun aber auch in einem solchen Fall keine neue Elimination durchzuführen, denn wegen $Y' \equiv (LR)' = R'L'$ erhält man die LR–Faktoren von $Y'$ einfach durch Transponieren der RL–Faktoren von $Y$, so daß die Lösung von Gl. (5.12) tatsächlich nur eine Rückrechnung erfordert.

Als nächstes wollen wir den Vektor $\mathbf{w}$ für den Fall betrachten, daß der Netzwerkparameter $P_k$ den Wert eines Zweipolschaltelements darstellt, welches in dem zwischen den Knoten $\mu$ und $\nu$ liegenden Zweigleitwert $y_{\mu\nu}$ enthalten ist. Da dann die Matrix $\partial Y/\partial P_k$ nur in den Positionen $(\mu,\mu)$, $(\nu,\nu)$ bzw. $(\mu,\nu)$, $(\nu,\mu)$ von Null verschiedene Elemente $\partial y_{\mu\nu}/\partial P_k$ bzw. $-\partial y_{\mu\nu}/\partial P_k$ enthält, gilt offensichtlich für die Elemente von $\mathbf{w}$:

$$w_\mu = \frac{\partial y_{\mu\nu}}{\partial P_k} (U_{\mu 0} - U_{\nu 0}); \quad w_\nu = -w_\mu; \quad w_j = 0 \text{ für } j \neq \mu, \nu .$$

Damit folgt aber schließlich aus Gl. (5.11):

$$S^a(U_{rs}, P_k) = \frac{\partial y_{\mu\nu}}{\partial P_k} (v_{\mu 0} - v_{\nu 0}) (U_{\mu 0} - U_{\nu 0}) . \tag{5.13}$$

Die absolute Empfindlichkeit der Torspannung $U_{rs}$ bezüglich irgend eines im Zweig $y_{\mu\nu}$ enthaltenen Parameters $P_k \in \{R, G, L, C\}$ ergibt sich also in der Weise, daß man außer dem Gleichungssystem $YU = I_0$ des gegebenen Netzwerks auch das Gleichungssystem $\mathbf{Y}'\mathbf{v} = -\mathbf{d}$ des adjungierten Netzwerks mit dem in Gl. (5.10) definierten Vektor $\mathbf{d}$ löst und aus beiden Lösungen den Ausdruck entsprechend Gl. (5.13) berechnet, und die vollrelative Empfindlichkeit des Betriebsübertragungsfaktors folgt dann zu

$$S^r(A_B, P_k) = P_k \ \frac{\partial y_{\mu\nu}}{\partial P_k} \ \frac{(v_{\mu 0} - v_{\nu 0})(U_{\mu 0} - U_{\nu 0})}{U_{r0} - U_{s0}} \tag{5.14}$$

mit der Korrektur um $1/2$ wie in Gl. (5.6) für $P_k = G_1$ oder $P_k = G_2$. Ist $P_k$ dagegen ein Faktor irgend eines Übersetzermehrtors, so wird der entsprechende Ausdruck etwas komplizierter, da man $P_k$ dann in der Regel keinem Zweigleitwert zuordnen kann; man wird in diesem Fall Gl. (5.11) unmittelbar anwenden. Ein Beispiel möge dies erläutern. Wir wollen dazu ein Netzwerk betrachten, das einen idealen Übertrager mit Übersetzungsverhältnis ü und eine ideale stromgesteuerte Stromquelle mit Kurzschlußstromverstärkung $\beta$, denen entsprechend Bild 1.1.15 bzw. Bild 1.1.10 die Zusatzknoten x1 und x2 zugeordnet sind, sowie zwischen den Knoten 3 und 4 einen Zweig mit dem Leitwert $y_{34} = 1/R + j\omega C + 1/j\omega L$ enthalten soll und dessen Knotenleitwertmatrix folgendermaßen aussehen möge, wobei nur die für die nachfolgende Empfindlichkeitsberechnung wesentlichen Matrixelemente explizit angegeben sind:

$$\mathbf{Y} = \left[\begin{array}{ccccc|cc}
* & * & * & * & * & 0 & g \\
* & * & * & * & * & g & 0 \\
* & * & * + y_{34} & * - y_{34} & * & -g & 0 \\
* & * & * - y_{34} & * + y_{34} & * & 0 & \beta g \\
* & * & * & * & * & -\ddot{u}g & 0 \\
\hline
0 & g & -g & 0 & -\ddot{u}g & 0 & 0 \\
g & 0 & 0 & 0 & 0 & 0 & 0
\end{array}\right] \begin{array}{l} 1 \\ 2 \\ 3 \\ 4 \\ 5 \\ \\ x1 \\ x2 \end{array} \quad ,$$

$$y_{34} = 1/R + j\omega C + 1/j\omega L \ .$$

Gesucht sind die vollrelativen Empfindlichkeiten des Betriebsübertragungsfaktors zwischen dem Ausgangstor $(r, s) = (2, 3)$ und dem Eingangstor $(p, q) = (1, 0)$ bezüglich R, C, L, ü und $\beta$. Durch LR–Faktorisierung von $\mathbf{Y}$ und Rückrechnung der beiden Systeme

$$\mathbf{L}\mathbf{R}\cdot\mathbf{U} = [I_E \ 0 \ 0 \ 0 \ 0 \ 0 \ 0]' ; \quad \mathbf{R}'\mathbf{L}'\cdot\mathbf{v} = [0 \ 1 \ -1 \ 0 \ 0 \ 0 \ 0]'$$

möge man die beiden Vektoren $\mathbf{U}$ und $\mathbf{v}$ erhalten haben, und mit

$$R \ \frac{\partial y_{34}}{\partial R} = -\frac{1}{R} ; \quad C \ \frac{\partial y_{34}}{\partial C} = j\omega C ; \quad L \ \frac{\partial y_{34}}{\partial L} = -\frac{1}{j\omega L}$$

ergibt sich dann aus Gl. (5.14):

$$S^r(A_B, R) = -\frac{1}{R}\frac{(v_{30} - v_{40})(U_{30} - U_{40})}{U_{20} - U_{30}} \quad,$$

$$S^r(A_B, C) = j\omega C\frac{(v_{30} - v_{40})(U_{30} - U_{40})}{U_{20} - U_{30}} \quad,$$

$$S^r(A_B, L) = -\frac{1}{j\omega L}\frac{(v_{30} - v_{40})(U_{30} - U_{40})}{U_{20} - U_{30}} \quad.$$

Die Empfindlichkeiten bezüglich ü und $\beta$ werden jetzt aus Gl. (5.11) berechnet; mit

$$\frac{\partial Y}{\partial ü}U = [0\ 0\ 0\ 0\ -gU_{x1,0}\ -gU_{50}\ 0]' \quad; \qquad \frac{\partial Y}{\partial \beta}U = [0\ 0\ 0\ gU_{x2,0}\ 0\ 0\ 0]'$$

ergibt sich dafür

$$S^r(A_B, ü) = -üg\frac{v_{50}U_{x1,0} + v_{x1,0}U_{50}}{U_{20} - U_{30}} \quad; \quad S^r(A_B, \beta) = \beta g\frac{v_{40}U_{x2,0}}{U_{20} - U_{30}} \quad.$$

Auf den ersten Blick könnte es so scheinen, als ob diese beiden Ausdrücke noch von dem Zusatzleitwert g abhängig wären; da jedoch die Zusatzknotenpotentiale $U_{x1,0}, U_{x2,0}$ bzw. $v_{x1,0}, v_{x2,0}$ ihrerseits proportional sind zu $1/g$, vgl. Abschnitt 1.1.6, so kürzt sich der Zusatzleitwert insgesamt wieder heraus.

Es sei noch erwähnt, daß die oben angestellten Überlegungen in der Literatur meist mit Hilfe des Satzes von Tellegen [7, 9] durchgeführt werden; die hier gewählte Darstellung scheint aber insbesondere zur Berücksichtigung allgemeiner Mehrpolteilnetze die einfachere und durchsichtigere zu sein.

Zum Schluß sei noch kurz auf die zur Berechnung des Vektors v benötigte Rückrechnung mit der transponierten Koeffizientenmatrix eingegangen. Bezeichnet man das ursprüngliche Gleichungssystem allgemein mit

$$Ax \equiv (LR)\,x = b$$

und setzt man vollständige Pivotsuche mit Konstruktion der Pivotzeilenliste LP und der Pivotspaltenliste LQ voraus wie in Abschnitt 2.4.7, so beschreiben die dort angegebenen Formeln (2.4.31) und (2.4.32) die beiden Substitutionsschritte $Lz = b$ und $Rx = z$ der Rückrechnung für kompakt gespeicherte LR–Faktoren der Matrix A. Will man nun unter Verwendung dieser Faktoren das allgemeine transponierte Gleichungssystem

$$A'x \equiv (R'L')\,x = b \quad \text{bzw.} \quad R'z = b\ , \quad L'x = z$$

rückrechnen, so erhält man im Prinzip den gleichen Algorithmus, nur daß jetzt die Indizes geeignet vertauscht werden müssen. Man kann den entsprechenden Algorithmus sofort hinschreiben, wenn man in den Gln. (2.4.31) und (2.4.32) überall $z_{LQ[\cdot]}$ durch $z_{LP[\cdot]}$, $x_{LQ[\cdot]}$ durch $x_{LP[\cdot]}$, $b_{LP[\cdot]}$ durch $b_{LQ[\cdot]}$, $a^{(n)}_{LP[i],\,LQ[j]}$ durch $a^{(n)}_{LP[j],\,LQ[i]}$ sowie $l_{ii}$ durch $r_{ii}$ und $r_{ii}$ durch $l_{ii}$ ersetzt.

Mit diesen Hinweisen dürfte es für den Leser ein leichtes sein, durch entsprechende Modifikation der im Anhang angegebenen FORTAN–Subroutine "LRUECK" ein Programm für die Rückrechnung eines transponierten Gleichungssystems zu schreiben.

# 6 Ausblick auf weitere Verfahren zur Lösung linearer Gleichungssysteme

Neben den bisher diskutierten LR–Verfahren existiert noch eine ganze Reihe weiterer direkter, d.h. nichtiterativer Methoden zur Lösung linearer Gleichungssysteme, die der Vollständigkeit halber noch kurz erwähnt werden sollen. Als erstes ist dabei der recht populäre *Gauß–Jordan–Algorithmus* zu nennen, der im wesentlichen dem unverketteten Gauß–Banachiewicz–Algorithmus gleicht, außer daß in jedem Eliminationsschritt nicht nur die unterhalb, sondern auch die oberhalb des Pivotelements stehenden Matrixelemente eliminiert werden, so daß am Ende eine Diagonalmatrix entsteht. Das Verfahren hat den Nachteil, daß es im Vergleich zur LR–Zerlegung sowohl etwas empfindlicher gegenüber Rundungsfehlern ist als auch rund 50 % mehr Rechenzeit erfordert. Numerisch ist es deshalb nicht zu empfehlen, obwohl es verschiedentlich wegen seiner programmtechnischen Einfachheit propagiert wird. Eine ausführliche Behandlung des Gauß-Jordan–Algorithmus findet man in [23, 34], wo auch sein Zusammenhang mit dem in Abschnitt 2.2 beschriebenen VAT–Verfahren dargestellt wird.

Eine weitere Klasse von Verfahren, die demgegenüber außerordentlich leistungsfähig sind, ihren vollen Wert aber erst bei der Ausgleichslösung überbestimmter Gleichungssysteme zeigen, verwendet Orthogonalzerlegungen der Koeffizientenmatrix. Als erstes sei hier die QR–Zerlegung genannt, die auf dem Satz beruht, daß sich jede $m \times n$ Matrix mit $m \geq n$, die vollen Spaltenrang $\rho = n$ besitzt, in ein Produkt $\mathbf{A} = \mathbf{QR}$ zerlegen läßt, wobei $\mathbf{Q}$ eine orthogonale $m \times n$ Matrix ist, für die mit $\mathbf{Q}^+$ als der Transjugierten also $\mathbf{Q}^+\mathbf{Q} = \mathbf{D} = \mathrm{diag}(d_i)$, $d_i \neq 0$ für $i = 1, ..., n$ gilt, und $\mathbf{R}$ eine reguläre $[n \times n]$–reihige obere Dreiecksmatrix darstellt [38, S. 148; 54, S. 161]. Die Lösung eines Gleichungssystems $\mathbf{Ax} \simeq \mathbf{b}$, wobei das Zeichen $\simeq$ andeuten soll, daß das System nicht notwendigerweise exakt erfüllbar zu sein braucht, lautet dann formal

$$\widetilde{\mathbf{x}} = \mathbf{R}^{-1}\mathbf{D}^{-1}\mathbf{Q}^+\mathbf{b} \, ,$$

wobei $\widetilde{\mathbf{x}}$ immer garantiert, daß für das Residuum $\| \mathbf{b} - \mathbf{Ax} \|_2 = \min$ gilt. Sollen auch Matrizen betrachtet werden, die nicht von vollem Spaltenrang sind, etwa singuläre quadratische Matrizen, so läßt sich ein weiterer Zerlegungssatz verwenden, der besagt, daß jede *beliebige* $m \times n$ Matrix $\mathbf{A}$ in ein Produkt $\mathbf{A} = \mathbf{USV}^+$ zerlegt werden kann mit einer orthonormalen $m \times m$ Matrix $\mathbf{U}$, d.h. $\mathbf{U}^+\mathbf{U} = \mathbf{E}$, einer orthonormalen $n \times n$ Matrix $\mathbf{V}$, d.h. $\mathbf{V}^+\mathbf{V} = \mathbf{E}$, und einer $m \times n$ Matrix $\mathbf{S}$, die genau $\rho$ positive Diagonalelemente $s_{ii}$, $i = 1, ..., \rho$ und sonst lauter Nullen enthält, falls $\rho \leq \mathrm{Min}(m, n)$ den Rang von $\mathbf{A}$ bedeutet [45, S. 18]. Die $s_{ii} > 0$ werden dabei als *Singulärwerte* von $\mathbf{A}$ bezeichnet. Definiert man $\mathbf{S}^{\#}$ als eine $n \times m$ Matrix mit Diagonalelementen $s_{ii}^{\#} = 1/s_{ii}$, $i = 1, ..., \rho$ und sonst lauter Nulle, so heißt die $n \times m$ Matrix

$$A^{\#} = VS^{\#}U^{+}$$

die *Pseudoinverse* von $A$ (in der englischsprachigen Literatur meist generalized inverse genannt und durch $A^{+}$ bezeichnet). Die Singulärwerte $s_{ii}$ sind gleich den positiven Quadratwurzeln der von Null verschiedenen Eigenwerte von $A^{+}A$ oder $AA^{+}$, vgl. Abschnitt 2.3.2, und sind letztere Produkte regulär, so läßt sich die Pseudoinverse auch durch $A^{\#} = (A^{+}A)^{-1}A^{+}$ bzw. $A^{\#} = A^{+}(AA^{+})^{-1}$ darstellen; für reguläres $A$ folgt daraus $A^{\#} = A^{-1}$. Unter Verwendung der Pseudoinversen läßt sich nun die allgemeine Lösung eines beliebigen Gleichungssystems $Ax \simeq b$ folgendermaßen schreiben:

$$\widetilde{x} = A^{\#}b + (E - A^{\#}A)q , \qquad \| b - A\widetilde{x} \|_2 = min ,$$

wobei $q$ ein beliebiger m–elementiger Spaltenvektor ist [45, 66]. Ist das System von vollem Rang, d.h. $\rho = n$, so verschwindet $E - A^{\#}A$ und die Lösung ist eindeutig. Bei einem unterbestimmten System dagegen hat die Matrix $E - A^{\#}A$ genau $n - \rho$ nichtverschwindende Zeilen, und die allgemeine Lösung beschreibt damit die bekannte Tatsache, daß ein solches Gleichungssystem $(n - \rho)$–fach unendlich viele Lösungen besitzt. Da aber $AA^{\#}A \equiv A$ gilt, ist andererseits der Residuenvektor $b - A\widetilde{x} = (E - AA^{\#})\,b$ immer eindeutig. In der Praxis wird man die Pseudoinverse natürlich nicht explizit ausrechnen, sondern nur die Faktoren $U$, $S$ und $V$ bestimmen und die Lösung des Gleichungssystems dann durch eine geeignete Rückrechnung gewinnen. Man beachte, daß sich aus den Singulärwerten unmittelbar die Spektralkonditionszahl von $A$ ergibt; nach Gl. (2.3.38) gilt nämlich $\kappa_\lambda (A) = s_{max}/s_{min}$. Führt man die Orthogonalzerlegungen mittels *Householder–Transformationen* [45] durch, so erhält man außerordentlich stabile Lösungsverfahren für lineare Gleichungssysteme, deren einziger Nachteil in dem gegenüber den LR–Verfahren wesentlich größeren Rechenaufwand liegt, die andererseits aber aus Prinzip nicht zusammenbrechen können und auch für numerisch singuläre Koeffizientenmatrizen eine Lösung mit minimalem Residuenvektor liefern. Von einem kleinen Residuenvektor darf man sich aber auch hier nicht täuschen lassen; genau wie bei den LR–Eliminationen kann bei schlecht konditionierten Gleichungssystemen die Lösungsfehlernorm bis zu einem Faktor in der Größenordnung von $cond(A)$ größer sein als die Residuennorm. Eine ausführliche Diskussion der Orthogonalisierungs- und Singulärwertverfahren findet man in [36] und insbesondere in [45], wo auch entsprechende FORTRAN–Programme, allerdings nur für reelle Gleichungssysteme, angegeben sind. Programme in ALGOL 60 zur Singulärwertanalyse ebenfalls reeller Gleichungssysteme findet man in [30, S. 134], und ein FORTRAN–Programm zur Singulärwertanalyse komplexer Gleichungssysteme in [67].

Eine Klasse linearer Netzwerke, deren Analyse besondere Maßnahmen erfordert, sind Netzwerke mit sehr vielen Knoten, aber nur wenigen Zweigen, wie es etwa bei Modellen von Energieversorgungsnetzen die Regel ist. Die hierbei entstehenden Knotenleitwertmatrizen sind meist so groß, daß sie nicht im Kernspeicher der Rechenanlage vollständig untergebracht werden können, sie sind andererseits aber so schwach besetzt (sparse), daß sämtliche Nichtnullelemente ohne weiteres in den Kernspeicher passen. Das Hauptproblem bei solchen "sparse matrix" Aufgaben besteht daher in der Entwicklung geeigneter Speichertechniken für die vorkommenden Matrizen und Vektoren, während die Lösungsalgorithmen im Grunde die gleichen sind wie sonst auch, mit gegebenenfalls leichten Präferenzen für iterative Verfahren. Das Speicherungsproblem läßt sich nun durch bestimmte Listentechniken behandeln, wodurch die Programme allerdings ziemlich abhängig werden von der gerade vorliegenden Aufgabe. Eine Einführung in den gesamten Problemkreis schwachbesetzter linearer Gleichungssysteme findet man z.B. in [68], während [69] speziell die Analyse schwachvermaschter elektrischer Netzwerke behandelt.

Eine weitere Aufgabe bei der Lösung linearer Gleichungssysteme, die erwähnt werden soll, ist die Bestimmung vernünftiger Abschätzungen für die tatsächlich erzielte Genauigkeit einer numerisch berechneten Lösung durch laufende Überwachung des Rechenverlaufs. Dies erscheint wichtig, da die in Abschnitt 2.5 skizzierten Fehlerabschätzungen aufgrund ihrer Gewinnung aus "worst–case"–Überlegungen im Regelfall viel zu grob sind, obwohl sie sich in einem ganz bestimmten Sinne doch als scharf erweisen [70]. Ein interessanter Ansatz in der genannten Richtung findet sich in [71], wo ein empirisches Verfahren zur Genauigkeitsabschätzung mittels bestimmter Zwischenergebnisse der numerischen Rechnung hergeleitet wird. Diese Arbeit behandelt wiederum nur reelle Gleichungssysteme, das vorgeschlagene Verfahren läßt sich aber auch auf komplexe Systeme ausdehnen. Ein anderer Ansatz in dieser Richtung besteht in der Verwendung einer geeigneten Intervallarithmetik. Dabei werden sämtliche Zahlen ähnlich wie in Abschnitt 2.8 durch geeignete Unschärfegebiete (Intervalle) repräsentiert und die arithmetischen Grundoperationen auf solche Intervalle erweitert. Eine gute Einführung in die Intervallrechnung findet man in [72], während [73] eine ausführliche Diskussion der Lösungsverfahren für Intervallgleichungssysteme enthält; dort wird auch eine intervallanalytische Verallgemeinerung des Satzes von Oettli und Prager durchgeführt.

Schließlich soll noch kurz der in den meisten Lehrbüchern der numerischen Mathematik zu findende Vorschlag diskutiert werden, ein komplexes Gleichungssystem auf ein reelles System zurückzuführen und mit einem im Reellen ablaufenden Algorithmus zu lösen. Dieser Vorschlag wird offenbar deshalb immer wieder gemacht, um nur die Theorie reeller Gleichungssysteme behandeln zu müssen [32]; wie wir aber gleich sehen werden, ist er für die Rechenpraxis unter keinen Umständen zu empfehlen. Schreibt man ein komplexes Gleichungssystem in der Form $(A + jB)(x + jy) = (c + jd)$, so erhält man durch Trennung von Real- und Imaginärteil die beiden simultanen Systeme $Ax - By = c$, $Bx + Ay = d$, die sich kompakt als reelles System

$$Mw = s \, , \quad M = \begin{bmatrix} A & -B \\ \hline B & A \end{bmatrix}, \quad w = \begin{bmatrix} x \\ y \end{bmatrix}, \quad s = \begin{bmatrix} c \\ d \end{bmatrix}$$

schreiben lassen. Diese Darstellung sieht auf den ersten Blick recht elegant aus, bei näherem Zusehen erkennt man aber, daß sie in Wirklichkeit gegenüber der komplexen Form nur Nachteile besitzt. Als erstes läßt sich zeigen, daß die Konditionszahlen von $M$ immer größer sind als diejenigen von $(A + jB)$, wenn auch nur unwesentlich. Setzt man nämlich $(A + jB)^{-1} = P + jQ$, so kann man zeigen, daß mit der oben erwähnten Pseudoinversen folgendes gilt:

$$P = (A + BA^{\#}B)^{\#}, \quad Q = -(B + AB^{\#}A)^{\#}, \quad M^{-1} = \begin{bmatrix} P & -Q \\ \hline Q & P \end{bmatrix}.$$

Geht man jetzt zur Euklid–Norm über, so ist unmittelbar einzusehen, daß

$$\| \mathbf{M} \|_2 = \sqrt{2} \, \| \mathbf{A} + j\mathbf{B} \|_2 \, , \quad \| \mathbf{M}^{-1} \|_2 = \sqrt{2} \, \| \mathbf{P} + j\mathbf{Q} \|_2 \equiv \sqrt{2} \, \| (\mathbf{A} + j\mathbf{B})^{-1} \|_2$$

gilt, und daraus folgt für die v. Neumannsche Konditionszahl in der Euklid–Norm:

$$\kappa_E(\mathbf{M}) = 2\kappa_E(\mathbf{A} + j\mathbf{B}) \, .$$

Sehr viel nachteiliger als diese noch tolerierbare Konditionsverschlechterung ist die Tatsache, daß das reelle System mit $4n^2$ Speicherworten doppelt soviel Speicherplatz wie das komplexe System und daneben auch mehr Maschinenoperationen erfordert. Betrachtet man nur die reine Elimination ohne Pivotsuche und ohne implizite Skalierung, so benötigt die 2n–reihige reelle Matrix $\mathbf{M}$ dazu bereits asymptotisch $\frac{2}{3} (2n)^3 > 5n^3$ Maschinenoperationen gegenüber asymptotisch rund $4n^3$ Maschinenoperationen einschließlich vollständiger Pivotsuche und impliziter Äquilibrierung bei der komplexen Koeffizientenmatrix. Man sieht daraus, daß die reelle Darstellung eines komplexen linearen Gleichungssystems zumindest in Bezug auf die Elimination der komplexen Form in allen numerisch relevanten Punkten unterlegen ist, so daß man sie in jedem Fall vermeiden sollte.

Zum Schluß soll noch kurz auf die theoretisch interessanten Matrizenmultiplikationsalgorithmen von S. Winograd [74] und V. Straßen [75] eingegangen werden, deren Wert für die Rechenpraxis allerdings heute noch etwas zweifelhaft erscheint. Beide Algorithmen basieren auf der Beobachtung, daß sich bei der Berechnung von Matrizenprodukten durch Berechnung und Speicherung gewisser geeigneter Zwischenergebnisse die Anzahl der notwendigen Multiplikationsoperationen zu Lasten der Additionsoperationen verringern läßt. Der Winograd–Algorithmus verwendet dabei die in [74] mit etwas anderer Indizierung angegebene Identität

$$\sum_{k=1}^{2m} x_k y_k \equiv \sum_{k=1}^{m} (x_k + x_{m+k})(y_k + y_{m+k}) - \xi - \eta$$

mit

$$\xi = \sum_{k=1}^{m} x_k x_{m+k} \, , \qquad \eta = \sum_{k=1}^{m} y_k y_{m+k} \, ,$$

die die Berechnung eines 2m–gliedrigen Skalarprodukts mit 2m Multiplikationen und 2m–1 Additionen auf die Berechnung eines m–gliedrigen Skalarprodukts mit m Multiplikationen und 3m+1 Additionen sowie die Berechnung zweier Zwischengrößen $\xi$ und $\eta$ mit jeweils m Multiplikationen und m − 1 Additionen zurückführt. Bestimmt man unter Verwendung dieser Beziehung das Produkt $\mathbf{C} = \mathbf{A} \cdot \mathbf{B}$ zweier Matrizen der Ordnung n = 2m, so sind die $\xi$ und $\eta$ für jede Zeile von $\mathbf{A}$ und jede Spalte von $\mathbf{B}$ vorab einmal zu berechnen, wozu $8m^2$ Multiplikationen und $8m(m-1)$ Additionen benötigt werden, und anschließend sind $(2m)^2$ verkürzte Skalarprodukte zu berechnen, wozu nochmals $4m^3$ Multiplikationen und $4m^2(3m+1)$ Additionen benötigt werden. Insgesamt erfordert der Winograd—Algorithmus also $4m^3 + 8m^2$ Multiplikationen und $12m^3 + 12m^2 - 8m$ Additionen gegenüber $8m^3$ Multiplikationen und $8m^3 - 4m^2$ Additionen bei herkömmlicher Rechnung; die Anzahl der Multiplikationen hat sich also etwa halbiert, während sich die Anzahl der Additionen um das etwa $1.5$—fache und diejenige sämtlicher Operationen von $16m^3 - 4m^2 = 2n^3 - n^2$ auf $16m^3 + 20m^2 - 8m = 2n^3 + 5n^2 - 4n$ vergrößert hat. Diese Überlegung läßt sich jetzt unmittelbar auf die Rückrechnung einer Lösung übertragen, und da sich eine Elimination immer auch als Folge von Rückrechnungen darstellen läßt, s. Gl. (2.4.9), ebenfalls auf diese, allerdings nur in der *verketteten* Form. Führt man das im einzelnen durch, so erhält man einen Eliminationsalgorithmus, der asymtotisch $n^3/6$ komplexe Multiplikationen und $n^2/2$ komplexe Additionen oder nach Gl. (2.1.8) rund $2n^3$ Maschinenoperationen gegenüber rund $2.67\,n^3$ Maschinenoperationen für den herkömmlichen Algorithmus erfordert. Dabei ist aber weder berücksichtigt, daß infolge der notwendigen Verkettung der Rechnung eine vollständige Pivotsuche unter realistischen Voraussetzungen überhaupt nicht und eine partielle Pivotsuche nur mit größerem Aufwand als bei der unverketteten Elimination durchführbar ist, s. Abschnitt 2.4.6, noch, daß das Winograd—Schema rundungsfehleranfälliger ist als die normale Skalarproduktberechnung. Stellt man das in Rechnung, so wird der, in der wegen der Fehleranalyse und des ALGOL—Programms recht interessanten Arbeit [76] ausgesprochene, Optimismus doch etwas gedämpft. Das gleiche dürfte auch für den Straßen—Algorithmus und dessen von Fischer und Probert bzw. Spieß [77] angegebene Varianten gelten, die von der Beobachtung ausgehen, daß sich zwei [2 × 2]—Matrizen mit nur sieben Multiplikations-, dafür aber mindestens 15 Additionsoperationen multiplizieren lassen. Diese nicht sehr optimistische Einschätzung, die auch durch numerische Experimente [77] gestützt wird, gilt allerdings nur für eine serielle Bearbeitung der entsprechenden Algorithmen, bei geeigneter Parallelverarbeitung in der Rechenanlage könnte sich das Bild ändern.

# Anhang: FORTRAN–Programme

Der Anhang enthält die sieben sich selbst erklärenden SUBROUTINE–Unterprogramme:

VATALG:     Variablenaustauschverfahren für rechteckige oder quadratische komplexe Matrizen mit impliziter Skalierung und vollständiger Pivotsuche, s. Abschnitt 2.2.

LRBANA:     LR–Zerlegung komplexer Matrizen nach dem unverketteten Gauß–Banachiewicz–Verfahren mit impliziter Skalierung und Spaltenpivotsuche, s. Abschnitt 2.4.4.

LRCHOL:     LR–Zerlegung komplexer Matrizen nach dem unverketteten Gauß–Cholesky–Verfahren mit impliziter Skalierung und vollständiger Pivotsuche, s. Abschnitt 2.4.4.

LRUECK:     Rückrechnung der Lösung eines komplexen linearen Gleichungssystems, s. Abschnitt 2.4.2.

LRITER:     Restkorrektur–Iteration, s. Abschnitt 2.5.

AEQLIB:     Äquilibrierung rechteckiger oder quadratischer komplexer Matrizen wahlweise bezüglich zeilenweiser Betragssummen–, spaltenweiser Betragssummen–, vollständiger Maximumnorm– oder Fulkerson–Wolfe–Skalierung, s. Abschnitt 2.7.

LRVARI:     Lösung eines komplexen Gleichungssystems bei spaltenweiser Variation der Koeffizientenmatrix, s. Abschnitt 3.

Diese Unterprogramme benötigen jeweils eine oder mehrere der sich selbst erklärenden Hilfsroutinen

SUBROUTINE ICHNGE (I, K):     Vertauschen zweier INTEGER Variabler,
SUBROUTINE CCHNGE (CX, CY):     Vertauschen zweier COMPLEX Variabler,
REAL FUNCTION CABSMY (Z):     Betragsnäherung einer komplexen Zahl,
REAL FUNCTION ROSPRD (A, B):     Überlaufstabiles Gleitkomma–Produkt.

Die dafür angegebenen FORTRAN–Routinen können unmittelbar verwendet werden; aus Gründen der Laufzeiteffizienz wird aber dringend empfohlen, stattdessen entsprechende Routinen in Maschinencode zu verwenden. Solche Routinen dürften ohne Schwierigkeit immer zu realisieren sein.

    Die angegebenen FORTRAN–Programme befolgen den ANSI–Standard der American Standards Association und sind mit Ausnahme der in ROSPRD und AEQLIB vorkommenden Konstanten GKMAX, GKMIN bzw. GLKMAX maschinenunabhängig; die

Prüfung auf numerische Singularität bei der Elimination sowie die Abbruch—Prüfung bei
der Nachiteration erfolgen entsprechend dem in Abschnitt 2.6 geschilderten Prinzip,
    Die verwendeten Variablennamen folgen ausnahmslos der impliziten Typ—Vereinba-
rung von FORTRAN, d.h. sämtliche Variable, die nicht explizit als COMPLEX dekla-
riert sind, sind vom Typ INTEGER, falls ihr Name mit einem I, J, K, L, M oder N beginnt, sonst vom Typ REAL. Abweichungen von dieser Vereinbarung treten nur bei den
Standardfunktionen CMPLX und CSQRT auf, die von den meisten Compilern automatisch als vom Typ COMPLEX erkannt und entsprechend behandelt werden. Sollte
diese bei einem speziellen Compiler nicht der Fall sein, so sind folgende Deklarationen
in die Unterprogramme einzufügen:

    LRCHOL:    COMPLEX CSQRT ,
    LRITER:    COMPLEX CMPLX .

Benötigt ein Unterprogramm irgendwelche Arbeitsfelder, so werden diese nicht lokal de-
klariert, sondern über die Parameterliste übergeben. Es brauchen keine COMMON—Be-
reiche dafür angelegt zu werden.
    Man beachte, daß triviale Plausibilitätsprüfungen der aktuellen Parameterwerte, wie
etwa positive Werte für die Ordnung einer Matrix, positive Werte für die Dimensionsgrö-
ßen von Feldern usw. in den angegebenen Unterprogrammen nicht durchgeführt werden,
um diese nicht unnötig zu belasten. Solche Prüfungen sind ohne Schwierigkeiten einzu-
bauen. Der Einbau wird dringend empfohlen, falls die Unterprogramme in Benutzerbib-
liotheken aufgenommen werden sollen, da erfahrungsgemäß sämtliche Aufruffehler, die
überhaupt gemacht werden können, irgendwann tatsächlich auch gemacht werden.

```
C
            SUBROUTINE ICHNGE(I,K)
C           ****************************************************************
C           VERTAUSCHEN ZWEIER VARIABLE VOM TYP  R E A L.
C           ****************************************************************
            J=I
            I=K
            K=J
            RETURN
            END
C
C
            SUBROUTINE CCHNGE(CX,CY)
C           ****************************************************************
C           VERTAUSCHEN ZWEIER VARIABLE VOM TYP  C O M P L E X.
C           ****************************************************************
            COMPLEX CX,CY,CZ
            CZ=CX
            CX=CY
            CY=CZ
            RETURN
            END
C
C
            REAL FUNCTION CABSMY(Z)
C           ****************************************************************
C           NAEHERUNG FUER DEN BETRAG EINER KOMPLEXEN ZAHL, GL. (2.4.35).
C           ****************************************************************
            COMPLEX Z
            U=ABS(REAL(Z))
            V=ABS(AIMAG(Z))
            IF(U.LT.V)    GOTO  10
            CABSMY=U+0.351*V
            RETURN
   10       CABSMY=V+0.351*U
            RETURN
            END
C
C
            REAL FUNCTION ROSPRD(A,B)
C           ****************************************************************
C           UEBERLAUFSTABILES PRODUKT ZWEIER NICHTNEGATIVER GLEITKOMMA-
C           ZAHLEN, S. ABSCHNITT 2.7.
C           GKMAX IST DIE GROESSTE DARSTELLBARE MASCHINENZAHL MIT
C           GKMIN = 1./GKMAX > 0.
C           GKMAX UND GKMIN SIND MASCHINENABHAENGIG.
C           ****************************************************************
            DATA GKMAX,GKMIN /1.7E38,0.6E-38/
            IF(A.LT.1. .OR. B.LT.1.)    GOTO  10
            W=1./A
            W=W/B
            IF(W.LE.GKMIN)              GOTO  20
   10       ROSPRD=A*B
            RETURN
   20       ROSPRD=GKMAX
            RETURN
            END
```

```
C             M    M    MMM    MMMMM    MMM    M          MMM
C             M    M   M   M     M     M   M   M   M      M
C             M    M   M   M     M     M   M   M   M      MMMMM
C              M M    MMMMM      M     MMMMM   M     M  M
C               M      M   M     M     M   M   MMMMM   MMM
C
C
C
C
C
      SUBROUTINE VATALG(M, N, A, NVAT, LIVA, G, H, LP, LQ, IER, MDIM, NDIM)
C
C     *********************************************************************
C
C     UNTERPROGRAMM ZUR DURCHFUEHRUNG DES VARIABLENTAUSCHS BEI EI-
C     NER KOMPLEXEN QUADRATISCHEN ODER RECHTECKIGEN MATRIX.
C
C     IST   Y = A*X   EINE LINEARE ABBILDUNG VON X  AUF  Y  MIT
C     DER KOMPLEXEN MATRIX  A, SO WIRD IN EINEM AUSTAUSCHSCHRITT
C     DIEJENIGE MATRIX  B  BESTIMMT, DIE BEI DER VERTAUSCHUNG IR-
C     GENDWELCHER ELEMENTE DES VEKTORS  X  MIT IRGENDWELCHEN ELE-
C     MENTEN DES VEKTORS  Y  ENTSTEHT.
C     WERDEN IN EINEM SCHRITT MEHRERE VERTAUSCHUNGEN GLEICHZEITIG
C     DURCHGEFUEHRT, SO WIRD ZUR FESTLEGUNG DER ELIMINATIONSREIHEN-
C     FOLGE EINE  V O L L S T A E N D I G E  PIVOTSUCHE DURCHGE-
C     FUEHRT.
C     VOR BEGINN DER AUSTAUSCHRECHNUNG WIRD DIE MATRIX  A  IMPLIZIT
C     NACH DEM  F U L K E R S O N - W O L F E - VERFAHREN AEQUILIB-
C     RIERT.
C
C     EINGANGSPARAMETER: M = ZEILENZAHL VON A = ELEMENTEZAHL VON Y
C                        N = SPALTENZAHL VON A = ELEMENTEZAHL VON X
C                        A = KOMPLEXE MATRIX DER ORIGINALABBILDUNG;
C                                 COMPLEX A(MDIM, NDIM)
C                        NVAT = ANZAHL DER GLEICHZEITIG AUSZUFUEH-
C                               RENDEN VERTAUSCHUNGEN,
C                                 NVAT <= MIN(M, N)
C                        LIVA = ZWEIDIMENSIONALE LISTE DER ZU VER-
C                               TAUSCHENDEN VARIABLEN; S. BEISPIEL
C                                 INTEGER LIVA(2, NVAT)
C                        MDIM, NDIM = IM HAUPTPROGRAMM VORGEGEBENE
C                               FELDGROESSEN
C
C     AUSGANGSPARAMETER: A = MATRIX NACH DURCHFUEHRUNG DES
C                            VARIABLENTAUSCHS
C                        IER = RUECKKEHRSTATUS:
C                              IER = 0: AUSTAUSCH AUSGEFUEHRT
C                              IER > 0: AUSTAUSCH WEGEN NUMERISCHER
C                                       SINGULARITAET DER VON DEN
C                                       AUSTAUSCHSCHRITTEN BETROF-
C                                       FENEN TEILMATRIX VON  A
C                                       IM IER-TEN SCHRITT ABGE-
C                                       BROCHEN
C
C     ARBEITSFELDER:      G = FELD FUER DIE ZEILEN-SKALENFAKTOREN;
C                             REAL G(MDIM)
C                         H = FELD FUER DIE SPALTEN-SKALENFAKTOREN;
C                             REAL H(NDIM)
C                         LP = PIVOTZEILENLISTE; INTEGER LP(MDIM)
C                         LQ = PIVOTSPALTENLISTE; INTEGER LQ(NDIM)
C
C     FALLS Y(JY1)  MIT  X(JX1),  Y(JY2)  MIT  X(JX2) USW. VER-
C     TAUSCHT WERDEN SOLLEN, SO MUSS DIE ZWEIDIMENSIONALE LISTE
C     LIVA  FOLGENDERMASSEN AUSSEHEN:
C
```

```
C                           K=1    K=2    .       .
C                           I-----I-----I-----I-----I--
C             LIVA(1,K):    I JY1 I JY2 I  .  I  .  I
C                           I-----I-----I-----I-----I--
C             LIVA(2,K):    I JX1 I JX2 I  .  I  .  I
C                           I-----I-----I-----I-----I--
C
C
C       DABEI DARF IN DER TAUSCHLISTE JEDES X-ELEMENT UND JEDES
C       Y-ELEMENT NUR HOECHSTENS  E I N M A L   ANGESPROCHEN WER-
C       DEN.
C
C       IST  A  QUADRATISCH (M = N) UND VERTAUSCHT MAN JEDES Y-ELE-
C       MENT MIT DEM ENTSPRECHENDEN X-ELEMENT (NVAT=N), SO ERHAELT
C       MAN ALS ERGEBNIS GERADE DIE  I N V E R S E  VON A.
C
C       DAS FELD  LIVA  WIRD WAEHREND DER RECHNUNG VERAENDERT.
C
C       BENOETIGTE UNTERPROGRAMME: CABSMY, ICHNGE, CCHNGE, AEQLIB.
C
C       **************************************************************
C
        INTEGER LIVA(2,NVAT),LP(MDIM),LQ(NDIM)
        REAL    G(MDIM),H(NDIM)
        COMPLEX A(MDIM,NDIM)
C
        COMPLEX PIVOT
C
        MM=M
        NN=N
        NV=NVAT
C
C       AEQUILIBRIERUNG
C       ===============
C
        CALL AEQLIB(MM,NN,A,4,G,H,LP,LQ,IER,MDIM,NDIM)
C
        SING=NN
        DO   100    ISTEP=1,NV
C
C         VOLLSTAENDIGE PIVOTSUCHE
C         ========================
C
          ABSPIV=0.
          DO   30    I=ISTEP,NV
            IPIV=LIVA(1,I)
            GSKAL=G(IPIV)
          DO   20    K=1,NV
            IQ=LIVA(2,K)
            IF(IQ)                  20,10,10
10          AA=GSKAL*H(IQ)*CABSMY(A(IPIV,IQ))
            IF(AA.LE.ABSPIV)        GOTO   20
            ABSPIV=AA
            IMAX=I
            KMAX=K
20          CONTINUE
30        CONTINUE
          IER=ISTEP
          IF(SING+ABSPIV.EQ.SING)    RETURN
          IPIV=LIVA(1,IMAX)
          KPIV=LIVA(2,KMAX)
          LP(ISTEP)=KPIV
          LIVA(2,KMAX)=-KPIV
          CALL ICHNGE(LIVA(1,ISTEP),LIVA(1,IMAX))
          CALL ICHNGE(LIVA(2,ISTEP),LIVA(2,IMAX))
          PIVOT=(1.,0.)/A(IPIV,KPIV)
```

```
C
C            AUSTAUSCH VON Y(PIVOTZEILE) GEGEN X(PIVOTSPALTE)
C            ===================================================
C
             DO    40    K=1,NN
               A(IPIV,K)=-A(IPIV,K)*PIVOT
    40       CONTINUE
             DO    60    I=1,MM
               IF(I.EQ.IPIV)              GOTO  60
               DO    50    K=1,NN
                 IF(K.NE.KPIV)            A(I,K)=A(I,K)+A(I,KPIV)*A(IPIV,K)
    50         CONTINUE
    60       CONTINUE
             DO    70    I=1,MM
               A(I,KPIV)=A(I,KPIV)*PIVOT
    70       CONTINUE
             A(IPIV,KPIV)=PIVOT
   100       CONTINUE
C
C            UMORDNEN DER ZEILEN IN DIE RICHTIGE REIHENFOLGE
C            =================================================
C
             DO   200    ISTEP=1,NV
               ISL=-LIVA(2,ISTEP)
               IQ=LIVA(1,ISTEP)
               IF(IQ)                     190,110,110
   110         IST=LP(ISTEP)
               IF(IST.EQ.ISL)             GOTO  180
               DO   120    J=ISTEP,NV
                 IF(ISL.NE.LP(J))         GOTO  120
                 JZEI=LIVA(1,J)
                 IF(IST.EQ.-LIVA(2,J))    LIVA(1,J)=-LIVA(1,J)
   120         CONTINUE
               DO   130    K=1,NN
                 CALL CCHNGE(A(IQ,K),A(JZEI,K))
   130         CONTINUE
   180         LIVA(1,ISTEP)=-IQ
   190         LIVA(2,ISTEP)=ISL
   200       CONTINUE
C
C            UMORDNEN DER SPALTEN IN DIE RICHTIGE REIHENFOLGE
C            =================================================
C
             DO   300    ISTEP=1,NV
               IST=LP(ISTEP)
               ISL=LIVA(2,ISTEP)
               IF(IST.EQ.ISL)             GOTO  290
               DO   210    I=1,MM
                 CALL CCHNGE(A(I,IST),A(I,ISL))
   210         CONTINUE
               DO   220    J=ISTEP,NV
                 IF(LP(J).EQ.IST)         LP(J)=ISL
                 IF(LP(J).EQ.ISL)         LP(J)=IST
   220         CONTINUE
   290         LIVA(1,ISTEP)=-LIVA(1,ISTEP)
   300       CONTINUE
C
             IER=0
             RETURN
             END
```

```
C      M       MMMM    MMMM     MMM    M   M    MMM
C      M       M   M   M   M    M M    M   MM   M   M
C      M       MMMM    MMMM     M   M  M M M    M   M
C      M       M   M   M   M    MMMMM  M   MM   MMMMM
C      MMMMM   M   M   MMMM     M   M  M   M    M   M
C
C
C
C
C
C
       SUBROUTINE LRBANA(N, A, MAEQ, LP, LQ, DETLN, GSKAL, HSKAL, IER, NDIM)
C
C      *************************************************************
C
C      UNTERPROGRAMM ZUR LR-ZERLEGUNG DER KOEFFIZIENTENMATRIX EINES
C      KOMPLEXEN LINEAREN GLEICHUNGSSYSTEMS DURCH  B A N A C H -
C      I E W I C Z - ELIMINATION MIT PARTIELLER SPALTENPIVOTSUCHE
C      UND IMPLIZITER AEQUILIBRIERUNG.
C
C      "LRBANA" IST VOELLIG AUFRUFKOMPATIBEL MIT "LRCHOL".
C      =====================================================
C
C      EINGANGSPARAMETER: N = ORDNUNG DES GLEICHUNGSSYSTEMS
C                         A = KOEFFIZIENTENMATRIX;
C                                 COMPLEX A(NDIM,NDIM)
C                         MAEQ = TYP DER AEQUILIBRIERUNG:
C                                 MAEQ = 0: KEINE AEQUILIBRIERUNG
C                                 MAEQ = 1: L1-ZEILENAEQUILIBRIERUNG
C                                 MAEQ = 2: L1-SPALTENAEQUILIBRIERUNG
C                                 MAEQ = 3: VOLLSTAENDIGE L-UNEND-
C                                           LICH-AEQUILIBRIERUNG
C                                 MAEQ = 4: FULKERSON-WOLFE-AEQUILIB-
C                                           RIERUNG
C                                 MAEQ = SONST: WIE MAEQ = 0
C                         NDIM = IM HAUPTPROGRAMM VORGEGEBENE FELD-
C                                GROESSEN,   NDIM >= N
C
C      AUSGANGSPARAMETER: A = MATRIX DER GEPACKT GESPEICHERTEN DREI-
C                             ECKSMATRIZEN   L  UND  R
C                         LP = PIVOTZEILENLISTE;
C                                 INTEGER LP(NDIM)
C                         LQ = PIVOTSPALTENLISTE;
C                                 INTEGER LQ(NDIM)
C                         DETLN = NATUERLICHER LOGARITHMUS DES BE-
C                                 TRAGS DER DETERMINANTE VON  A
C                         IER = RUECKKEHRSTATUS:
C                                 IER = 0: ELIMINATION DURCHGEFUEHRT
C                                 IER < 0: A ENTHAELT NULLZEILEN
C                                          ODER NULLSPALTEN
C                                 IER > 0: A IST NUMERISCH SINGULAER
C                                          INFOLGE VERSCHWINDENDER
C                                          PIVOTELEMENTE
C
C      ARBEITSFELDER:     GSKAL = FELD ZUR AUFNAHME DER ZEILEN-
C                                 SKALENFAKTOREN;
C                                     REAL GSKAL(NDIM)
C                         HSKAL = FELD ZUR AUFNAHME DER SPALTEN-
C                                 SKALENFAKTOREN;
C                                     REAL HSKAL(NDIM)
C
C      DIE FELDER GSKAL BZW. HSKAL ENTHALTEN AUCH BEI VORZEITIGEM
C      ABBRUCH DER ELIMINATION DIE SKALENFAKTOREN DER AEQUILIB-
C      RIERUNG.
C
```

```
C             ANWENDUNG:
C                           CALL LRBANA(N, A, LP, LQ, DETLN, GSKAL, HSKAL, IER, NDIM)
C                           IF(IER. NE. 0)    GOTO   <MATRIX SINGULAER>
C                      C    BETRAG DER DETERMINANTE:
C                           ABSDET=EXP(DETLN)
C                      C    LOESUNG X1 FUER RECHTE SEITE B1:
C                           CALL LRUECK(N, A, LP, LQ, B1, X1, NDIM)
C                      C    LOESUNG X2 FUER RECHTE SEITE  B2:
C                           CALL LRUECK(N, A, LP, LQ, B2, X2, NDIM)
C                           USW.
C
C
C             FALLS EINE NACHITERATION MITTELS "LRITER" DURCHGEFUEHRT
C             WERDEN SOLL, SO IST VOR AUFRUF VON "LRBANA" EINE KOPIE
C             DER KOEFFIZIENTENMATRIX  A  ANZUFERTIGEN.
C
C             BENOETIGTE UNTERPROGRAMME: AEQLIB, CABSMY, ICHNGE
C
C             *******************************************************************
C
              REAL     GSKAL(NDIM), HSKAL(NDIM)
              INTEGER LP(NDIM), LQ(NDIM)
              COMPLEX A(NDIM, NDIM)
C
              COMPLEX PIVOT, P
C
              NN=N
C
C             AEQUILIBRIERUNG
C             ===============
C
              CALL AEQLIB(NN, NN, A, MAEQ, GSKAL, HSKAL, LP, LQ, IER, NDIM, NDIM)
              IF(IER. NE. 0)                    RETURN
C
              DO   10    I=1, NN
                LP(I)=I
C             ZUR KENNZEICHNUNG DER SPALTENPIVOTSUCHE FUER "LRUECK"
C             WERDEN ALLE ELEMENTE DER PIVOTSPALTENLISTE ZU NULL GE-
C             SETZT:
                LQ(I)=0
   10         CONTINUE
              DETLN=0.
              DO   100   JP=1, NN
                IER=JP
C
C             SPALTENPIVOTSUCHE
C             =================
C
                ABSPIV=0. 0
                HS=HSKAL(JP)
                DO   30    I=JP, NN
                  IP=LP(I)
                  AA=GSKAL(I)*HS*CABSMY(A(IP, JP))
                  IF(AA. LE. ABSPIV)            GOTO   30
                  ABSPIV=AA
                  MAXZEI=I
   30           CONTINUE
                IF(JP. EQ. 1)                   SING=ABSPIV*FLOAT(NN)
C
C             SING IST DIE SCHRANKE ZUR MASCHINENUNABHAENGIGEN
C             PRUEFUNG AUF NUMERISCHE SINGULARITAET
C             ===============================================
C
                IF(SING+ABSPIV. EQ. SING)      RETURN
                CALL ICHNGE(LP(JP), LP(MAXZEI))
```

```fortran
      IPIV=LP(JP)
      P=A(IPIV,JP)
      PIVOT=(1.0,0.0)/P
      DETLN=DETLN+ALOG(CABS(P))
      JP1=JP+1
      IF(JP1.GT.NN)                    GOTO 100
C
C     BANACHIEWICZ-ELIMINATION
C     ========================
C
      DO  60   I=JP1,NN
        IP=LP(I)
        P=A(IP,JP)*PIVOT
        A(IP,JP)=P
        IF(P.EQ.(0.,0.))               GOTO  60
        DO  50   K=JP1,NN
          A(IP,K)=A(IP,K)-P*A(IPIV,K)
  50    CONTINUE
  60    CONTINUE
 100    CONTINUE
      IER=0
      RETURN
      END




C            M     MMMM    MMMM   M   M    MMM    M
C            M     M   M   M      M   M   M   M   M
C            M     MMMM    M      MMMMM   M   M   M
C            M     M   M   M      M   M   M   M   M
C            MMMMM M   M   MMMM   M   M    MMM    MMMMM
C
C
C
C
C
      SUBROUTINE LRCHOL(N,A,MAEQ,LP,LQ,DETLN,GSKAL,HSKAL,IER,NDIM)
C
C     ***************************************************************
C
C     UNTERPROGRAMM ZUR LR-ZERLEGUNG DER KOEFFIZIENTENMATRIX EINES
C     KOMPLEXEN LINEAREN GLEICHUNGSSYSTEMS DURCH  C H O L E S K Y -
C     ELIMINATION MIT VOLLSTAENDIGER PIVOTSUCHE UND IMPLIZITER
C     AEQUILIBRIERUNG.
C
C     "LRCHOL" IST VOELLIG AUFRUFKOMPATIBEL MIT "LRBANA".
C     =====================================================
C
C
C     EINGANGSPARAMETER: N = ORDNUNG DES GLEICHUNGSSYSTEMS
C                        A = KOEFFIZIENTENMATRIX;
C                                COMPLEX A(NDIM,NDIM)
C                     MAEQ = TYP DER AEQUILIBRIERUNG:
C                            MAEQ = 0: KEINE AEQUILIBRIERUNG
C                            MAEQ = 1: L1-ZEILENAEQUILIBRIERUNG
C                            MAEQ = 2: L1-SPALTENAEQUILIBRIERUNG
C                            MAEQ = 3: VOLLSTAENDIGE L-UNEND-
C                                      LICH-AEQUILIBRIERUNG
C                            MAEQ = 4: FULKERSON-WOLFE-AEQUILIB-
C                                      RIERUNG
C                            MAEQ = SONST: WIE MAEQ = 0
```

```
C                                    NDIM = IM HAUPTPROGRAMM VORGEGEBENE FELD-
C                                           GROESSEN,   NDIM >= N
C
C          AUSGANGSPARAMETER: A = MATRIX DER GEPACKT GESPEICHERTEN DREI-
C                                 ECKSMATRIZEN  L  UND  R
C                             LP = PIVOTZEILENLISTE;
C                                           INTEGER LP(NDIM)
C                             LQ = PIVOTSPALTENLISTE;
C                                           INTEGER LQ(NDIM)
C                             DETLN = NATUERLICHER LOGARITHMUS DES BE-
C                                     TRAGS DER DETERMINANTE VON  A
C                             IER = RUECKKEHRSTATUS:
C                                   IER = 0: ELIMINATION DURCHGEFUEHRT
C                                   IER < 0: A ENTHAELT NULLZEILEN
C                                            ODER NULLSPALTEN
C                                   IER > 0: A IST NUMERISCH SINGULAER
C                                            INFOLGE VERSCHWINDENDER
C                                            PIVOTELEMENTE
C
C
C          ARBEITSFELDER:     GSKAL = FELD ZUR AUFNAHME DER ZEILEN-
C                                     SKALENFAKTOREN;
C                                           REAL GSKAL(NDIM)
C                             HSKAL = FELD ZUR AUFNAHME DER SPALTEN-
C                                     SKALENFAKTOREN;
C                                           REAL HSKAL(NDIM)
C
C          DIE FELDER GSKAL BZW. HSKAL ENTHALTEN AUCH BEI VORZEITIGEM
C          ABBRUCH DER ELIMINATION DIE SKALENFAKTOREN DER AEQUILIB-
C          RIERUNG.
C
C          ANWENDUNG:
C                  CALL LRCHOL(N, A, LP, LQ, DETLN, GSKAL, HSKAL, IER, NDIM)
C                  IF(IER. NE. 0)   GOTO  <MATRIX SINGULAER>
C              C   BETRAG DER DETERMINANTE:
C                  ABSDET=EXP(DETLN)
C              C   LOESUNG X1 FUER RECHTE SEITE B1:
C                  CALL LRUECK(N, A, LP, LQ, B1, X1, NDIM)
C              C   LOESUNG X2 FUER RECHTE SEITE  B2:
C                  CALL LRUECK(N, A, LP, LQ, B2, X2, NDIM)
C                  USW.
C
C
C          FALLS EINE NACHITERATION MITTELS "LRITER" DURCHGEFUEHRT
C          WERDEN SOLL, SO IST VOR AUFRUF VON "LRCHOL" EINE KOPIE
C          DER KOEFFIZIENTENMATRIX   A   ANZUFERTIGEN.
C
C          BENOETIGTE UNTERPROGRAMME: AEQLIB, CABSMY, ICHNGE
C
C          *****************************************************************
C
          REAL    GSKAL(NDIM), HSKAL(NDIM)
          INTEGER LP(NDIM), LQ(NDIM)
          COMPLEX A(NDIM, NDIM)
C
          COMPLEX PIVOT, P
C
          NN=N
C
C         AEQUILIBRIERUNG
C         ===============
C
          CALL AEQLIB(NN, NN, A, MAEQ, GSKAL, HSKAL, LP, LQ, IER, NDIM, NDIM)
          IF(IER. NE. 0)                       RETURN
```

```fortran
C
            DO   10    I=1,NN
              LP(I)=I
              LQ(I)=I
   10       CONTINUE
            DETLN=0.
            DO   100      JP=1,NN
              IER=JP
C
C
C           VOLLSTAENDIGE PIVOTSUCHE
C           ========================
C
            ABSPIV=0.
            DO   30    I=JP,NN
              IP=LP(I)
              GS=GSKAL(IP)
              DO   20    K=JP,NN
                KP=LQ(K)
                AA=GS*HSKAL(KP)*CABSMY(A(IP,KP))
                IF(AA. LE. ABSPIV)             GOTO  20
                ABSPIV=AA
                MAXZEI=I
                MAXSPA=K
   20         CONTINUE
   30       CONTINUE
            IF(JP. EQ. 1)                  SING=ABSPIV*FLOAT(NN)
C
C           SING IST DIE SCHRANKE ZUR MASCHINENUNABHAENGIGEN
C           PRUEFUNG AUF NUMERISCHE SINGULARITAET
C           ================================================
C
            IF(SING+ABSPIV. EQ. SING)        RETURN
            CALL ICHNGE(LP(JP),LP(MAXZEI))
            CALL ICHNGE(LQ(JP),LQ(MAXSPA))
            IPIV=LP(JP)
            KPIV=LQ(JP)
            P=A(IPIV,KPIV)
            PIVOT=CSQRT(P)
C               NEWTON-RAPHSON-SCHRITT FUER QUADRATWURZEL:
            PIVOT=(2. 0, 0. 0)/(PIVOT+P/PIVOT)
            DETLN=DETLN+ALOG(CABS(P))
C
C           CHOLESKY-ELIMINATION
C           ====================
C
            DO   40    K=JP,N
              KP=LQ(K)
              A(IPIV,KP)=A(IPIV,KP)*PIVOT
   40       CONTINUE
            JP1=JP+1
            IF(JP1. GT. NN)                  GOTO  100
            DO   60    I=JP1,NN
              IP=LP(I)
              P=A(IP,KPIV)*PIVOT
              A(IP,KPIV)=P
              IF(P. EQ. (0. ,0. ))           GOTO  60
              DO   50    K=JP1,NN
                KP=LQ(K)
                A(IP,KP)=A(IP,KP)-P*A(IPIV,KP)
   50         CONTINUE
   60       CONTINUE
  100       CONTINUE
            IER=0
            RETURN
            END
```

```
C              M     MMMM   M   M  MMMMM   MMMM  M   M
C              M     M   M  M   M  M       M     M   M
C              M     MMMM   M   M  MMMM    M     MMM
C              M     M  M   M   M  M       M     M   M
C              MMMMM M   M  MMMMM  MMMMM   MMMM  M   M
C
C
C
C
       SUBROUTINE LRUECK(N,A,LP,LQ,B,X,NDIM)
C
C      **********************************************************************
C
C      UNTERPROGRAMM ZUR BESTIMMUNG DER LOESUNG EINES KOMPLEXEN LI-
C      NEAREN GLEICHUNGSSYSTEMS DURCH RUECKRECHNUNG AUS DEN LR-FAK-
C      TOREN DER KOEFFIZIENTENMATRIX.
C
C      EINGANGSPARAMETER: N = ORDNUNG DES GLEICHUNGSSYSTEMS
C                         A = LR-FAKTORISIERTE KOEFFIZIENTENMATRIX;
C                             COMPLEX A(NDIM,NDIM)
C                         LP = PIVOTZEILENLISTE;
C                              INTEGER LP(NDIM)
C                         LQ = PIVOTSPALTENLISTE;
C                              INTEGER LQ(NDIM)
C                         B = RECHTE SEITE;
C                             COMPLEX B(NDIM)
C                         NDIM = IM HAUPTPROGRAMM VORGEGEBENE FELD-
C                                GROESSEN,   NDIM >= N
C
C      AUSGANGSPARAMETER: X = LOESUNGSVEKTOR;
C                             COMPLEX X(NDIM)
C
C      DIE MATRIX  A   UND DIE VEKTOREN  LP, LQ, B  WERDEN BEI DER
C      RECHNUNG  N I C H T  ZERSTOERT.
C
C      ANWENDUNG: DIE LR-FAKTORISIERTE MATRIX  A   UND DIE PIVOT-
C                 LISTEN  LP, LQ  WERDEN VON DEN ELIMINATIONSUNTER-
C                 PROGRAMMEN "LRBANA" BZW. "LRCHOL" GELIEFERT,
C                 DIE RECHTE SEITE  B  KANN JEWEILS NEU VORGEGEBEN
C                 WERDEN.
C
C      ACHTUNG: DIE FELDER  B  UND  X  KOENNEN  N I C H T  GLEICH-
C      =======  GESETZT WERDEN, AUCH WENN DIE RECHTE SEITE  B  NICHT
C               MEHR BENOETIGT WIRD.
C
C      **********************************************************************
C
       COMPLEX A(NDIM,NDIM),B(NDIM),X(NDIM)
       INTEGER LP(NDIM),LQ(NDIM)
C
       COMPLEX CSUM
C
       NN=N
       IF(NN.LT.1)                RETURN
       IP=LP(1)
       KP=LQ(1)
C
C      IST LQ(1).NE.0, SO WURDE DIE KOEFFIZIENTENMATRIX MITTELS
C      DES CHOLESKY-VERFAHRENS MIT  V O L L S T A E N D I G E R
C      PIVOTSUCHE ELIMINIERT, ANDERENFALLS MITTELS DES BANACHIE-
C      WICZ-VERFAHRENS MIT  S P A L T E N-PIVOTSUCHE.
C
       IF(KP.NE.0)               GOTO  100
C
```

```
C         BANACHIEWICZ-RUECKRECHNUNG
C         ===========================
C
          X(1)=B(IP)
          IF(NN. LT. 2)                 GOTO  30
          DO    20    I=2, NN
            IP=LP(I)
            K=I-1
            CSUM=(0. 0, 0. 0)
            DO    10    J=1, K
              CSUM=CSUM+A(IP, J)*X(J)
   10       CONTINUE
            X(I)=B(IP)-CSUM
   20     CONTINUE
   30     IP=LP(NN)
          X(NN)=X(NN)/A(IP, NN)
          IF(NN. LT. 2)                 RETURN
          NP1=NN+1
          DO    50    I=2, NN
            II=NP1-I
            IP=LP(II)
            K=II+1
            CSUM=(0. 0, 0. 0)
            DO    40    J=K, NN
              CSUM=CSUM+A(IP, J)*X(J)
   40       CONTINUE
            X(II)=(X(II)-CSUM)/A(IP, II)
   50     CONTINUE
          RETURN
C
C         CHOLESKY-RUECKRECHNUNG
C         ======================
C
  100     X(KP)=B(IP)/A(IP, KP)
          IF(NN. LT. 2)                 GOTO  130
          DO    120    I=2, NN
            IP=LP(I)
            K=I-1
            CSUM=(0. 0, 0. 0)
            DO    110    J=1, K
              KP=LQ(J)
              CSUM=CSUM+A(IP, KP)*X(KP)
  110       CONTINUE
            KP=LQ(I)
            X(KP)=(B(IP)-CSUM)/A(IP, KP)
  120     CONTINUE
  130     IP=LP(NN)
          KP=LQ(NN)
          X(KP)=X(KP)/A(IP, KP)
          IF(NN. LT. 2)                 RETURN
          NP1=NN+1
          DO    150    I=2, NN
            II=NP1-I
            IP=LP(II)
            K=II+1
            CSUM=(0. 0, 0. 0)
            DO    140    J=K, NN
              KP=LQ(J)
              CSUM=CSUM+A(IP, KP)*X(KP)
  140       CONTINUE
            KP=LQ(II)
            X(KP)=(X(KP)-CSUM)/A(IP, KP)
  150     CONTINUE
          RETURN
          END
```

```
C            M     MMMM    MMM   MMMMM   MMMMM   MMMM
C            M     M   M    M    M       M       M   M
C            M     MMMM     M    M       MMMM    MMMM
C            M     M  M     M    M       M       M  M
C          MMMMM   M   M   MMM   M       MMMMM   M   M
C
C
C
C
C
           SUBROUTINE LRITER(N, A0, B, A, X, LP, LQ, ITMAX, IT, R, DX, IER, NDIM)
C
C          *****************************************************************
C
C          UNTERPROGRAMM ZUR NACHITERATION DER ELIMINATIONSLOESUNG EI-
C          NES KOMPLEXEN LINEAREN GLEICHUNGSSYSTEMS MIT LR-FAKTORISIER-
C          TER KOEFFIZIENTENMATRIX (RESTKORREKTURALGORITHMUS).
C
C          EINGANGSPARAMETER: N = ORDNUNG DES GLEICHUNGSSYSTEMS
C                             A0 = URSPRUENGLICHE KOEFFIZIENTENMATRIX;
C                                     COMPLEX A0(NDIM, NDIM)
C                             B = URSPRUENGLICHE RECHTE SEITE;
C                                     COMPLEX B(NDIM)
C                             A = MATRIX DER LR-FAKTOREN DER KOEFFIZI-
C                                 ENTENMATRIX IN GEPACKTER FORM;
C                                     COMPLEX A(NDIM, NDIM)
C                             X = ELIMINATIONSLOESUNG;
C                                     COMPLEX X(NDIM)
C                             LP = PIVOTZEILENLISTE;
C                                     INTEGER LP(NDIM)
C                             LQ = PIVOTSPALTENLISTE;
C                                     INTEGER LQ(NDIM)
C                             ITMAX = MAXIMAL ERLAUBTE ANZAHL VON
C                                     ITERATIONEN
C                             NDIM = IM HAUPTPROGRAMM VORGEGEBENE FELD-
C                                     GROESSEN;    NDIM >= N
C
C          AUSGANGSPARAMETER: IT = ANZAHL DER DURCHGEFUEHRTEN ITER-
C                                     ATIONEN
C                             X = ITERATIONSLOESUNG
C                             IER = RUECKKEHRSTATUS:
C                                     IER = 0: ITERATION KONVERGIERT NACH
C                                              IT ITERATIONEN
C                                     IER = 1: ITERATION NICHT KONVERGIERT
C                                              NACH ITMAX ITERATIONEN
C
C          ARBEITSFELDER:     R = FELD FUER DEN RESIDUENVEKTOR;
C                                     COMPLEX R(NDIM)
C                             DX = FELD FUER DEN KORREKTURVEKTOR;
C                                     COMPLEX DX(NDIM)
C
C          DIE FELDER A0, A, B, LP, LQ WERDEN  N I C H T  ZERSTOERT.
C
C
C          ANWENDUNG: DAS FELD  A0  ENTHAELT EINE KOPIE DER URSPRUENG-
C                     LICHEN KOEFFIZIENTENMATRIX, DIE FELDER A, LP, LQ
C                     WERDEN VON "LRBANA" ODER "LRCHOL" GELIEFERT, UND
C                     DAS FELD  X  ENTHAELT DAS ERGEBNIS VON "LRUECK"
C                     FUER DIE RECHTE SEITE  B.
C                     NACH RUECKKEHR ZUM HAUPTPROGRAMM ENTHAELT DAS FELD
C                     R  DIE RESIDUEN UND DAS FELD  DX  DIE KORREKTUREN
C                     DES LETZTEN AUSGEFUERTEN ITERATIONSSCHRITTS.
C
C          BENOETIGTE UNTERPROGRAMME: CABSMY, LRUECK.
C
```

```fortran
C
C         *******************************************************************
C
          COMPLEX A0(NDIM, NDIM), A(NDIM, NDIM), B(N), X(N), R(N), DX(N)
          INTEGER LP(NDIM), LQ(NDIM)
C
          COMPLEX XX
          DOUBLE PRECISION DPARE, DPAIM, DPXRE, DPXIM, DPSUMR, DPSUMI
C
          NN=N
          IER=0
          XNORM=0.
          DO   10    I=1, NN
            XNORM=XNORM+CABSMY(X(I))
   10     CONTINUE
          IF(XNORM. EQ. 0. )                    XNORM=1.
          FERTIG=XNORM*FLOAT(NN)
          DO   50    ITER=1, ITMAX
            IT=ITER
            DO   30    I=1, NN
C
C             DOPPELT GENAUE RESIDUENBERECHNUNG
C             =================================
C
              XX=B(I)
              DPSUMR=REAL(XX)
              DPSUMI=AIMAG(XX)
              DO   20   J=1, NN
                XX=A0(I, J)
                DPARE=REAL(XX)
                DPAIM=AIMAG(XX)
                XX=X(J)
                DPXRE=REAL(XX)
                DPXIM=AIMAG(XX)
                DPSUMR=DPSUMR-DPARE*DPXRE+DPAIM*DPXIM
                DPSUMI=DPSUMI-DPARE*DPXIM-DPAIM*DPXRE
   20         CONTINUE
              SUMR=DPSUMR
              SUMI=DPSUMI
              R(I)=CMPLX(SUMR, SUMI)
   30       CONTINUE
            CALL LRUECK(NN, A, LP, LQ, R, DX, NDIM)
C
C           KORREKTUR UND ABBRUCH-PRUEFUNG
C           ==============================
C
            DXNORM=0. 0
            DO   40    I=1, NN
              XX=DX(I)
              DXNORM=DXNORM+CABSMY(XX)
              X(I)=X(I)+XX
   40       CONTINUE
            IF(FERTIG+DXNORM. EQ. FERTIG) RETURN
   50     CONTINUE
          IER=1
          RETURN
          END
```

```
C                MMM    MMMMM   MMM    M      MMM   MMMM
C               M   M   M      M   M   M        M   M   M
C               M   M   MMMM   M   M   M        M   MMMM
C               MMMMM   M      M  MM   M        M   M   M
C               M   M   MMMMM  MMMMM  MMMMM   MMM   MMMM
C
C
C
C
C
      SUBROUTINE AEQLIB(M, N, A, MAEQ, GSKAL, HSKAL, LZ, LS, IER, MDIM, NDIM)
C
C       ************************************************************
C
C       UNTERPROGRAMM ZUR AEQUILIBRIERUNG EINER QUADRATISCHEN ODER
C       RECHTECKIGEN KOMPLEXEN MATRIX.
C       DIE GEGEBENE MATRIX WIRD NICHT BERUEHRT, SONDERN ES WERDEN
C       NUR DIE ZEILEN- UND SPALTEN-SKALENFAKTOREN BESTIMMT.
C
C       EINGANGSPARAMETER: M = ZEILENZAHL DER MATRIX
C                          N = SPALTENZAHL DER MATRIX
C                          A = ZU AEQUILIBRIERENDE MATRIX;
C                                  COMPLEX A(MDIM, NDIM)
C                          MAEQ = TYP DER GEWUENSCHTEN AEQUILIB-
C                                 RIERUNG:
C                                 MAEQ = 0: KEINE AEQUILIBRIERUNG
C                                 MAEQ = 1: ZEILENAEQUILIBRIERUNG
C                                           BZGL. DER BETRAGSSUMMEN-
C                                           (L1-) NORM
C                                 MAEQ = 2: SPALTENAEQUILIBRIERUNG
C                                           BZGL. DER BETRAGSSUMMEN-
C                                           (L1-) NORM
C                                 MAEQ = 3: VOLLSTAENDIGE AEQUILIB-
C                                           RIERUNG BZGL. DER MAXI-
C                                           MUM (L UNENDLICH-) NORM
C                                 MAEQ = 4: FULKERSON-WOLFE-AEQUI-
C                                           LIBRIERUNG
C                                 MAEQ = SONSTIGER WERT: WIE MAEQ = 0
C                          MDIM, NDIM = IM HAUPTPROGRAMM VORGEGEBENE
C                                       FELDGROESSEN
C
C       AUSGANGSPARAMETER: GSKAL = ZEILEN-SKALENFAKTOREN;
C                                  REAL GSKAL(MDIM)
C                          HSKAL = SPALTEN-SKALENFKATOREN;
C                                  REAL HSKAL(NDIM)
C                          IER = RUECKKEHRSTATUS:
C                                IER = 0: MATRIX ENTHAELT KEINE NULL-
C                                         ZEILEN ODER -SPALTEN
C                                IER < 0: MATRIX ENTHAELT NULLZEILEN
C                                         ODER NULLSPALTEN
C
C       ARBEITSFELDER:     LZ, LS = ARBEITSFELDER ZUR AUFNAHME DER
C                                   MARKIERUNGEN BEI DER FULKERSON-
C                                   WOLFE-AEQUILIBRIERUNG;
C                                   INTEGER LZ(MDIM), LS(NDIM)
C                                   FUER MAEQ .NE. 4 WERDEN DIE FEL-
C                                   DER LZ UND LS NICHT BERUEHRT
C
C       ENTHAELT DIE MATRIX  A  NULLZEILEN ODER NULLSPALTEN, SO WIRD
C       BEI DER AEQUILIBRIERUNG DEN ENTSPRECHENDEN SKALENFAKTOREN
C       GSKAL BZW. HSKAL  DER WERT 0.0 ZUGEWIESEN. DIE AEQUILIB-
C       RIERUNG WIRD ABER IN JEDEM FALL KOMPLETT DURCHGEFUEHRT.
C
```

```
C         ANWENDUNG: 1) IMPLIZITE SKALIERUNG: S. ELIMINATIONSPROGRAMME.
C                    2) EXPLIZITE SKALIERUNG:
C
C                          DO   20   I=1,M
C                            DO   10   K=1,N
C                              A(I,K)=GSKAL(I)*HSKAL(K)*A(I,K)
C                    10        CONTINUE
C                    20      CONTINUE
C
C
C
C         BENOETIGTE UNTERPROGRAMME: CABSMY, ROSPRD
C
C         ******************************************************************
C
          REAL     GSKAL(MDIM),HSKAL(NDIM)
          INTEGER  LZ(MDIM),LS(NDIM)
          COMPLEX  A(MDIM,NDIM)
C
          DATA     GLKMAX /1.7E38/
C
C         *****   GLKMAX IST DIE GROESSTE DARSTELLBARE GLEITKOMMAZAHL,
C         *****   FUER DIE  1.0/GLKMAX > 0.0   GILT.
C         *****   GLKMAX IST MASCHINENABHAENGIG.
C
          MM=M
          NN=N
          IER=0
          IF(MAEQ.LE.0 .OR. MAEQ.GT.4) GOTO  3000
          GOTO (1000,2000,3000,4000),MAEQ
C
C         ZEILENAEQUILIBRIERUNG BZGL. DER BETRAGSSUMMEN-NORM
C         ==================================================
C
 1000     DO   10   I=1,MM
            Q=0.
            DO    5   K=1,NN
              Q=Q+CABSMY(A(I,K))
    5       CONTINUE
            IF(Q.NE.0.)                    Q=1./Q
            IF(Q.EQ.0.)                    IER=IER-1
            GSKAL(I)=Q
            HSKAL(I)=1.
   10     CONTINUE
          RETURN
C
C         SPALTENAEQUILIBRIERUNG BZGL. DER BETRAGSSUMMEN-NORM
C         ===================================================
C
 2000     DO   20   K=1,NN
            Q=0.
            DO   15   I=1,MM
              Q=Q+CABSMY(A(I,K))
   15       CONTINUE
            IF(Q.NE.0.)                    Q=1./Q
            IF(Q.EQ.0.)                    IER=IER-1
            GSKAL(K)=1.
            HSKAL(K)=Q
   20     CONTINUE
          RETURN
C
C         FULKERSON-WOLFE-AEQUILIBRIERUNG
C         ===============================
C
 4000     DO   40   I=1,MM
            W=GLKMAX
```

```
              DO    30    K=1,NN
                Q=CABSMY(A(I,K))
                IF(Q)                      25,30,25
   25           IF(Q.LT.W)                 W=Q
   30         CONTINUE
              GSKAL(I)=1./W
   40       CONTINUE
            DO    60    K=1,NN
              W=GLKMAX
              DO    50    I=1,MM
                Q=ROSPRD(GSKAL(I),CABSMY(A(I,K)))
                IF(Q)                      45,50,45
   45           IF(Q.LT.W)                 W=Q
   50         CONTINUE
              HSKAL(K)=1./W
   60       CONTINUE
   70       W=0.
            DO    90    I=1,MM
              QQ=GSKAL(I)
              DO    80    K=1,NN
                Q=ROSPRD(ROSPRD(QQ,HSKAL(K)),CABSMY(A(I,K)))
                IF(Q.LT.W)                 GOTO   80
                W=Q
                IMAX=I
                KMAX=K
   80         CONTINUE
              LZ(I)=0
   90       CONTINUE
            IF(W.LT.2.)                    GOTO   320
            DO    100   K=1,NN
              LS(K)=0
  100       CONTINUE
            LZ(IMAX)=1.
  110       MARKZ=0
            DO    150   I=1,MM
              IF(LZ(I).NE.1)               GOTO   150
              LZ(I)=2
              QQ=GSKAL(I)
              DO    140   K=1,NN
                IF(LS(K))                  140,120,140
  120           Q=ROSPRD(ROSPRD(QQ,HSKAL(K)),CABSMY(A(I,K)))
                IF(Q.GT.2.0)               GOTO   140
                MARKZ=1
                LS(K)=1
  140         CONTINUE
  150       CONTINUE
            IF(MARKZ.EQ.0)                 GOTO   210
            MARKS=0
            DO    200   K=1,NN
              IF(LS(K).NE.1)               GOTO   200
              LS(K)=2
              QQ=HSKAL(K)
              DO    190   I=1,MM
                IF(LZ(I))                  190,170,190
  170           Q=ROSPRD(ROSPRD(QQ,GSKAL(I)),CABSMY(A(I,K)))
                IF(Q.LT.0.5*W)             GOTO   190
                MARKS=1
                LZ(I)=1
  190         CONTINUE
  200       CONTINUE
            IF(MARKS.EQ.1)                 GOTO   110
  210       IF(LS(KMAX))                   320,220,320
  220       Q=GLKMAX
            P=0.0
            DO    250   I=1,MM
```

```
            MARKZ=LZ(I)
            DO   240   K=1,NN
              MARKS=LS(K)
              QQ=CABSMY(A(I,K))
              IF(QQ.EQ.0.)                    GOTO   240
              IF(MARKZ.EQ.0)                  GOTO   230
              IF(MARKS.NE.0)                  GOTO   230
              Q=AMIN1(Q,ROSPRD(ROSPRD(GSKAL(I),HSKAL(K)),QQ))
              GOTO   240
  230         IF(MARKZ.NE.0)                  GOTO   240
              IF(MARKS.EQ.0)                  GOTO   240
              P=AMAX1(P,ROSPRD(ROSPRD(GSKAL(I),HSKAL(K)),QQ))
  240       CONTINUE
  250     CONTINUE
          IF(P.EQ.0.)                    P=1.
          QQ=AMAX1(2.,AMIN1(Q,SQRT(W/P)))
          DO   260   I=1,MM
            IF(LZ(I).NE.0)               GSKAL(I)=GSKAL(I)/QQ
  260     CONTINUE
          DO   270   K=1,NN
            IF(LS(K).NE.0)               HSKAL(K)=QQ*HSKAL(K)
  270     CONTINUE
          GOTO   70
C
C
C     VOLLSTAENDIGE REQUILIBRIERUNG BZGL. DER MAXIMUMNORM
C     ===================================================
C
 3000     DO   300   I=1,MM
            GSKAL(I)=1.
  300     CONTINUE
          DO   310   K=1,NN
            HSKAL(K)=1.
  310     CONTINUE
          IF(MAEQ.NE.3)                  RETURN
  320     DO   340   I=1,MM
            Q=0.
            DO   330   K=1,NN
              Q=AMAX1(Q,ROSPRD(HSKAL(K),CABSMY(A(I,K))))
  330       CONTINUE
            IF(Q.NE.0.)                   Q=1./Q
            IF(Q.EQ.0.)                   IER=IER-1
            GSKAL(I)=Q
  340     CONTINUE
  350     DO   370   K=1,NN
            Q=0.
            DO   360   I=1,MM
              Q=AMAX1(Q,ROSPRD(GSKAL(I),CABSMY(A(I,K))))
  360       CONTINUE
            IF(Q.NE.0.)                   Q=1./Q
            IF(Q.EQ.0.)                   IER=IER-1
            HSKAL(K)=Q
  370     CONTINUE
          RETURN
          END
```

```
C                    M     MMMM   M    M   MMM    MMMM    MMM
C                    M     M   M  M    M   M   M  M   M  M
C                    M     MMMM   M    M   M   M  MMMM    M
C                    M     M   M    M M    MMMMM  M   M     M
C                  MMMMM   M    M    M     M   M  M    M   MMM
C
C
C
C
C

        SUBROUTINE LRVARI(N, A, LP, LQ, X, NVAREL, LMY, LNY, GAMMA, XVAR,
     $                    WORK, IER, NDIM)
C
C
C       ****************************************************************
C
C       UNTERPROGRAMM ZUR BERECHNUNG DER LOESUNG EINES KOMPLEXEN LI-
C       NEAREN GLEICHUNGSSYSTEMS MIT  S P A L T E N V A R I I E R -
C       T E R  BENACHBARTER KOEFFIZIENTENMATRIX AUS DER LOESUNG DES
C       UNGESTOERTEN GLEICHUNGSSYSTEMS MITTELS DER SHERMAN-MORRISON-
C       FORMEL.
C
C       UM DEN AUFRUF DES UNTERPROGRAMMS MOEGLICHST EINFACH ZU GE-
C       STALTEN, WERDEN SAEMTLICHE VARIATIONEN DER ELEMENTE DER ORI-
C       GINALMATRIX DURCH ZAHLENTRIPEL [MY, NY, GAMMA] GEKENNZEICH-
C       NET; DIE ROUTINE BAUT DARAUS DIE AENDERUNGSVEKTOREN AUTOMA-
C       TISCH AUF.
C
C       EINGANGSPARAMETER: N = ORDNUNG DER KOEFFIZIENTENMATRIX
C                          A = LR-FAKTOREN DER KOEFFIZIENTENMATRIX
C                              IN GEPACKTER FORM;
C                                    COMPLEX A(NDIM, NDIM)
C                          LP = PIVOTZEILENLISTE;   INTEGER LP(NDIM)
C                          LQ = PIVOTSPALTENLISTE;  INTEGER LQ(NDIM)
C                          X = LOESUNG DES UNGESTOERTEN SYSTEMS;
C                                    COMPLEX X(NDIM)
C                          NVAREL = ANZAHL DER ELEMENTEVARIATIONEN;
C                                   NVAREL <= N*N
C                          LMY = ZEILENINDEXLISTE DER VARIIERTEN
C                                MATRIXELEMENTE;
C                                    INTEGER LMY(NVAREL)
C                          LNY = SPALTENINDEXLISTE DER VARIIERTEN
C                                MATRIXELEMENTE;
C                                    INTEGER LNY(NVAREL)
C                          GAMMA = LISTE DER KOMPLEXEN VARIATIONS-
C                                  WERTE;
C                                    COMPLEX GAMMA(NVAREL)
C                          NDIM = IM HAUPTPROGRAMM VORGEGEBENE FELD-
C                                 GROESSEN;   NDIM >= N
C
C       AUSGANGSPARAMETER: XVAR = LOESUNG DES ZEILENVARIIERTEN
C                                 GLEICHUNGSSYSTEMS
C                                    COMPLEX XVAR(NDIM)
C                          IER = RUECKKEHRSTATUS:
C                                IER = 0: VARIATIONSLOESUNG BE-
C                                         RECHNET
C                                IER < 0: IRGENDEINE ZWISCHENMATRIX
C                                         IST SINGULAER
C                                IER > 0: VARIIERTE KOEFFIZIENTENMA-
C                                         TRIX IST SINGULAER
C
C       ARBEITSFELD:       WORK = FELD ZUR AUFNAHME DER ZWISCHEN-
C                                 VEKTOREN;
C                                    COMPLEX WORK(NDIM, NDIM)
C
C
```

```
C        IST  NVAREL <= 0  VORGEGEBEN ODER WIRD EINE SINGULARITAET
C        FESTGESTELLT (IER.NE.0), SO WIRD  XVAR  GLEICH DER ORIGINAL-
C        LOESUNG  X  GESETZT.
C
C        DIE FELDER A, LP, LQ, X, LMY, LNY, GAMMA WERDEN  N I C H T
C        VERAENDERT.
C
C        DIE FELDER  X  UND  XVAR  KOENNEN  N I C H T  GLEICHGESETZT
C        WERDEN.
C
C
C        SOLLEN DIE MATRIXELEMENTE A(MY1,NY1), A(MY2,NY2) ...    UM
C        DIE WERTE GAMMA1, GAMMA2, ... VARIIERT WERDEN, SO SIND DIE
C        LISTEN LMY, LNY,  GAMMA FOLGENDERMASSEN AUFZUBAUEN:
C
C                     I=1        I=2        ...      I=NVAREL
C                  I---------I---------I-- ... --I---------I
C        LMY(I):   I   MY1   I   MY2   I   ...   I   ... I
C                  I---------I---------I-- ... --I---------I
C        LNY(I):   I   NY1   I   NY2   I   ...   I   ... I
C                  I---------I---------I-- ... --I---------I
C        GAMMA(I): I GAMMA1 I GAMMA2 I   ...   I   ... I
C                  I---------I---------I-- ... --I---------I
C
C        MAN BEACHTE, DASS DIE GAMMA-WERTE KOMPLEX VORGEGEBEN WERDEN
C        MUESSEN.
C
C        ACHTUNG: ES WIRD KEINE PLAUSIBILITAETSPRUEFUNG DES INHALTS
C        ======== DER LISTEN LMY  UND  LNY  DURCHGEFUEHRT. DER BENUT-
C                 ZER IST  V O L L  V E R A N T W O R T L I C H  DA-
C                 FUER, DASS FUER ALLE ELEMENTE VON  LMY, LNY  GILT:
C
C                 0 < MY <= N ; 0 < NY <= N .
C                 ----------------------------
C
C
C        ANWENDUNG: DIE MATRIX  A  UND DIE LISTEN  LP, LQ  WERDEN VON
C                   "LRBANA" ODER "LRCHOL" UND DER VEKTOR  X  WIRD
C                   VON "LRUECK" ODER "LRITER" GELIEFERT. DA NACH ER-
C                   FOLGREICHEM AUFRUF VON "LRITER" IN DER REGEL DIE
C                   ORIGINALMATRIX NICHT MEHR BENOETIGT WIRD, KANN DAS
C                   DORT BENUTZTE FELD  A0  JETZT ALS ARBEITSFELD
C                   WORK  VERWENDET WERDEN.
C
C        BENOETIGTE UNTERPROGRAMME: LRUECK
C
C        **************************************************************
C
C
         COMPLEX A(NDIM,NDIM),X(NDIM),GAMMA(NVAREL),XVAR(NDIM)
         COMPLEX WORK(NDIM,NDIM)
         INTEGER LP(NDIM),LQ(NDIM),LMY(NVAREL),LNY(NVAREL)
C
         COMPLEX P,Q
C
         NN=N
         NRV=NVAREL
         IER=0
         IF(NRV.LE.0)              GOTO  300
         IF(NRV.GT.NN*NN)          GOTO  300
         NCOLV=NRV
         ICOL=0
C
```

```fortran
C           AUFBAU DER V-VEKTOREN
C           =====================
C
            DO   50    LOOP=1, NRV
              NY=LNY(LOOP)
              IF(NY)                         50, 50, 10
   10         DO   20    I=1, NN
                XVAR(I)=(0. , 0. )
   20         CONTINUE
              MY=LMY(LOOP)
              XVAR(MY)=XVAR(MY)+GAMMA(LOOP)
              LOOP1=LOOP+1
              IF(LOOP1. GT. NRV)           GOTO   40
              DO   30    J=LOOP1, NRV
                IF(LNY(J). NE. NY)          GOTO   30
                NCOLV=NCOLV-1
                MY=LMY(J)
                XVAR(MY)=XVAR(MY)+GAMMA(J)
                LNY(J)=-NY
   30         CONTINUE
   40         ICOL=ICOL+1
C
C           INITIALISIERUNG DER Z-VEKTOREN;
C           DIE ICOL-TE SPALTE VON  WORK  ENTHAELT DEN ICOL-TEN
C           Z-VEKTOR.
C           =====================================================
C
            CALL LRUECK(NN, A, LP, LQ, XVAR, WORK(1, ICOL), NDIM)
   50       CONTINUE
C
C           NCOLV IST DIE ANZAHL DER VARIIERTEN SPALTEN
C           -------------------------------------------
C
            IF(NCOLV. LT. 2)               GOTO   200
            ICOL=0
C
C           REKURSIVE BERECHNUNG DER Z-VEKTOREN
C           ===================================
C
            DO   190    LOOP=2, NCOLV
              J=LOOP-1
              IER=-J
              DO   110    I=1, NN
                XVAR(I)=WORK(I, J)
  110         CONTINUE
  120         ICOL=ICOL+1
              NY=LNY(ICOL)
              IF(NY)                        120, 120, 130
  130         P=(1. , 0. )+XVAR(NY)
              IF(P. EQ. (0. , 0. ))         GOTO   300
              DO   150    J=LOOP, NCOLV
                Q=WORK(NY, J)/P
                DO   140    I=1, NN
                  WORK(I, J)=WORK(I, J)-Q*XVAR(I)
  140           CONTINUE
  150         CONTINUE
  190       CONTINUE
C
C           BERECHNUNG DER VARIATIONSLOESUNG
C           ================================
C
  200       DO   210   I=1, NN
              XVAR(I)=X(I)
```

```
  210     CONTINUE
          ICOL=0
          DO    280     LOOP=1,NCOLV
            IER=LOOP
  220       ICOL=ICOL+1
            NY=LNY(ICOL)
            IF(NY)                        230,230,240
  230       LNY(ICOL)=-NY
            GOTO  220
  240       P=(1.,0.)+WORK(NY,LOOP)
            IF(P.EQ.(0.,0.))             GOTO  300
            Q=XVAR(NY)/P
            DO    250 I=1,NN
              XVAR(I)=XVAR(I)-Q*WORK(I,LOOP)
  250       CONTINUE
  280     CONTINUE
          IER=0
          RETURN
C
C
C         FEHLERAUSGANG
C         =============
C
  300     DO    310   I=1,NN
            XVAR(I)=X(I)
  310     CONTINUE
          RETURN
          END
```

# Literaturverzeichnis

Literaturstellen, die Rechnerprogramme enthalten, sind am Ende des Zitats durch einen in Klammern gesetzten Buchstaben gekennzeichnet, der die verwendete Programmsprache angibt: (A): ALGOL 60, (F): FORTRAN.


1  Schüssler, H.W.: Netzwerke und Systeme I. Mannheim: Bibliogr. Inst. 1971

2  Edelmann, H.: Berechnung elektrischer Verbundnetze. Berlin: Springer 1963

3  Klein, W.: Mehrtortheorie. 3. Aufl., Berlin: Akademie–Verlag 1976

4  Wolf, H.: Lineare Systeme und Netzwerke. Berlin: Springer 1971

5  Balabanian, N.; Th.A. Bickart: Electrical Network Theory. New York: Wiley 1969

6  Jensen, R.W.; B.O. Watkins: Network Analysis – Theory and Computer Methods. Englewood Cliffs: Prentice–Hall 1974 (F)

7  Director, St.W.: Circuit Theory – A Computational Approach. New York: Wiley 1975 (F)

8  Edelmann, H.: Allgemeine Grundlagen der Netzberechnung mit Inzidenzmatrizen. Arch. Elektrotech. $\underline{44}$ (1959), S. 419–440

9  Reinschke, K.; P. Schwarz: Verfahren zur rechnergestützten Analyse linearer Netzwerke. Berlin: Akademie–Verlag 1976

10  Klein, W.: Vierpoltheorie. Mannheim: Bibliogr. Inst. 1972

11  Engelhardt, R.; M. Heinz; H. Kremer: Das Programmsystem LINET zur Analyse linearer elektrischer Netzwerke. Elektron. Rechenanl. $\underline{13}$ (1971), S. 206–212

12  Klein, W.: Der Übertrager als Zweipolnetz. Arch. elektr. Übertr. $\underline{12}$ (1958), S. 133–137

13  Roedler, D.; R. Engelhardt: Bestimmung der Knotenleitwertmatrix für einen beliebigen $(n+1)$–Pol. Nachr. techn. Z. $\underline{23}$ (1970), S. 208–209

14  Engelhardt, R.; M. Heinz: Behandlung idealer gesteuerter Quellen bei der Netzwerkanalyse mit Digitalrechnern. Nachr. techn. Z. $\underline{23}$ (1970), S. 8–10

15  Thielmann, H.: Beschreibung eines beliebigen erdfreien $n$–Tores durch die Leitwertmatrix eines erdgebundenen $(2n+1)$–Pols. Nachr. techn. Z. $\underline{26}$ (1973), S. 292–296

16  Engelhardt, R.; M. Heinz; H. Kremer: Vereinfachte Produktbildung mit Inzidenzmatrizen bei der Knotenanalyse elektrischer Netzwerke. Elektron. Datenverarb. $\underline{12}$ (1970), S. 173–176

17  Thielmann, H.: Analysis of Linear Active $(n+1)$–Poles by Simple Transformations of the Nodal Admittance Matrix. IEEE Transact. Circuit Theory CT–20 (1973), S. 575–577

18  Thielmann, H.: An Inexpensive Method for the Analysis of Linear Active $(n+1)$–Poles. Proc. IEEE Int. Symp. on Circuit Theory, Los Angeles 1972, S. 81–84

19  Thielmann, H.: Synthese linearer aktiver RC–Netzwerke durch Matrixerweiterung. Arch. elektr. Übertr. 28 (1974), S. 245–256

20  Thielmann, H.: Realisierung frequenzunabhängiger Zweitor–Matrizen mit entkoppelt einstellbaren Matrixelementen. Frequenz 28 (1974), S. 52–58

21  Thielmann, H.: Aktive RC–Filter zweiten Grades mit entkoppelt einstellbaren Parametern. Nachr. techn. Z. 27 (1974), S. 266–271

22  Bening, F.: Erweiterung der Knotenspannungs–Matrixanalyse auf Netzwerke mit idealen Strom- und Spannungsgeneratoren. Nachr. techn. – Elektronik 25 (1975), S. 442–444, 451

23  Bauer, F.L.; J. Heinhold; K. Samelson; R. Sauer: Moderne Rechenanlagen. Stuttgart: Teubner 1965

24  Isaacson, E.; H.B. Keller: Analyse numerischer Verfahren. Frankfurt a.M.: Deutsch 1973

25  Wilkinson, J.H.: Rundungsfehler. Berlin: Springer 1969

26  Sterbenz, P.: Floating Point Computation. Englewood Cliffs: Prentice–Hall 1974

27  Rall, L.B. (Ed.): Error in Digital Computation. 2 Bde. New York: Wiley 1965 (Bd. I mit 112 S. Bibliografie über Fehleranalyse)

28  Ralston, A.; H.S. Wilf (Hrsg.): Mathematische Methoden für Digitalrechner, 2 Bde. München: Oldenbourg 1967/69 (A, F)

29  Stiefel, E.: Einführung in die numerische Mathematik. Stuttgart: Teubner 1963

30  Wilkinson, J.H.; C. Reinsch (Ed.): Linear Algebra, Handbook for Automatic Computation, Bd. II. Berlin: Springer 1971 (A)

31  Faddejew, D.K.; W.N. Faddejewa: Numerische Methoden der linearen Algebra, 4. Aufl. München: Oldenbourg 1976

32  Zurmühl, R.: Matrizen und ihre technischen Anwendungen, 4. Aufl. Berlin: Springer 1964 (A)

33  Sauer, R.; I. Szabó (Hrsg.): Mathematische Hilfsmittel des Ingenieurs, Teil III. Berlin: Springer 1968 (A)

34  Gastinel, N.: Lineare numerische Analysis. Braunschweig: Vieweg 1972 (A)

35  Lancaster, P.: Theory of Matrices. New York: Academic Press 1969

36  Wilkinson, J.H.: The algebraic eigenvalue problem. London: Oxford University Press 1965

37  Forsythe, G.E.; C.B. Moler: Computer–Verfahren für lineare algebraische Systeme. München: Oldenbourg 1971 (A, F, PL/I)

38  Björck, Å.; G. Dahlquist: Numerische Methoden. München: Oldenbourg 1972

39  Birkhoff, G.: Two Hadamard Numbers for Matrices. Comm. Assoc. Comp. Mach. 18 (1975), S. 25–29

40  Smirnow, W.I.: Lehrgang der höheren Mathematik, Teil III/1, 2. Aufl. Berlin: Deutscher Verlag der Wissensch. 1960

41  Bowdler, H.J.; R.S. Martin; G. Peters; J.H. Wilkinson: Solution of Real and Complex Systems of Linear Equations. Numer. Math. 8 (1966), S. 217–234 (A)

42  Wilkinson, J.H.: Error analysis of direct methods of matrix inversion. J. Assoc. Comp. Mach. 8 (1961), S. 281–330

43  Edelmann, H.: Ein Satz über Stieltjes–Matrizen und seine netzwerktheoretische Deutung. Arch. elektr. Übertr. 23 (1969), S. 59–60

44  Gantmacher, F.R.: Matrizenrechnung, 2. Bde. Berlin: Deutscher Verlag der Wissensch. 1958/59

45  Lawson, C.L.; R.J. Hanson: Solving Least Squares Problems. Englewood Cliffs: Prentice–Hall 1974 (F)

46  Varga, R.W.: Matrix Iterative Analysis. Englewood Cliffs: Prentice–Hall 1962

47  Moler, C.B.: Iterative Refinement in Floating Point. J. Assoc. Comp. Mach. 14 (1967), S. 316–321

48  Zielke, G.: Testmatrizen mit freien Parametern. Computing 15 (1975), S. 87–103

49  Hagander, N.; Y. Sundblad: Aufgabensammlung Numerische Methoden, Bd. 1: Aufgaben, Bd. 2: Lösungen. München: Oldenbourg 1972 (A)

50  Forsythe, G.E.; E.G. Straus: On best conditioned matrices. Proc. Amer. Math. Soc. 6 (1955), S. 340–345

51  Bauer, F.L.: Optimally scaled matrices. Numer. Math. 5 (1963), S. 73–87

52  Businger, P.A.: Matrices Which Can be Optimally Scaled. Numer. Math. 12 (1968), S. 346–348

53  van der Sluis, A.: Condition Numbers and Equilibration of Matrices. Numer. Math. 14 (1969), S. 14–23

54  Werner, H.: Praktische Mathematik I, Methoden der linearen Algebra. Berlin: Springer 1970

55  Künzi, H.P.; H.G. Tzschach; C.A. Zehnder: Numerische Methoden der mathematischen Optimierung. Stuttgart: Teubner 1966 (A, F)

56  Fulkerson, D.R.; P. Wolfe: An Algorithm for Scaling Matrices. Soc. Industr. Appl. Math. Rev. 4 (1962), S. 142–146

57  Kelly, L.G.: Handbook of Numerical Methods and Applications. Reading: Addison–Wesley 1967

58  Osborne, E.E.: On Pre–Conditioning of Matrices. J. Assoc. Comp. Mach. 7 (1960), S. 338–345

59  Parlett, B.N.; C. Reinsch: Balancing a Matrix for Calculation of Eigenvalues and Eigenvectors. Numer. Math. $\underline{13}$ (1969), S. 293–304 (A)

60  Smith, B.T. et al.: Matrix Eigensystem Routines – EISPACK Guide, 2. Aufl. Berlin: Springer 1976 (F)

61  Klimpel, R.R.: Matrix Scaling by Integer Programming, Algorithm 348. Comm. Assoc. Comp. Mach. $\underline{12}$ (1969), S. 212–213 (A)

62  Oettli, W.; W. Prager: Compatibility of Approximate Solution of Linear Equations with Given Error Bounds for Coefficients and Right–Hand Sides. Numer. Math. $\underline{6}$ (1964), S. 405–409

63  Rigal, J.L.; J. Gaches: On the Compatibility of a Given Solution With the Data of a Linear System. J. Assoc. Comp. Mach. $\underline{14}$ (1967), S. 543–548

64  Kremer, H.; Ein einfaches algebraisches Stabilitätskriterium für lineare Systeme. Frequenz $\underline{26}$ (1972), S. 249–252

65  Zielke, G.: Numerische Berechnung von benachbarten inversen Matrizen und linearen Gleichungssystemen. Braunschweig: Vieweg 1970 (A)

66  Eisemann, K.: A Heuristic Description of Generalized Matrix Inversion. IEEE Trans. Circuit Theory $\underline{CT–20}$ (1973), S. 481–487

67  Businger, P.A.; G.H. Golub: Singular Value Decomposition of a Complex Matrix, Algorithm 358. Comm. Assoc. Comp. Mach. $\underline{12}$ (1969), S. 564–565 (F)

68  Schendel, U.: Sparse–Matrizen: Eine Einführung mit Beispielen. München: Oldenbourg 1977 (A)

69  Heinrichsdorf, F.: Numerische Methoden bei der Berechnung großer Netze mit Hilfe elektronischer Rechenanlagen in einfacher Darstellung. Elektron. Datenverarb. $\underline{11}$ (1969), S. 303–309

70  van der Sluis, A.: Stability of Solutions of Linear Algebraic Systems. Numer. Math. $\underline{14}$ (1970), S. 246–251

71  Loizou, G.: An empirical estimate of the relative error of the computed solution $\tilde{x}$ of $Ax = b$. Computer J. $\underline{11}$ (1968), S. 91–94 (A)

72  Kulisch, U.: Grundzüge der Intervallrechnung. In: Laugwitz, D. (Hrsg.): Überblicke Mathematik 2. Mannheim: Bibliogr. Inst. 1969

73  Beeck, H.: Über Struktur und Abschätzungen der Lösungsmenge von linearen Gleichungssystemen mit Intervallkoeffizienten. Computing $\underline{10}$ (1972), S. 231–244

74  Winograd, S.: A New Algorithm for Inner Product. IEEE Trans. Comp. $\underline{C–17}$ (1968), S. 693–694

75  Straßen, V.: Gaussian Elimination is not Optimal. Numer. Math. $\underline{13}$ (1969), S. 354–356

76  Brent, R.P.: Error Analysis of Algorithms for Matrix Multiplication and Triangular Decomposition using Winograd's Identity. Numer. Math. $\underline{16}$ (1970), S. 145–156 (A)

77  Spieß, J.: Untersuchungen des Zeitgewinns durch neue Algorithmen zur Matrix–Multiplikation. Computing $\underline{17}$ (1976), S. 23–36

# Sachverzeichnis

# Nachrichten-technik

Herausgeber: H. Marko

Band 1
H. MARKO, Technische Universität München

## Methoden der Systemtheorie

Die Spektraltransformationen und ihre
Anwendungen

87 Abbildungen, 11 Tabellen. Etwa 200 Seiten. 1977
Geheftet DM 65,–
ISBN 3-540-08106-2

*Inhaltsübersicht:* Zeitfunktion und Spektrum. – Allgemeine Spektraltransformation. – Lineare zeitinvariante Systeme. – Gesetze der Spektraltransformationen. – Hilbert-Transformation. – Das Abtasttheorem. – Die z-Transformation. – Finite Signale. – Systembeschreibung durch Differential- und Differenzengleichungen. – Anhang.

Band 2
P. HARTL, Technische Universität Berlin

## Fernwirktechnik der Raumfahrt

Telemetrie, Telekommando, Bahnvermessung

104 Abbildungen. XIII, 208 Seiten. 1977
Geheftet DM 42,–
ISBN 3-540-08172-0

*Inhaltsübersicht:* Funktionen des Fernwirksystems. – Signalübertragung und Rauschen. Modulation. – Synchronisation. – Funktechnische Bahnvermessung. – Wellenausbreitung. – Anhang.

Springer-Verlag
Berlin
Heidelberg
New York